电力变压器运行异常 缺陷及故障的研判和处置

张华 石秉恒 杨哲 蔡永挚 等 编著

中国电力出版社
CHINA ELECTRIC POWER PRESS

内 容 提 要

本书通过电力变压器运行过程中常见的异常信号、缺陷及故障内容进行深度分析，归纳它们产生的致因并进行解析，不同的致因有着不同的特征信息，根据特征信息即可有效定位致因，并提出了相应致因的处置方法和注意事项。本书共分五章，分别从五个维度开展电力变压器运行异常、缺陷及故障的致因归纳、研判和处置，第一章围绕变压器运行时的异常报警信号，第二章围绕变压器运行时状态检测发现的异常，第三章围绕变压器试验过程发现的异常，第四章围绕变压器运行或检修过程中发现的重点缺陷，第五章围绕变压器运行过程中出现的故障跳闸信号。

本书内容新颖、视角独特、实践性和应用性很强，既有理论分析，又有实践内容阐述，有助于提高电力变压器运维检修人员分析问题和解决问题的能力。

图书在版编目（CIP）数据

电力变压器运行异常、缺陷及故障的研判和处置/张华等编著. —北京：中国电力出版社，2023.7
ISBN 978-7-5198-7997-6

Ⅰ.①电…　Ⅱ.①张…　Ⅲ.①电力变压器-电力系统运行-事故分析②电力变压器-电力系统运行-缺陷③电力变压器-电力系统运行-故障诊断　Ⅳ.①TM41

中国国家版本馆CIP数据核字（2023）第124454号

出版发行：中国电力出版社
地　　址：北京市东城区北京站西街 19 号（邮政编码 100005）
网　　址：http://www.cepp.sgcc.com.cn
责任编辑：陈　丽
责任校对：黄　蓓　马　宁
装帧设计：赵丽媛
责任印制：石　雷

印　　刷：北京雁林吉兆印刷有限公司
版　　次：2023 年 7 月第一版
印　　次：2023 年 7 月北京第一次印刷
开　　本：787 毫米×1092 毫米　16 开本
印　　张：13.5
字　　数：303 千字
印　　数：0001—1500 册
定　　价：68.00 元

序

　　电力变压器的正常运行直接影响着电力系统的稳定，为了实现变压器设备变换电压、电能传输的能力，需要采取科学合理的维护措施，才能最大限度地优化变压器的功能和使用寿命。现阶段电力变压器虽然在设计、生产技术与材料方面都有明显提升，但其运行过程中一些无法预见的外界原因或内部原因对设备造成的损害都会导致设备异常的发生，电力变压器运行过程中出现的异常或故障是无法避免的，但我们可以通过异常信号识别、状态监测或检修试验等手段维护电力变压器的正常运行。

　　电力变压器的维护需要定期对变压器设备及附属设备元件进行巡视检查。变压器长期在高电压下运行，设备自身时刻面临高温高负荷、绝缘老化、短路电流等不利影响，根据既往经验总结，电力变压器设备在运行的前十年异常及故障率较高。因此，对运行状态的电力变压器进行科学维护和管理，可以有效较低其故障率，增进其使用寿命。电力变压器设备运行维护中的检修方式经历了事故检修、定期检修和状态检修三个阶段的变革。随着变压器检修技术的不断发展，变压器检修方式也日臻成熟，传统检修方式已不能适应电力变压器的运行维护，表现出一定的局限性，基于此，变压器的运行维护急需一种兼具科学性和实效性的检修方式，自 2009 年起，电力系统开始推广输变电设备状态检修方式，作为一种更为科学的检修方式，状态检修已经成为现阶段及未来一定时间内电力变压器设备检修的主流方式。本书即是基于此而编写的，书中内容由国网北京市电力公司检修公司变压器技术专家及运维检修人员在实践中获得的技术提炼而来，是一本具有丰富实践经验的状态检修指导书籍。

　　审阅公司技术人员编写的书籍深感欣慰，全书围绕状态检修理念，对于变压器运行中的异常、缺陷及故障进行致因归纳总结，针对每一个致因进行详细解析，了解该致因所阐述的意思，又通过每个致因的特征信息的定位，我们可以通过各种检修或试验手段获取这些特征信息，真正做到致因的研判定位，这样即可制定准确、迅速、有效的处置方法，实现设备修必修好的目标，避免未精准查出致因病根，仅仅停留在设备异常表象的治理，按照该书的致因研判思路分析及解决问题能有效解决后续异常频繁出现的问题。

最后，期待本书的出版能助力从事变压器运维检修工作的同仁更好地开展工作，也希望我们将变压器运行中的异常、缺陷及故障的研判处置策略落地变压器运维检修实践中去，以百分百的责任心做好变压器的精益化运维检修工作。

孙伯龙

2023 年 5 月

前　言

本书的选题来源于电力企业需求和电力变压器运维检修实践的要求，为解决电力变压器运行异常、缺陷及故障的精准查找致因并做好相应处置工作，编者通过对电力变压器制造厂家及兄弟企业的大量技术调研，特编写《电力变压器运行异常、缺陷及故障的研判和处置》一书，该书通过电力变压器运行过程中常见的异常信号、缺陷及故障内容进行深度分析，归纳它们产生的常见致因并进行解析，不同的致因有着不同的特征信息，根据特征信息即可有效定位致因，并提出了相应致因的处置方法和注意事项。

本书内容新颖、视角独特、实践性和应用性很强，既有理论分析，又有实践内容阐述，有助于提高电力变压器运维检修人员分析问题和解决问题的能力。本书共分五章，分别从五个维度开展电力变压器运行异常、缺陷及故障的致因归纳、研判和处置，其中第一章围绕变压器运行时的异常报警信号，第二章围绕变压器运行时状态检测发现的异常，第三章围绕变压器试验过程发现的异常，第四章围绕变压器运行或检修过程中发现的重点缺陷，第五章围绕变压器运行过程中出现的故障跳闸信号。

本书主要由国网北京市电力公司检修公司张华、石秉恒、杨哲和蔡永挚编写，同时参与本书编写的人员还有国网北京市电力公司检修公司庞海龙、王振凤、解晓东、王旭晖、夏博雅、刘祎凡、温日永、封奕、李经纬、马路豪、黄渤宇、杨聚全、孙秀国、刘正义、童萧、尹雷雷，国网北京市电力公司聂卫刚、国网北京市电力公司顺义电力公司王财宝。本书还邀请传奇电气（沈阳）有限公司专家赵颖，西门子变压器有限公司专家刘军和王成钢，开德贸易（上海）有限公司专家胡文斌对本书进行了专业技术审核，并提出了许多修改意见，同时还要感谢国网北京市电力公司检修公司领导孙伯龙在百忙之中抽出时间审阅全书，提出并新增一些修改意见。

本书的编写离不开大家的群策群力，在此一并向他们表示深切的谢意。由于新技术、新设备的不断发展，书中不妥之处在所难免，恳请专家和读者批评指正，并由衷地希望此书对您的工作有所帮助。

编　者

2023 年 5 月

目　录

第 一 章

电力变压器运行异常报警的研判和处置

第一节　油浸变压器非电量组件异常报警的研判和处置

一、本体油位异常报警信号

本体油位异常报警信号主要涵盖本体储油柜高油位和低油位两重含义，它是将本体油位表高油位和低油位微动开关触点并联实现报警信号上送。本体高油位多发生在炎热夏季高负载情况下，本体低油位多发生在寒冷冬季低负载情况下。

1. 本体油位异常报警信号的影响

本体油位表指示零刻度且实测无油，当由于某种原因本体储油柜油位继续下降时，本体气体继电器内将积聚空气并发出本体轻瓦斯报警信号；若本体气体继电器为双浮球挡板结构继电器，当本体气体继电器连接管路内无油位，将发出本体重瓦斯跳闸信号，变压器跳闸停运；当本体油位继续下降并导致油箱器身缺油时，绕组及引线的绝缘强度下降（严重缺油可导致绝缘放电故障），器身油循环冷却路径阻断，器身内部热量积聚而无法循环散热，且变压器顶层油温监测失效，进一步加剧了绝缘热劣化。另外，本体故障时，本体气体继电器因无油流冲击挡板而拒动。

本体油位表指示满刻度且实测满油，当由于某种原因本体储油柜油位继续上升时，本体油箱内部油压增大，当达到本体压力释放阀开启压力时，将动作喷油并发出本体压力释放异常报警信号。

2. 本体油位异常报警信号的信息收集

（1）监控系统是否发出变压器其他相关伴随信号，重点关注是否发出本体轻瓦斯报警信号、本体压力释放异常报警信号或直流接地报警信号等。

（2）在设备区，应检查本体油位表指示刻度是否接近于最高或最低油位，是否安装防雨罩（室外变压器），本体是否存在严重渗漏油或跑油现象，本体压力释放阀是否发生喷油等；在保护室，应检查变压器非电量保护装置异常灯状态和异常报文内容等。

（3）了解当天变压器周围环境温度、变压器运行油温及负载情况，室外布置的变压器是否存在雨雪天气，是否对室内布置的变压器开展水冲洗或消防水喷淋等工作，屋顶是否存在漏水现象，是否存在涉及变压器相关二次回路（含保护装置）的检修工作等。

（4）查阅近期变压器缺陷及检修记录，是否存在本体油位不符合"油温-油位曲线"或本体严重渗漏油缺陷，检修工作是否涉及本体储油柜、胶囊、本体油位表更换或油路注油、撤油等内容。

（5）查阅本体油位表工作原理（是否为油压式原理），本体储油柜型式（是否为隔膜式结构），本体气体继电器类型（是否为双浮球结构）。采用油压式工作原理的本体油位表时，应检查本体呼吸器及其管路是否存在堵塞现象；本体油位异常报警信号在每年度炎热或寒冷季节频发时，应校核本体储油柜容积和本体"油温-油位"曲线设计是否合理。本体气体继电器采用双浮球结构时，应避免油位进一步下降导致本体气体继电器的低油位动作，变压器跳闸停运。

3. 本体油位异常报警信号研判的诊断工作

（1）变压器不停电，使用ϕ4mm软管在本体取油堵处实测本体储油柜油位高度，不具备时，可通过注撤油方式（掌握油量）观察本体油位表指示刻度的变化。

（2）变压器不停电，使用万用表在本体端子箱测量本体油位表微动开关触点状态是否正常，怀疑其绝缘受潮时，可使用绝缘电阻仪对微动开关触点及其二次线进行绝缘电阻测量。

（3）当怀疑本体储油柜及其内部组件异常时，可停电开展本体储油柜撤油内检工作。

4. 本体油位异常报警信号的致因研判和处置

根据现场本体油位表的指示刻度，本体油位异常报警信号常见致因可分为三类，如图1-1所示。

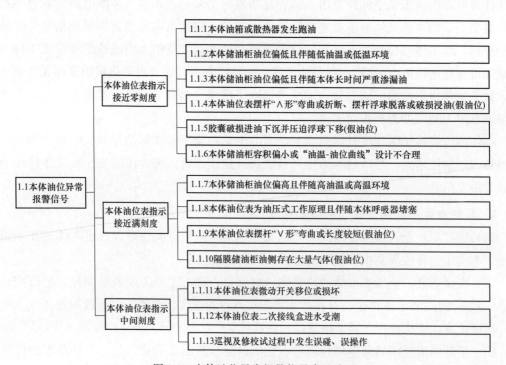

图1-1　本体油位异常报警信号常见致因

本体油位异常报警信号发出后，应立即现场检查是否因本体跑油所致，如存在跑油现象，应立即采取措施制止，当本体气体继电器具备低油位跳闸功能时，应及时采取措施对本体储油柜补油，或停用本体重瓦斯跳闸保护，或将变压器停电转检修，在确保不影响变压器安全运行时再开展该信号的致因研判和处置。

致因 1.1.1 本体油箱或散热器发生跑油

解析： 变压器本体油箱或散热器发生跑油的情形主要有：①因取油或安装不良等原因，本体油箱底部取油堵发生脱落或密封失效跑油；②本体中下部阀门轴芯或管路安装法兰密封失效跑油；③散热器被建筑瓷砖等硬物砸伤跑油；④变压器器身或电缆终端头故障，导致本体油箱或电缆终端头油室壳体破裂跑油。

特征信息： ①本体油位表指示接近零刻度值；②本体油箱或散热器存在严重渗漏油且形成油流现象；③监控系统可能伴随发出本体轻瓦斯报警信号，本体气体继电器视窗可见油气分界线，浮球或开口杯下落至视窗中央。

处置方法： 本体油箱或散热器发生跑油，应第一时间关闭本体渗漏部位各侧阀门，或采取临时措施对渗漏部位封堵以减缓跑油速度，然后对本体储油柜补油。若现场已采取措施仍无法阻止本体继续跑油，或高度怀疑本体油箱缺油时（本体实测油位很低或本体轻瓦斯报警信号发出时，可认为本体油箱已处于缺油状态），应立即申请将变压器停运转检修，然后通过更换密封垫或组件等措施开展渗漏部位缺陷的根治。

致因 1.1.2 本体储油柜油位偏低且伴随低油温或低温环境

解析： 导致变压器本体储油柜油位实际偏低的常见因素：①新品变压器投运或检修后，未按照本体"油温-油位"曲线补油，本体储油柜油位明显偏低；②变压器存在严重渗漏油缺陷，日积月累导致本体储油柜明显缺油。

特征信息： ①本体油位表指示接近零刻度值，本体无严重渗漏油现象；②历史巡视记录本体油位明显低于本体"油温-油位"曲线，存在本体油位低缺陷且未处理；③信号发出时，伴随变压器低负载、低油温及低环境温度的运行工况。

处置方法： 根据本体"油温-油位"曲线对本体储油柜补油。

本体储油柜补油检修步骤为：①将本体重瓦斯跳闸压板退出运行；②摘除本体呼吸器，避免本体补油速度过快导致本体油箱内部压力过大而发生本体压力释放阀动作喷油；③对本体储油柜补油，应尽量排净注油管空气再连接本体储油柜注油阀门，避免本体储油柜注入空气，注油过程中，根据注油量观察油位指示刻度的变化，油位符合本体"油温-油位"曲线值时停止补油；④关闭本体储油柜注油阀门并拆除所连接的注油管（避免注油管内的残油污染地面），恢复安装本体呼吸器；⑤检查监控系统和变压器非电量保护装置，应无异常信号及报文，必要时测量本体重瓦斯跳闸压板两端电压，无问题再恢复本体重瓦斯跳闸压板。

本体重瓦斯跳闸压板二次回路如图 1-2 所示。在本体重瓦斯跳闸压板未投入时，测量本体重瓦斯跳闸压板两端对地电压，正常情况下（本体气体继电器跳闸干簧触点未闭合），其压板上端①应为负电压$-U_N/2$（系统直流电压为U_N），压板下端②应无电压，如果下端出现正电压$U_N/2$时（即"正负电压"或压差为系统直流电压U_N），禁止将本体瓦斯跳闸压板投入，一旦投入将接通跳闸继电器 TJ，导致变压器非电量保护动作跳闸。

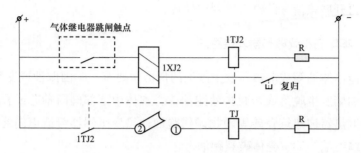

图 1-2　本体重瓦斯跳闸压板端子电压测量

致因 1.1.3　本体储油柜油位偏低且伴随本体长时间严重渗漏油

特征信息：①本体油位表指示接近零刻度值，本体存在严重渗漏油现象；②历史巡视记录本体油位明显低于本体"油温-油位"曲线，存在本体油位低缺陷且未处理。

处置方法：对变压器渗漏部位进行处理，并根据本体"油温-油位"曲线对本体储油柜补油，未处理前，可对本体储油柜多补充一些油并应加强本体储油柜油位的巡视，油位不允许低于刻度 2 格，并根据渗漏油速度定期开展本体储油柜补油工作。

致因 1.1.4　本体油位表摆杆"∧形"弯曲或折断、摆杆浮球脱落或破损浸油（假油位）

特征信息：①本体油位表指示接近零刻度值；②本体实测油位明显高于本体油位表指示刻度，撤油过程中，本体油位表指示刻度基本不变化；③储油柜内检，发现油位计摆杆或浮球损坏。

处置方法：本体实测油位正常（油位高度与曲线基本一致）时，需停电对本体储油柜撤油内检，进一步确定内部异常致因，发现摆杆弯曲损坏、浮球脱落或破损时，应进行更换，未处理前，应定期通过实测本体油位的方法确定油位，尤其是在寒冷季节，变压器存在严重渗漏油的情况。

本体储油柜实测油位是基于 U 型连通原理，它的应用前提条件是本体呼吸器及其管路应畅通，其呼吸路径为：本体油箱→本体气体继电器→本体储油柜→本体呼吸器管路→大气环境，否则测量的本体油位高度并不是本体储油柜实际油位。其工作步骤为：①将直径为 ϕ4mm 的软管一端连接至本体取油堵（变压器停电时可在本体气体继电器放气堵处测量），另一端通过绝缘杆绑扎软管，举高至本体储油柜顶端（保持与带电设备的安全距离）；②打开取油堵，此时本体油将通过 U 型连通原理实现本体实际油位与软管中油位相一致，这样就便于间接实现本体实际油位的测量，如图 1-3 所示；③关闭取油堵，撤掉绝缘杆及软管，避免软管内残油污染地面。

本体油位表摆杆更换步骤为：①变压器停电，对本体储油柜撤油，将本体储油柜人孔

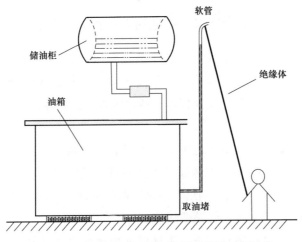

图 1-3　基于 U 型连通原理实测本体储油柜油位

盖板打开，检查发现油位表摆杆或浮球损坏，胶囊良好无破损；②拆除本体油位表安装法兰及本体油位表，更换本体油位表摆杆系统，摆杆的长度应符合本体"油温-油位"曲线，且操作摆杆按运动半径转动时，本体油位表最低和最高油位触点应动作正常；③恢复本体储油柜人孔盖板，对本体储油柜注油至 1/2 位置时，停止注油；④对本体储油柜胶囊加气压 0.02MPa，打开本体储油柜排气堵，排出胶囊油侧存留空气，待出油无空气后关闭排气堵；⑤按照本体"油温-油位"曲线调整本体储油柜油位。

致因 1.1.5　胶囊破损进油下沉并压迫浮球下移（假油位）

特征信息：①本体油位表指示接近零刻度值；②本体实测油位明显高于本体油位表指示刻度，撤油过程中，本体油位表指示刻度基本不变化；③本体呼吸器硅胶顶部频繁出现浸油现象，可能伴随呼吸器喷油现象；④储油柜内检，发现胶囊存在破损进油。

处置方法：本体实测油位正常（油位高度与曲线基本一致）时，需停电，对本体储油柜撤油内检，进一步确定内部异常致因，当发现胶囊破损进油时，应对其更换，未处理前，应避免本体呼吸器硅胶全部潮解（影响变压器油中含水量），同时定期做好本体储油柜实际油位的测量工作。

本体储油柜胶囊更换检修步骤为：①变压器停电，对本体储油柜撤油，将本体储油柜人孔盖板打开，检查发现胶囊破损进油；②准备规格尺寸符合本体储油柜的新胶囊，更换前应在地面对胶囊加气压 1kPa，进行气密性检查，无漏气现象方可安装；③打开胶囊安装口，拆除本体油位表及胶囊，更换新胶囊，本体储油柜两侧胶囊挂点应与新胶囊绑扎牢固，新胶囊安装口应安装密封可靠，复装本体油位表及摆杆系统，确保摆杆按运动半径转动时，本体油位表最低和最高油位触点应动作正常；④恢复储油柜人孔盖板，对本体储油柜注油至 1/2 位置时，停止注油；⑤对本体储油柜胶囊加气压 0.02MPa，打开本体储油柜排气堵或排气阀门，排出胶囊油侧存留空气，待出油无空气后关闭排气堵；⑥按照本体"油温-油位"曲线调整本体储油柜油位。

致因 1.1.6　本体储油柜容积偏小或"油温-油位曲线"设计不合理

解析： 变压器本体储油柜额定补偿容积应满足变压器总油容积的10％，"油温-油位"曲线应符合油体积随油温的变化，应确保在最高环境温度和温升要求下不发生满油位，最低环境温度下不发生低油位，避免储油柜容积或"油温-油位"曲线设计不合理导致本体油位异常报警信号频发。

特征信息： ①本体油位表指示接近零刻度值或满刻度值；②在寒冷冬季或炎热夏季频发本体油位异常报警信号；③测量本体储油柜截面直径及长度，校核其容积，不满足总油容积的10％；④本体储油柜按本体"油温-油位"曲线补油后，随着油温的变化，在接近最高或最低极限油温时，油位又不符合该曲线值。

处置方法： 根据变压器本体总油重、本体储油柜截面直径及长度等参数进行本体储油柜容积校核，当容积不满足要求时，应进行储油柜更换。本体"油温-油位"曲线横坐标应涵盖变压器油温可能出现的温度值，纵坐标油位通常为0~10数字标注，该曲线校核应确保在最高环境温度和温升要求下不发生满油位，最低环境温度下不发生低油位，不符合要求时应重新绘制，具体可参考第四章第三节内容。

为避免此类问题的发生，应在变压器安装阶段前期对本体储油柜容积及"油温-油位"曲线进行校核，避免在变压器运行阶段发现储油柜容积设计不合理而开展本体储油柜大修更换工作。

致因 1.1.7　本体储油柜油位偏高且伴随高油温或高温环境

特征信息： ①本体油位表指示接近满刻度值；②历史巡视记录本体油位明显高于本体"油温-油位"曲线值，存在本体油位高缺陷且未处理；③信号发出时伴随变压器高负载、高油温及高环境温度的运行工况。

处置方法： 按本体"油温-油位"曲线对本体储油柜撤油，其撤油与补油步骤基本一致，具体方法可参考【致因 1.1.2】所述。

致因 1.1.8　本体油位表为油压式工作原理且伴随本体呼吸器堵塞

特征信息： ①本体油位表指示接近满刻度值，本体油位表采用油压工作原理显示油位；②本体呼吸器存在堵塞现象，油杯长时间未见气泡，缓慢拆除本体呼吸器安装法兰，可听到有气体快速流动的"嗞嗞"声音，本体油位表指示值迅速发生变化。

处置方法： 拆除本体呼吸器前后，实测本体油位，并观察两种情况下本体油位表指示刻度的变化，可间接判断本体呼吸器发生堵塞，也可用嘴对拆除的本体呼吸器上口吹气，如费力且油杯无气泡时，可判断本体呼吸器确实存在堵塞。

本体呼吸器更换检修步骤为：①将本体重瓦斯跳闸压板退出运行；②缓慢拆除本体呼吸器安装法兰，拆除时可观察是否存在气体快速流动的"嗞嗞"声音；③检查新呼吸器，应拆除新呼吸器两侧安装口密封膜及密封垫，应通过专用滤网过滤硅胶，清除粉尘，用嘴对呼吸器顶部安装口吹气判断其畅通；④更换密封垫，安装新呼吸器，在油杯中添加变压器新油，本体呼吸器油杯中应有气泡现象；⑤检查监控系统和变压器非电量保护装置，应无异常信号及报文，必要时测量本体重瓦斯跳闸压板两端电压，无问题后再恢复本体重瓦斯跳闸压板。

🔧 致因 1.1.9　本体油位表摆杆"∨形"弯曲或长度较短（假油位）

特征信息：①本体油位表指示接近满刻度值；②本体实测油位明显低于本体油位表指示刻度，注油过程中，本体油位表指示刻度基本不变化；③对本体储油柜内检，发现油位计摆杆损坏或长度较短。

处置方法：本体实测油位正常（油位高度与曲线基本一致）时，需停电对本体储油柜撤油内检，进一步确定内部异常致因，当发现本体油位表摆杆变形弯曲，长度较短且转动半径浮球高度不符合本体"油温-油位"曲线时，应对其摆杆更换，具体方法可参考【致因1.1.4】所述。

🔧 致因 1.1.10　隔膜储油柜油侧存在大量气体（假油位）

解析：隔膜储油柜油位表位于储油柜侧上方位置，油位表连杆机构安装在隔膜上方，当隔膜下方存在气体时，将导致油位虚高，出现假油位现象，而胶囊式储油柜并不会因为胶囊油侧存在气体而导致油位虚高。

特征信息：①本体油位表指示接近满刻度值；②本体实测油位明显低于本体油位表指示刻度；③本体储油柜为隔膜式密封结构，对储油柜内检，通过隔膜排气阀可排出大量气体。

处置方法：变压器停电转检修后，打开本体储油柜顶部安装口，通过隔膜上部的排气阀将储油柜油侧积聚气体排出，然后调整本体储油柜油位至"油温-油位"曲线值。

🔧 致因 1.1.11　本体油位表微动开关触点移位或损坏

解析：本体油位表微动开关触点移位或损坏的情形主要有：①微动开关触点老化或触点容量不满足回路要求，频繁切换导致烧损；②微动开关采用胶固定方式，固定胶老化导致微动开关移位；③微动开关触点绝缘下降导致触点粘连。

特征信息：①本体油位表指示中间刻度；②本体实测油位与本体油位表指示刻度近似一致；③万用表测量本体油位表高油位或低油位微动开关触点位于闭合状态；④本体油位表二次接线盒内检，未发现进水受潮痕迹。

处置方法：根据微动开关设计，油位表可分为两类，一类是铸造一体，另一类是磁耦合表盘连接。本体油位表微动开关损坏时，针对前者，需将本体储油柜中的油撤出，方可更换整个油位表；对后者，只需更换表盘。针对两者的操作均应在变压器停电状态下进行。本体储油柜或本体油位表新装或更换后，应通过调节本体储油柜油的高度（注油或撤油）传动本体油位表的高油位和低油位触点动作情况，不宜采取短接油位表微动开关触点的传动方式，避免因本体油位表安装位置或摆杆长度不合理等导致本体油位表微动开关触点拒动。

通过万用表判别本体油位表微动开关触点状态的方法有万用表电压测量法和万用表导通测量法。

（1）万用表电压测量法。使用万用表"DC电压档"判别本体油位表微动开关触点状态时，应确保其二次接线回路是直流系统，示例如图1-4所示。

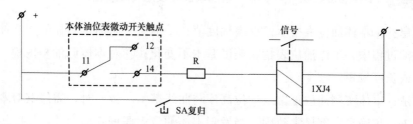

图1-4　本体油位表微动开关触点二次回路

如果端子11与端子14粘连，用万用表测量端子11的对地电压为$U_N/2$（U_N为直流母线电压值），端子14的对地电压为$U_N/2$，这说明端子11的正电引至端子14，与信号继电器1XJ4构成闭合回路，此时信号继电器1XJ4将一直励磁带电发报警信号，无法复归；如果端子11与端子14未发生粘连，用万用表测量端子11的对地电压为$U_N/2$，端子14的对地电压为$-U_N/2$，这说明端子11的正电未引至端子14，端子14的电压与信号继电器1XJ4线圈的电压等电位，均为$-U_N/2$。

（2）万用表导通测量法。使用万用表"导通档"判别本体油位表微动开关触点状态时，必须在本体端子箱处将其引下二次电缆接线端子甩开，确认无电压后方可使用此方法。当端子11与端子14粘连，用万用表表笔对接两端子将发出导通蜂鸣声，如微动开关触点未粘连，则不会发出蜂鸣声。

致因 1.1.12　本体油位表二次接线盒进水受潮

特征信息： ①本体油位表指示中间刻度，油位表未安装防雨罩；②近期有雨雪天气，开展变压器消防水喷淋、水冲洗工作，室内变压器屋顶发生漏水等现象；③万用表测量本体油位表高油位或低油位微动开关触点位于闭合状态；④监控系统可能伴随发出"系统直流接地"信号；⑤本体油位表二次接线盒内检，发现存在进水受潮痕迹。

处置方法： 若本体油位表二次端子盒内部受潮，可使用热吹风机干燥或太阳暴晒方式恢复其绝缘强度，然后再对其触点绝缘电阻进行测量，其试验方法为：①在本体端子箱处拆除本体油位表端子二次引下线，并包扎好绝缘，防止触碰其他部位；②测量本体油位表引下线，无电压后，使用绝缘电阻仪测量触点相间及触点对地绝缘，绝缘电阻不低于1MΩ；③无问题后恢复本体端子箱本体油位表二次引下端子接线。

为避免此类问题的发生，本体油位表应采取防止进水受潮的措施：①对室外布置的变压器，本体油位表及接线盒应加装防雨罩，当无法实现防雨时，应对二次端子盒各密封处涂玻璃胶；②对二次电缆，应从下部进入接线盒并封堵严密，二次电缆及其外包蛇皮管应有滴水弯和滴水孔，防止雨水顺电缆或蛇皮管倒灌；③在选型时，注意本体油位表接线盒应位于表盘下部，可避免雨水冲刷和太阳的暴晒导致密封失效，端子接线应采用端子排设计方式，接线空间充裕可避免直流接地的发生。

致因 1.1.13 巡视及修校试过程中发生误碰、误操作

特征信息：①本体油位表指示中间刻度；②当日有工作人员从事涉及变压器非电量保护装置、变压器本体油位表及其相关二次回路的工作。

处置方法：立即停止工作并第一时间汇报，经核实该信号为误碰或误操作所致时，在现场可及时恢复误碰或误操作部位至初始正常状态，检查变压器非电量保护装置异常报警灯和监控系统光字牌，应复归。

二、本体轻瓦斯报警信号

本体轻瓦斯报警信号主要反映本体油箱内部潜伏性故障，它通过本体气体继电器轻瓦斯干簧触点实现报警信号上送。本体气体继电器两侧管路管径一般要求 $\phi80mm$，气体容积动作范围应满足 $250\sim300mL$。

1. 本体轻瓦斯报警信号的影响

监控系统发出本体轻瓦斯报警信号时，应首先考虑本体油箱内部存在潜伏性故障，应及时安排本体油色谱化验分析、本体气体继电器积聚气样化验分析。如果一天或一周内频繁发出本体轻瓦斯报警信号，应立即将变压器停运转检修，避免变压器内部潜伏性故障进一步发展，导致变压器故障跳闸影响电网安全运行，严重时可导致变压器爆炸起火，危及人身和周边设备的安全。

2. 本体轻瓦斯报警信号的信息收集

（1）对监控系统，重点关注是否发出本体油位异常报警信号、本体压力释放异常报警信号或直流接地报警信号等。

（2）对设备区，应检查本体气体继电器视窗，注意是否可观察到气体（油气分界线），浮球或开口杯是否下落至视窗中央，是否安装防雨罩；本体油位表指示是否有油位，本体呼吸器呼吸是否通畅；对强迫油循环冷却系统，应查看油泵负压区侧是否存在渗漏油现象；对保护室，应检查变压器非电量保护装置异常灯状态和异常报文内容等。

（3）了解变压器周围当天的环境温度、变压器运行油温及负载情况，室外是否存在雨雪天气，是否对室内布置的变压器开展水冲洗或消防水喷淋等工作，屋顶是否存在漏水现象，是否存在涉及变压器相关二次回路（含保护装置）的检修工作等。

（4）查阅近期变压器检修记录，检修工作是否涉及本体撤油或补油，油流计、油泵、再生器或本体呼吸器更换，油色谱装置安装及油路处缺等内容；

（5）为变压器配置油色谱在线监测装置时，应检查油色谱在线监测装置后台机是否存在异常报文信息、与变压器连接管路是否存在渗漏油、阀门开闭是否正常等。

3. 本体轻瓦斯报警信号研判的诊断工作

（1）停本体重瓦斯跳闸压板，变压器不停电，使用万用表在本体端子箱测量本体气体继电器轻瓦斯干簧触点状态是否正常，怀疑其绝缘受潮时，可使用绝缘电阻仪对微动开关触点及其二次线进行绝缘电阻测量。

（2）变压器不停电，对本体取油样并进行油色谱化验分析；变压器停电，对本体气体继电器取气样并进行气样色谱化验分析。

4. 本体轻瓦斯报警信号致因研判和处置

根据现场本体气体继电器视窗内是否存在积聚气体，本体轻瓦斯报警信号常见致因可分为两类，如图 1-5 所示。

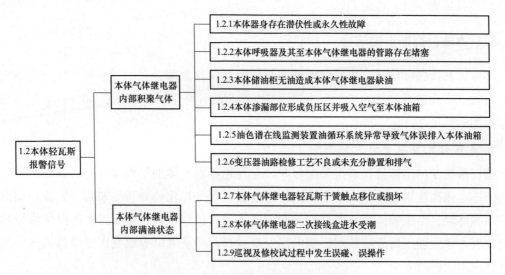

图 1-5　本体轻瓦斯报警信号常见致因

本体气体继电器内部积聚气体时，无论何种致因，均应对本体取油样，对本体气体继电器取气样化验分析，考虑本体故障是引起本体轻瓦斯报警的致因之一，为避免取油样或气样时变压器爆炸着火造成人身伤害，应将变压器停电转检修后再开展。当明确变压器本体轻瓦斯报警信号为本体油位低所致时，可不停电开展此项工作，但对本体气体继电器取气样不满足人身安全距离时，应将变压器停电转检修后再进行。

致因 1.2.1　本体器身存在潜伏性或永久性故障

特征信息： ①监控系统发出本体轻瓦斯报警信号的同时，可能伴随发出本体重瓦斯跳闸信号或本体压力释放异常报警信号；②从本体气体继电器视窗可观察到气体（油气分界线），浮球或开口杯下落至视窗中央；③从本体取油样、从本体气体继电器取气样，分析判断是否存在放电类特征气体。

处置方法： 本体油样和本体气体继电器气样存在放电类特征气体时，应立即将变压器停电转检修，对异常变压器进行绕组绝缘、绕组直流电阻、绕组变比、绕组变形等诊断试验进一步综合研判变压器内部故障情况，同时查找备品变压器更换。

致因 1.2.2 **本体呼吸器及其至本体气体继电器的管路存在堵塞**

解析： 本体呼吸器及其至本体气体继电器管路存在堵塞并伴随本体油温骤降时，由于负压作用力，无法将本体储油柜的油（较低油位）补充至本体气体继电器，进而造成本体气体继电器内部缺油，常见情形有：①本体呼吸器堵塞；②本体气体继电器至本体储油柜管路阀门位于关闭位置。

特征信息： ①从本体气体继电器视窗可观察到气体（油气分界线），浮球或开口杯下落至视窗中央；②对本体取油样并分析，无放电类特征气体；对本体气体继电器取气样并分析，其成分为空气，本体气体继电器排气后无油补充；③观察本体呼吸器油杯，长时间未见气泡，呼吸不畅存在堵塞现象。

处置方法： 检查本体气体继电器至本体储油柜管路阀门位置，应为"打开"位置，拆除本体呼吸器并检查其是否通畅：用嘴对呼吸器顶部安装口吹气，观察油杯是否冒泡，如无气泡或较费力，应更换呼吸器或硅胶，拆解呼吸器时应检查堵塞原因，并做好后续防止堵塞的管控措施。

致因 1.2.3 **本体储油柜无油造成本体气体继电器缺油**

特征信息： ①本体油位表指针指示零刻度（无油），监控系统伴随发出"本体油位异常"报警信号从本体气体继电器视窗可观察到气体（油气分界线），浮球或开口杯下落至视窗中央；②对本体取油样，分析无放电类特征气体；对本体气体继电器取气样，分析成分为空气。

处置方法： 根据本体"油温-油位"曲线对本体储油柜补油并排尽本体气体继电器内部积聚气体。

致因 1.2.4 **本体渗漏部位形成负压区并吸入空气至本体油箱**

解析： 变压器存在负压区渗漏进气需具备的条件：一是局部形成负油压；二是负压区域存在渗漏，该渗漏部位在正压下表现为渗漏油现象，其最常见的情形为：①强油循环变压器运行潜油泵进油侧（负压区）渗漏进气；②在寒冷季节，变压器或电抗器退出运行，油温快速下降并伴随本体呼吸器呼吸不畅时，本体气体继电器顶部渗漏部位易形成负压进气。

特征信息： ①从本体气体继电器视窗可观察到气体（油气分界线），浮球或开口杯下落至视窗中央；②特定运行工况下，变压器某部位形成负压区且历史存在渗漏油现象；③对本体取油样并分析，无放电类特征气体；对本体气体继电器取气样并分析，其成分为空气。

处置方法： 对存在负压渗漏油的油泵采取停止运转措施，具备条件时，更换负压区相关渗漏油组部件或者密封垫，变压器停电时，可通过本体加压试漏的方式检查易形成负压的区域密封是否良好。

致因 1.2.5 **油色谱在线监测装置油循环系统异常导致气体误排入本体油箱**

解析： 油色谱在线监测装置异常导致气体排入本体油箱的情形主要有：①油色谱在线

监测装置油泵回油超时限，真空罐传感器故障导致回油系统一直工作，并导致气体也排入本体油箱；②当油色谱装置进油阀门关闭或油泵进油侧渗漏时，油泵运转时空气进入管路并排入本体油箱；③安装油色谱装置时，未将油管中气体排出即接入变压器进出油阀门。

特征信息：①从本体气体继电器视窗可观察到气体（油气分界线），浮球或开口杯下落至视窗中央；②本体轻瓦斯报警信号存在频发现象，但每次对本体取油样分析时，无放电类特征气体；对本体气体继电器取气样分析时，其成分为空气；③油色谱在线监测装置停运并关闭连接变压器进出油阀门后不再出现该信号。

处置方法：将变压器油色谱在线监测装置电源拉开、进油阀和回油阀阀门关闭，根据油色谱在线监测装置后台装置异常报文分析原因，必要时，可拆除油色谱在线监测装置，模拟查找气体误排入本体油箱的根源。

致因 1.2.6　变压器油路检修工艺不良或未充分静置和排气

特征信息：①从本体气体继电器视窗可观察到气体（油气分界线），浮球或开口杯下落至视窗内；②对本体取油样分析，无放电类特征气体；对本体气体继电器取气样分析，其成分为空气；③信号发出前，开展过变压器油路部件更换、油处理等工作。

处置方法：如本体轻瓦斯报警信号频发时，应将变压器停电充分静置和多次排气。

为避免此类问题，涉及变压器油路工作时，应加强检修工艺避免器身内部进入气体，当可能导致内部存在气泡或窝气现象时，应充分静置和多次排气，原则上，变压器注满油后，满足静置时间方可加压试验或投入运行，其中110kV变压器静置时间不少于24h，220（330）kV变压器静置时间不少于48h，550kV及以上变压器静置时间不少于72h；强油循环变压器冷却器更换及注撤油工作后，应分组启动潜油泵，将绝缘油充分循环，静置满足要求时间并充分排气后，方可带电运行。

三、本体压力释放异常报警信号

本体压力释放异常报警信号反映本体油箱内部压力的异常，当油压达到本体压力释放阀开启压力值时，动作喷油释放本体油箱内部压力，通常情况下66～220kV变压器压力释放阀开启压力选取55kPa，500kV及以上变压器压力释放阀开启压力选取70kPa。它通过本体油箱顶部的压力释放阀微动开关触点实现报警信号上送，如涉及多个本体压力释放阀时，通常将全部本体压力释放阀微动开关触点并联实现报警信号上送。

1. 本体压力释放异常报警信号的影响

本体压力释放阀动作喷油会导致本体油位缺少，当同时伴随本体油位异常报警信号时，应确定实际本体储油柜油位是因高油位导致油压过大喷油，还是因本体压力释放阀动作喷油后缺油产生低油位。本体储油柜油位缺失严重时，也会相继发出本体轻瓦斯报警信号，此时因本体至储油柜管路无油，会造成本体故障无油流冲击挡板，存在本体气体继电器拒动隐患。若本体气体继电器具备低油位跳闸功能，当油位低于本体气体继电器管道时，变压器跳闸停运。

2. 本体压力释放异常报警信号的信息收集

（1）重点关注监控系统是否发出本体油位异常信号、本体油压速动报警信号、本体轻瓦斯报警信号或直流接地报警信号等。

（2）在设备区，应检查本体压力释放阀是否动作喷油，机械动作杆是否弹起，接线端子盒是否安装防雨罩，本体油位表指示刻度是否接近于最高或最低油位，本体呼吸器及其管路是否呼吸通畅。在保护室，应检查变压器非电量保护装置异常灯状态和异常报文内容等。

（3）了解当天环境温度、变压器运行油温及负载情况，是否存在雨雪天气，对室内布置的变压器，是否开展水冲洗或消防水喷淋等工作，屋顶是否存在漏水现象，是否存在涉及变压器相关二次回路（含保护装置）的检修工作等。

（4）查阅近期变压器检修记录，检修工作是否涉及本体呼吸器及其硅胶更换、本体呼吸系统管路阀门开闭等内容。

3. 本体压力释放异常报警信号研判的诊断工作

（1）变压器不停电，使用万用表在本体端子箱测量本体压力释放阀微动开关触点状态是否正常，怀疑其绝缘受潮时，可使用绝缘电阻仪对微动开关触点及其二次线进行绝缘电阻测量。

（2）变压器不停电，使用 ϕ4mm 软管在本体取油堵处实测本体储油柜油位高度，不具备时，可通过注撤油方式（掌握油量）观察本体油位表指示刻度的变化。

（3）本体压力释放阀动作喷油而无法确定致因时，应不停电对本体取油样并进行油色谱化验分析。

4. 本体压力释放异常报警信号的致因研判和处置

根据现场本体压力释放阀是否动作喷油，本体压力释放动作报警信号常见致因可分为两类，如图1-6所示。

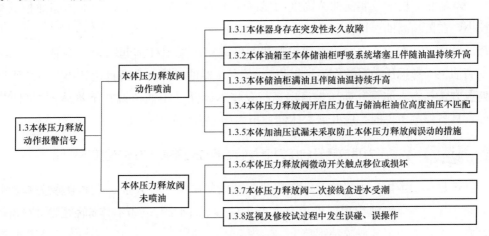

图1-6　本体压力释放异常报警信号常见致因

本体压力释放异常报警后，应首先在现场检查本体压力释放阀是否动作喷油导致本体油位缺失，在确保不影响变压器安全运行时，再开展该信号的致因研判和处置。

致因 1.3.1　本体器身存在突发性永久故障

特征信息：①本体压力释放阀动作喷油，机械动作指示杆弹起；②监控系统伴随发出本体轻瓦斯报警信号或本体重瓦斯跳闸信号，从本体气体继电器视窗可观察到气体（油气分界线），浮球或开口杯下落至视窗中央；③从本体取油样、从本体气体继电器取气样，分析判断存在放电类特征气体。

处置方法：变压器停电转检修并更换备品变压器。

致因 1.3.2　本体油箱至本体储油柜呼吸系统堵塞且伴随油温持续升高

解析：变压器本体油箱至本体储油柜呼吸系统堵塞常见情形：①本体呼吸器堵塞；②本体气体继电器两侧某一个阀门位于关闭位置；③本体气体继电器管路至本体油箱顶盖处阀门位于关闭位置。

特征信息：①本体压力释放阀动作喷油，机械动作指示杆弹起并发出本体压力释放动作报警信号；②变压器油温持续升高且达到历史最高温度值；③在本体呼吸器油杯内，长时间未观察到气泡，而站内其他变压器本体呼吸器油杯有明显气泡现象。

处置方法：申请将本体重瓦斯压板退出运行，拆除本体呼吸器，检查呼吸器是否通畅，如正常，应检查呼吸系统各管路阀门位置是否位于"打开"位置，处置完成方可将本体重瓦斯跳闸压板投入运行，当带电安全距离不满足作业人员检查时，应将变压器停电再开展油箱顶部阀门位置的检查工作。

致因 1.3.3　本体储油柜满油且伴随油温持续升高

解析：本体储油柜满油导致本体压力释放阀动作喷油的原因主要有：①本体油位表指示异常，本体储油柜油位实测油位高度明显高于本体油位表指示值；②本体储油柜的容积设计较小，在极端高油温情况下导致本体储油柜满油位。

特征信息：①本体压力释放阀动作喷油，机械动作指示杆弹起；②本体储油柜实测油位基本满油位（考虑压力释放阀喷油损失）；③变压器油温持续升高且达到历史最高油温。

处置方法：将本体重瓦斯压板退出运行，将本体储油柜油位调整至本体"油温-油位"曲线值，具备停电条件时，应开展本体储油柜内检、容积校核或更换等工作。

致因 1.3.4　本体压力释放阀开启压力值与储油柜油位高度产生的油压不匹配

特征信息：①本体压力释放阀动作喷油，机械动作指示杆弹起；②本体压力释放阀开启压力较小，与本体储油柜顶部油位高度产生的油压不匹配；③本体储油柜油位较高时，宜频繁发生本体压力释放阀喷油现象。

处置方法：根据变压器本体储油柜油位高度产生的油压，做好本体压力释放阀开启压力值的选型及更换工作。

本体压力释放阀更换检修步骤为：①确认新压力释放阀与旧压力释放器释放阀参数，符合安装现场要求，安装法兰尺寸匹配，微动开关触点动作正确；②变压器停电转检修，关闭本体储油柜阀门，拆除本体气体继电器（便于撤油有进气口），将变压器油撤至压力释放阀法兰以下（配置阀门的不需撤油，关闭阀门即可更换，更换完成后打开阀门，通过压力释放阀放气堵排气即可）；③拆除旧压力释放阀及其二次线，并做好二次接线标示，更换新压力释放阀法兰密封胶垫，安装新压力释放阀及其二次线及信号传动，恢复本体气体继电器安装；④打开本体储油柜阀门，将油注入本体油箱；⑤变压器静置24h，期间应在本体气体继电器、本体压力释放阀放气堵、10kV套管放气堵、套管升高座、散热器顶部放气堵等部位充分排气；⑥通过胶囊顶油排气将胶囊油侧空气排出，将本体储油柜油位调整至本体"油温-油位"曲线值。

致因 1.3.5 **本体加油压试漏未采取防止本体压力释放阀误动的措施**

特征信息：①本体压力释放阀动作喷油，机械动作指示杆弹起；②本体加压试漏时，未加装本体压力释放阀闭锁装置或未将其阀门关闭，试漏油压值大于本体压力释放阀开启压力。

处置方法：清洁本体压力释放阀的喷油，对本体储油柜油位进行调整，如本体压力释放阀关闭不可靠（存在微渗漏油时），应进行更换。

为避免此类问题，对本体加压试漏前，应加装本体压力释放阀闭锁装置，或具备阀门时，将本体压力释放阀阀门关闭，加压试漏工作结束后，再拆除本体压力释放阀闭锁装置，将本体压力释放阀阀门打开。

四、本体油温过高报警信号

本体油温过高报警信号反映变压器本体油箱顶层油温，它通过本体油温表微动开关触点实现报警信号上送。自然油循环变压器顶层油温报警设定值为85℃，强迫油循环变压器顶层油温报警设定值为80℃。

1. 本体油温过高报警信号的影响

本体油温过高报警且与实测顶层油温一致时，应考虑变压器降温措施，避免油温继续升高并接近绝缘限值影响绝缘寿命，油浸变压器预期寿命和温度的关系：热点温度只要比额度值低6℃，其额度寿命损失就会减半，变压器绝缘寿命时间就会成倍增加，为此，油浸变压器油温应严格控制在105℃以下，综合考虑铜油温差和热点系数的影响，变压器油温不宜高于85℃，否则固体绝缘材料的老化进程加剧，机械强度降低，变压器的抗短路能力下降。

2. 本体油温过高报警信号的信息收集

（1）在监控系统查阅变压器远传油温值是否达到报警温度设定值，变压器负载率是否重载（负载率超80%），是否伴随变压器其他相关信号，要重点关注本体压力释放异常报警信号、变压器过负荷报警信号等。

（2）在设备区，应检查本体油温表指示值是否与监控系统显示一致，本体油位是否偏高，本体呼吸器是否呼吸通畅，变压器冷却装置及其系统是否运行正常，强迫油循环变压器辅助冷却器组是否按油温正常启动，冷却器滤网是否存在堵塞；在保护室，应检查变压器非电量保护装置异常灯状态和异常报文内容等。

（3）布置室内变压器本体、散热器（冷却器）时，应检查运行周围环境温度、通风装置是否正常开启运转。

3. 本体油温过高报警信号研判的诊断工作

（1）变压器不停电，使用万用表在本体端子箱测量本体油温表报警触点状态是否正常，怀疑其绝缘受潮时，可使用绝缘电阻仪对微动开关触点及其二次线进行绝缘电阻测量。

（2）变压器不停电，使用红外成像测温仪对油温表探头安装处进行实际测温，注意周边散热器等发热体对其测温的干扰。

4. 本体油温过高报警信号的致因研判和处置

根据现场本体顶层油温红外测温值是否与本体温度表一致，是否达到报警温度值，本体油温过高报警信号常见致因可分为两类，如图1-7所示。

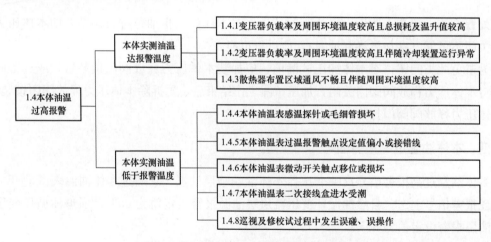

图1-7　本体油温过高报警信号常见致因

变压器发出本体油温过高报警信号时，应及时判断变压器油温是否达到报警温度，是否存在持续升高现象，并尽快采取变压器降温措施，在确保不影响变压器安全运行时再开展该异常信号的致因研判和处置。

致因 1.4.1　变压器负载率及周围环境温度较高且总损耗及温升值较高

特征信息：①变压器负载率较高且维持时间较长，散热器周围环境温度高于平均环境温度；②变压器总损耗（负载损耗和空载损耗）或温升值与站内其他变压器相比较高；③站内其他变压器油温接近油温报警值。

处置方法：变压器油温整体较高，而个别发生油温过温报警时，属于正常现象，但需要采取措施进行变压器降温，避免油温过高导致绝缘寿命下降，其降温措施主要有：①降低变压器负载率，例如调整系统运行方式，倒负荷或减负荷；②加强冷却器或散热器降温效果，例如冷却器或散热器进行水喷淋，放置冰块，增加外置吹风装置等。

致因 1.4.2　变压器负载率及周围环境温度较高且伴随冷却装置运行异常

解析： 变压器冷却装置运行异常导致油温异常的常见情形为：①油浸自冷/风冷变压器部分散热器阀门未正确打开，红外测温发现散热器温度不均衡，冷却容量减小；②油浸风冷变压器风机未正常启动，散热通风量较小；③强迫油循环变压器辅助冷却器未启动，同比站内其他变压器运行冷却器组存在差别，冷却容量较小；④强迫油循环变压器冷却器滤网堵塞，进风量减小。

特征信息： ①变压器负载率较高且维持时间较长，散热器周围环境温度高于平均环境温度；②冷却循环系统装置存在冷却器或散热器未正常工作、冷却容量相对降低等现象。

处置方法： 及时恢复变压器冷却装置的正常运行。当存在异常冷却器组时，将异常冷却器组停用并及时调整工作位置的冷却器组数量，尽快修理异常冷却器组；当由多根冷却管簇构成的风冷式冷却器入风口滤网堵塞时，应用水冲洗，提高通风散热效果；当存在某散热器蝶阀关闭时，应采取停本体重瓦斯跳闸压板的措施，打开该异常散热器的两侧阀门。

致因 1.4.3　散热器布置区域通风不畅且伴随周围环境温度较高

解析： 散热器布置通风不畅且伴随区域较高的常见情形为：①散热器周围离防火墙较近，周围建筑影响通风；②散热器放置于间隔建筑位置且顶部设计有屋顶，区域热量无法扩散；③散热器风扇电机滤网堵塞；④本体及散热器室内布置，室内通风风机未正常运转。

特征信息： ①变压器负载率较高且维持时间较长；②室外变压器散热器布置在通风不畅的场所，室内通风装置未开启、部分损坏或设计不合理导致冷热空气循环流通不畅；③散热器周围或室内环境温度较高接近 40℃。

处置方法： 变压器散热器布置区域通风不畅时，应采取加装通风引导风机，提高冷风和热风的交换效率，对室内布置的变压器本体及散热器，应开启全部室内通风风机并检查进风口是否通畅，如室温仍未见下降时，应考虑其通风设计并提出优化改进措施。

致因 1.4.4　本体油温表感温探针或毛细管损坏

解析： 通常采用两种不同原理的测温装置对变压器本体油温进行检测：①通过感温探针及毛细管的压力变化带动油温表指针转动；②通过 PT100 及变送器进行温度数值显示，正常情况下不会出现同时故障影响油温的检测。

特征信息： ①本体油温表表盘指示温度达到报警温度值，但远方温度显示未达到报警温度值；②变压器顶层红外测温未达报警温度值，与远方温度显示近似一致。

处置方法： 带电距离满足要求时，可不停电更换本体油温表，否则应结合停电工作开展。在未处理前，应根据变压器负载情况缩短远方油温的监视周期，尤其是变压器负载率达到 80% 以上重载情况。

本体油温表更换检修步骤为：①本体油温表应校核合格，并注意报警温度整定值的设定；②拆除旧温度表，将温度表感温探针从座套上拆除，拆除时应避免座套与箱体连接螺口松动，拆除后即可将探针连接的毛细管及表盘一起拆除；③更换新温度表，首先安装温度表盘，布置毛细管线的位置并安装感温探针，更换前应在其座套内添加少量变压器油（探针装入后不应出现溢油现象即为合格），确保感温探针测温的准确性；④更换完成应做好其安装口的密封，防止雨水进入，室外布置时，宜加装防雨罩措施；⑤远方与当地温度表进行温度比对，温差应满足不超过5°，否则应查看PT100远方测温装置系统的准确性。

致因1.4.5 本体油温表过温报警触点设定值偏小或接错线

特征信息： ①本体油温表指针指示值未达到报警温度值；②本体油温表过温报警触点设置偏小不符合要求，或二次线未接在报警温度触点位置（接线错误）。

处置方法： 对于油温表过温报警触点接线错误的情况，可重新调整二次接线位置，而对于过温报警整定值错误的情况，应将其更换，拆卸的油温表可重新校验再使用。

五、有载油位异常报警信号

有载油位异常信号主要涵盖有载储油柜高油位和低油位两重含义，它将有载油位表高油位和低油位微动开关触点并联实现报警信号上送。考虑切换开关油室油量较小，有载储油柜额定补偿容积设计应满足切换开关油室总油容积的20%。

1. 有载油位异常报警信号的影响

当有载储油柜油位表指示零刻度且已实测无油时，由于某种原因有载油位继续下降至有载开关室顶部时（漏油不会导致开关芯子器室缺油），如遇有载开关故障，存在因无油流冲击油流继电器挡板而拒动的概率。当有载油位表指示满刻度时，当由于某种原因有载油位继续上升时，将会导致有载呼吸器喷油。

对有载油位异常信号，应重点关注有载切换开关类型及其配置的有载气体继电器，配置的有载气体继电器具备有载轻瓦斯报警功能和有载低油位跳闸功能时，当有载油位无油，有载气体继电器内积聚气体时将发出有载轻瓦斯报警信号，当油位继续缺失，导致有载气体继电器管路中无油时，将发出有载低油位跳闸信号，变压器跳闸停运。

2. 有载油位异常报警信号的信息收集

（1）监控系统是否发出变压器其他相关伴随信号，重点关注是否发出有载轻瓦斯报警信号或直流接地报警信号等。

（2）在设备区，应检查有载油位表指示刻度是否接近于最高或最低油位，是否安装防雨罩，有载开关头盖及有载储油柜联管是否存在严重渗漏油或跑油现象，有载压力释放阀或防爆膜是否发生喷油等；在保护室，应检查变压器非电量保护装置异常灯状态和异常报文内容等。

（3）了解当天环境温度、变压器运行油温及负载情况，是否存在雨雪天气，对室内布置的变压器，是否开展水冲洗或消防水喷淋等工作，屋顶是否存在漏水现象，是否存在涉及变压器相关二次回路（含保护装置）的检修工作等。

（4）查阅近期变压器巡视及检修记录，有载储油柜油位是否满足有载"油温-油位"曲线，检修工作是否涉及有载油位表、有载切换开关检修或有载呼吸器更换等内容。

（5）查阅有载气体继电器类型（是否为双浮球结构），每年度炎热或寒冷季节，有载油位异常信号频发时，应校核有载储油柜容积和有载"油温-油位"曲线设计是否合理。

3. 有载油位异常报警信号研判的诊断工作

（1）变压器不停电，通过注撤油方式（掌握油量）观察有载油位表指示刻度的变化，对于油浸真空开关，可使用 ϕ4mm 软管在开关取油堵处实测有载储油柜油位高度。

（2）变压器不停电，使用万用表在本体端子箱测量有载油位表微动开关触点状态是否正常，怀疑其绝缘受潮时，可使用绝缘电阻仪对微动开关触点及其二次线进行绝缘电阻测量。

（3）当怀疑有载储油柜及其内部组件异常时，可停电开展有载储油柜撤油内检工作。

4. 有载油位异常报警信号的致因研判和处置

根据现场有载油位表指示刻度，有载油位异常报警信号常见致因可分为三类，如图1-8所示。

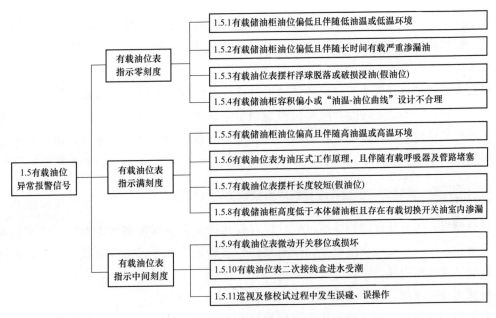

图 1-8　有载油位异常报警信号常见致因

有载油位异常报警信号发出后，应现场核实油位是否为低油位，核实有载气体继电器是否具备低油位跳闸功能，当有载储油柜缺油时，应立即采取措施对其补油，在确保不影响变压器安全运行时，再开展该异常信号的致因研判和处置。

致因 1.5.1　有载储油柜油位偏低且伴随低油温或低温环境

特征信息：①历史巡视记录显示有载油位明显低于有载"油温-油位"曲线，存在有载油位低缺陷且未处理；②变压器负载率及周围运行环境温度均较低。

处置方法：根据有载"油温-油位"曲线对有载储油柜补油。必须通过有载储油柜注油管阀门进行油浸真空灭弧切换开关储油柜补油，防止注油管路内部的空气进入有载气体继电器内发生有载轻瓦斯报警信号；油浸灭弧切换开关储油柜补油也应通过有载储油柜注油管阀门进行，未设计有载储油柜注油阀门时，可通过切换开关芯室的注油阀门补油。但应控制好注油流速，避免有载气体继电器挡板动作后无法不停电手动复归。

有载储油柜补油检修步骤为：①将有载重瓦斯跳闸压板和变压器 AVC 调节变压器分接头功能退出运行；②摘除有载呼吸器，避免有载补油速度过快导致有载开关箱体内部压力过大而发生有载压力释放阀（或防爆膜）动作喷油；③对有载储油柜注油，注油管路连接有载储油柜注油管阀门，油位应符合有载"油温-油位"曲线对应值；④关闭有载储油柜注油阀门并拆除注油管路（避免注油管内的残油污染地面），恢复有载呼吸器；⑤检查监控系统和变压器非电量保护装置，应无异常信号及报文，必要时测量有载重瓦斯跳闸压板两端电压，无问题再恢复有载重瓦斯跳闸压板。

致因 1.5.2　有载储油柜油位偏低且伴随长时间有载严重渗漏油

特征信息：①历史巡视记录显示有载储油柜油位明显低于有载"油温-油位"曲线，存在有载油位低缺陷且未处理；②切换开关头盖或有载储油柜管路等部位存在长时间严重渗漏油且未处理。

处置方法：切换开关头盖或有载储油柜管路等部位渗漏油并不会导致切换开关芯体缺油，当该缺陷近期无法处理时，应根据渗漏油量定期开展有载储油柜补油工作并加强有载储油柜油位巡视检查，若其配置的有载气体继电器具备低油位跳闸功能时，应主动申请变压器停电并处理该缺陷。

致因 1.5.3　有载油位表摆杆浮球脱落或破损浸油（假油位）

特征信息：①有载储油柜注油过程发现有载油位表指示刻度基本不变化；②实测有载储油柜油位，发现其油位高度明显高于有载油位表指示刻度；③拆除有载油位表，发现摆杆浮球脱落或破损浸油。

处置方法：有载储油柜撤油并更换有载油位表摆杆及浮球。

有载油位表摆杆更换步骤为：①变压器停电，对有载储油柜撤油；②拆除有载油位表安装法兰及有载油位表，更换有载油位表摆杆系统，摆杆的长度应符合有载"油温-油位"曲线，且操作摆杆按运动半径转动时，有载油位表最低和最高油位触点应动作正常；③恢复有载油位表安装法兰及密封垫；④根据有载"油温-油位"曲线调整有载储油柜油位。

致因 1.5.7　有载油位表摆杆长度较短（假油位）

特征信息：①实际测量有载油位，明显低于有载油位表指示刻度；②有载储油柜注油或撤油过程中，观察实测有载油位与有载油位表指示刻度明显不符；③拆除有载油位表，发现其摆杆长度较短。

处置方法： 有载储油柜撤油并更换有载油位表摆杆。

致因 1.5.8 有载储油柜高度低于本体储油柜且存在有载切换开关油室内渗漏

解析： 在本体储油柜油位高于有载储油柜油位前提下，当有载切换开关油室发生内渗漏时，本体油压大于切换开关油室油压，根据 U 型连通原理，为确保两侧油压一致，此时本体油箱的油将流向切换开关油室，最终实现本体储油柜与有载储油柜油位高度趋于一致，当超过有载储油柜容积时，将导致有载呼吸器喷油，在虹吸作用下，可能导致有载储油柜喷出大量的油；当本体油位高度低于有载油位高度时，切换开关油室的油会流入本体油箱，导致本体油箱油的污染，本体油中溶解气体会出现单组份乙炔含量异常。

特征信息： ①本体储油柜中心高度明显高于有载储油柜中心高度；②本体储油柜油位高于有载储油柜油位，经一段时间后，有载储油柜油位升高；③对切换开关芯进行吊检撤油，对本体加气压试漏检查，发现切换开关油室内部存在渗漏油现象。

处置方法： 借助本体油色谱分析辅助判断，如单一特征气体 C_2H_2 含量从无到有缓慢增长或特征气体满足 $C_2H_2/H_2 > 2$ 时，可基本确定切换开关油室存在内渗漏，宜尽快安排停电处理，避免变压器内部发生故障造成误判。

切换开关油室内渗处理步骤为：

(1) 变压器停电，将有载切换开关油室撤油，将切换开关芯子吊出，清洁油室内部，使其无残油，本体加气压试漏检查以便观察内渗部位。

(2) 对本体储油柜胶囊加 0.02MPa 气压，检查开关芯室是否存在渗漏并确定渗漏点，渗漏点主要涉及 3 个部位：①切换开关油室底部放油阀；②切换开关支撑法兰与本体油箱安装法兰密封处；③切换开关油室桶壁静触头。对前两个部位（①和②），仅需对本体撤部分油即可实现密封垫的更换，而对部位③，需对本体全部撤油并通过钻桶方式解决。如支撑法兰存在渗漏，可尝试紧固方法，如紧固无效时，应对本体油箱撤部分油，使用切换开关油室专用吊具，将切换开关油室支撑法兰缓慢放下，再更换支撑法兰密封槽密封垫，更换后再将其缓慢吊起，紧固支撑法兰与本体油箱安装法兰连接螺栓。

(3) 对变压器抽真空，回油至本体储油柜 1/2 油位，变压器静置并在 10kV 套管放气堵、本体气体继电器等部位充分排气。

(4) 在本体储油柜胶囊处加 0.02MPa 气压，排出胶囊油侧空气，检查切换开关芯室，密封良好无内渗漏后，再开展切换开关复装及油室回油工作。

(5) 调整本体储油柜和有载储油柜油位，符合各自的"油温-油位"曲线。

六、有载轻瓦斯报警信号

有载轻瓦斯报警信号主要反映油浸真空灭弧切换开关的故障，该信号一般通过有载气体继电器轻瓦斯干簧触点实现报警信号上送，而对油浸灭弧切换开关配置的有载气体继电器，不应设计该信号，这是因为此类型开关在切换时将产生气体，其产气量的多少与有载调压操作的次数成正比。

1. 有载轻瓦斯报警信号的影响

油浸真空灭弧切换开关发生有载轻瓦斯报警信号意味着芯体存在异常，应及时停止有载调压操作，避免存在异常的切换开关在切换操作时发生故障，造成有载压力释放阀或防爆膜动作喷油，或发出有载重瓦斯跳闸信号，导致变压器跳闸停运。

2. 有载轻瓦斯报警信号的信息收集

（1）重点关注监控系统是否发出有载油位异常报警信号、有载压力释放异常报警信号或直流接地报警信号等，信号发出时是否伴随有载调压操作。

（2）在设备区，应检查有载切换开关类型，油浸灭弧切换开关配置的有载气体继电器不应接有载轻瓦斯报警信号，检查从有载气体继电器视窗是否可观察到气体（油气分界线），浮球或开口杯是否下落至视窗中央，是否安装防雨罩，有载油位表指示是否有油位，有载呼吸器呼吸是否通畅；在保护室，应检查变压器非电量保护装置异常灯状态和异常报文内容等。

（3）了解当天环境温度、变压器运行油温及负载情况，是否存在雨雪天气，对室内布置的变压器，是否开展水冲洗或消防水喷淋等工作，屋顶是否存在漏水现象，是否存在涉及变压器相关二次回路（含保护装置）的检修工作等。

（4）查阅近期变压器检修记录，检修工作是否涉及有载切换开关吊装检修，更换有载开关气体继电器、切换开关油室绝缘油或有载呼吸器及其硅胶等。

3. 有载轻瓦斯报警信号研判的诊断工作

（1）将有载重瓦斯保护跳闸压板和变压器 AVC 调节变压器分接头功能退出运行，变压器不停电，使用万用表在本体端子箱测量有载气体继电器轻瓦斯干簧触点状态是否正常，怀疑其绝缘受潮时，可使用绝缘电阻仪对微动开关触点及其二次线进行绝缘电阻测量。

（2）对于油浸真空灭弧切换开关，应不停电开展开关油室油中溶解乙炔气体含量、油中含水量和油击穿电压检测；停电开展有载气体继电器取气样分析。

（3）停电开展变压器带调压绕组的绕组直流电阻试验，切换开关吊检、切换开关动作特性试验、真空泡真空度试验、级间氧化锌避雷器试验等工作。

4. 有载轻瓦斯报警信号的致因研判和处置

根据现场有载气体继电器视窗内是否存在积聚气体，有载轻瓦斯报警信号常见致因可分为两类，如图 1-9 所示。

有载轻瓦斯报警信号发出后，应首先判断是否为油浸真空灭弧开关，如是，应第一时间对该类型开关采取闭锁有载调压操作的措施（退出变压器 AVC 调节分接头功能，拉开有载调压空气开关，将远方当地手把放置当地位置），在确保不影响变压器安全运行时，再开展该信号的致因研判和处置。

致因 1.6.1 油浸灭弧切换开关调压操作正常释放气体

解析：油浸灭弧切换开关触头位于油中，在切换过程中会产生拉弧并产生气体，切换

22

次数越多，产生的气体量越多，为此，油浸灭弧切换开关不应设计有载轻瓦斯报警信号。

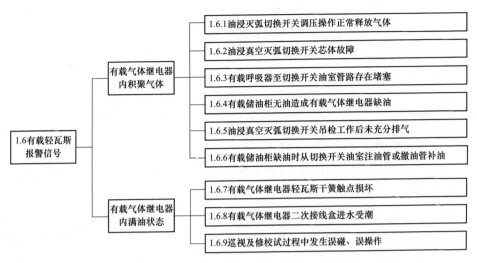

图 1-9　有载轻瓦斯报警信号常见致因

特征信息：①有载切换开关灭弧采用油浸灭弧方式，主触头和辅助触头均裸露于油中；②有载气体继电器轻瓦斯报警触点接入变压器非电量保护装置及监控后台。

处置方法：在本体端子箱处，将有载轻瓦斯报警信号二次端子接线甩开并包扎绝缘。

致因 1.6.2　油浸真空灭弧切换开关芯体故障

特征信息：①有载切换开关灭弧采用油浸真空灭弧方式；②监控系统发出有载轻瓦斯报警信号的同时伴随有载调压操作，可能伴随发出有载重瓦斯跳闸信号、有载压力释放阀异常报警信号等。③化验切换开关油室油中溶解气体，特征气体乙炔含量及产气速率超注意值，有载气体继电器取气样化验显示含有放电类特征气体成分。

处置方法：立即采取措施，禁止有载调压操作，同时将变压器停电转检修，开展切换开关油室油中溶解乙炔含量、油中含水量和油击穿电压化验分析（油浸真空灭弧切换开关运行中油质标准为：油击穿电压大于 $30kV/2.5mm$，油中含水量小于 $30×10^{-6}$；油浸真空灭弧切换开关运行中，油色谱分析时，应重点关注乙炔含量的注意值和产气速率值，乙炔含量的注意值为 $40μL/L$，乙炔产气速率值不宜大于 $10μL/L$），同时应安排切换开关的撤油吊检和试验，未查明原因前不得将变压器投入运行。

致因 1.6.5　油浸真空灭弧切换开关吊检工作后未充分排气

解析：油浸真空灭弧切换开关安装或检修后，应在开关吸油管顶部、开关头盖顶部、有载气体继电器放气堵、开关油室采油堵及其连接管路等部位充分排气，避免运行中气体进入有载气体继电器内部，误发有载轻瓦斯报警信号。

特征信息：①有载切换开关灭弧采用油浸真空灭弧方式；②监控系统发出有载轻瓦斯报警信号的同时无其他相关伴随信号，未伴随有载调压操作，该信号距离上一次切换开关吊检工作时间较短；③切换开关油室取油样、有载气体继电器取气样分析，其乙炔含量及产气速率未超标，与历史油色谱数据分析无增长趋势。

处置方法：重新对切换开关油室易积聚气体部位及有载气体继电器排气，当带电距离满足要求时，可不停电开展，开展前应将有载重瓦斯跳闸压板、变压器 AVC 调节分接头功能退出运行，如带电距离不满足，应停电开展此项工作。

致因 1.6.6 有载储油柜缺油时从切换开关油室注油管或撤油管补油

解析：有载储油柜注油应通过有载储油柜的注油管路进行，禁止通过切换开关油室的注油管或撤油管进行注油，否则注油过程中注油管中的空气会进入油室并积聚在有载气体继电器内部，进而导致监控系统发出有载轻瓦斯报警信号。

特征信息：①有载切换开关灭弧采用油浸真空灭弧方式；②监控系统仅发出有载轻瓦斯报警信号，无其他伴随信号，未伴随有载调压操作；③信号发出时正开展有载储油柜补油工作，且注油管路接在切换开关油室的注油管或撤油管阀门位置。

处置方法：重新对切换开关油室易积聚气体部位及有载气体继电器排气。

第二节　SF₆ 气体变压器非电量组件异常报警的研判和处置

一、气室低压报警信号

SF₆ 气体变压器具备本体气室、切换开关气室和电缆终端气室三个独立气室，其中本体气室和电缆终端气室对 SF₆ 气体密度要求严格，SF₆ 气体密度下降将导致绝缘耐压水平下降，而切换开关气室中布置 SF₆ 气体绝缘真空开关，其触头载流及切换拉弧均在真空管中进行，仅过渡电阻在 SF₆ 气体中，从设计结构上具备气室在额定电流下低 SF₆ 气体压力（零表压）的调压操作，但为避免空气进入切换开关气室影响其绝缘强度，切换开关气室零表压下应暂停有载调压操作。

SF₆ 气体变压器各气室均配置具有气体压力指示的复合压力密度继电器，这是因为 SF₆ 气体密度值无法直观监测，只能通过压力值间接监测气室密度值的变化，根据理想气体状态方程 $PV = NkT$ 可知，气室压强 P 与气室气体温度 T 呈线性变化，这样各气室即形成了各自的"气温-正常压力曲线"，如图 1-10 所示。

当气室气体压力值降低至"气温-低压报警曲线"值时，由各气室配置的复合压力密度继电器低压力报警微动开关触点闭合，发出相应气室低压报警信号，该微动开关是否动作与气室气体压力和补偿探针内气体压力有关，当气室内 SF₆ 气体发生泄漏时，波纹管式行程杆移动，使低压力报警微动开关闭合。

1. 气室低压报警信号的影响

对于本体气室和电缆终端气室而言，当发生气室低压报警信号且实际气室密度继电器

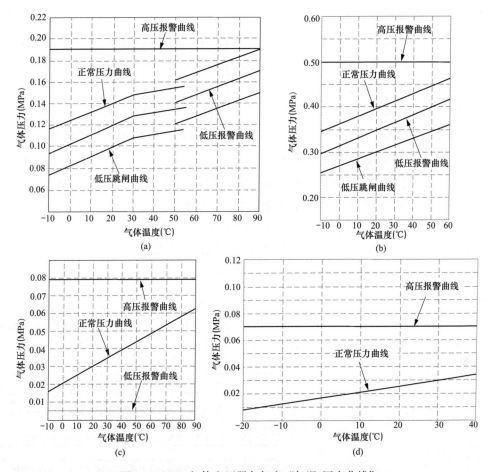

图 1-10　SF_6 气体变压器各气室"气温-压力曲线"

（a）低气压箱体 SF_6 气体温度-压力曲线；（b）高气压箱体 SF_6 气体温度-压力曲线；

（c）开关仓 SF_6 气体温度-压力曲线一；（d）开关仓 SF_6 气体温度-压力曲线二

表计显示值达到"气温-低压报警曲线"值时，意味着相应气室存在漏气，若未及时补气及处置漏气部位，气室继续发生泄漏将会导致复合压力密度继电器发出气室低压跳闸信号，变压器跳闸停运。

　　对于切换开关气室而言，当发出气室低压报警信号且实际气室复合压力密度继电器表计显示值达到"气温-低压报警曲线"值时，应暂停有载调压操作；若未及时补气并导致气室进入空气，则存在切换开关发生故障的风险，进而导致气室压力突变继电器发出气室压力突变跳闸信号，变压器跳闸停运。

2. 气室低压报警信号的信息收集

　　（1）在设备区，应检查本体气室气体温度表指示值，复合压力密度继电器表计指示值是否符合相应气室"气温-低压报警曲线"值，应检查室内屋顶是否漏水，复合压力密度继电器附近是否有淋水痕迹；在保护室，应检查变压器非电量保护装置异常灯状态和异常报文内容等。

（2）查阅近期变压器巡视及检修记录。巡视记录是否存在气室复合压力密度继电器表计指示值接近"气温-低压报警曲线"值，检修工作是否涉及变压器组部件及密封件、复合压力密度继电器更换，气室微水和成分检测及其相关二次回路（含保护装置）处缺等内容。

（3）查阅变压器缺陷记录，梳理存在漏气部位的缺陷及治理进展，分析相应气室历史补气记录（含补气时间及补气压力值），根据补气间隔时间判断相应气室的漏气速率。

3. 气室低压报警信号研判的诊断工作

（1）变压器不停电，开展气体变压器相应气室检漏工作，可采用接触式检漏仪、红外气体检漏成像仪等仪器，采取局部肥皂起泡法检漏和局部包扎检漏等方法。

（2）将相应气室气体密度保护跳闸压板退出运行，变压器不停电，使用万用表在本体端子箱测量相应气室复合压力密度继电器微动开关触点状态是否正常，怀疑其绝缘受潮时，可使用绝缘电阻仪对微动开关触点及其二次线进行绝缘电阻测量。

4. 气室低压报警信号的致因研判和处置

根据现场复合压力密度继电器表计指示压力值是否达到"气室-低压报警曲线"值，气室低压报警信号常见致因可分为两类，如图1-11所示。

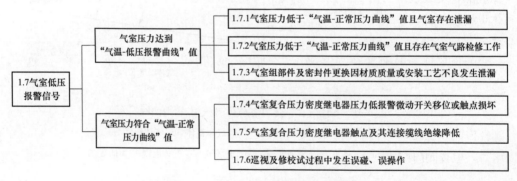

图1-11　气室低压报警信号常见致因

气室低压报警信号发出后，应立即到现场查看复合压力密度继电器表计指示值是否达到气室低压力报警值，现场判断漏气速率不快时，应及时采取相应气室的补气工作，在确保不影响变压器安全运行时，再开展该信号的致因研判和处置。当漏气速率较快时（压力下降明显），应及时将变压器停电转检修，避免发出气室低压跳闸信号，变压器跳闸停运。

致因 1.7.1　气室压力低于"气温-正常压力曲线"值且气室存在泄漏

解析： 气室存在漏气导致气室压力降低的常见原因有：①巡视期间未发现复合压力密度继电器表计指示压力值明显低于"气温-正常压力曲线"值；②气室复合压力密度继电器压力较低，已列缺陷，但未安排补气及泄漏部位治理。

特征信息： ①某气室复合压力密度继电器表计指示压力值已达到"气温-低压报警曲线"值，与监控系统信号描述的气室一致；②该气室存在严重泄漏气体现象，未列缺陷或

26

未及时安排补气及泄漏部位治理。

处置方法：尽快安排对泄漏气室补气，根据历史漏气部位缺陷，查找是否有新增漏气部位以及漏气部位的泄漏速率，如泄漏气速率较快，应及时准备备品备件，安排变压器停电处理，避免变压器因气室压力低跳闸。

泄漏气室补气检修步骤为：①将泄漏气室气体密度保护压板和气体压力突变保护压板退出运行；②将合格的 SF_6 气瓶连接减压阀及其管路，将专用补气接口连接复合压力密度继电器补气阀门，在连接前应使用 SF_6 气体将管路中的水分及空气排出，避免空气进入变压器气室；③打开补气阀门对漏气气室补气，气室压力值达到相应气室"气温-正常压力曲线"值时停止补气；④关闭复合压力密度继电器补气阀门、SF_6 气瓶减压阀及总阀阀门；⑤对补气阀门红外检漏，确保阀门处不存在泄漏；⑥检查监控系统和变压器非电量保护装置，无异常信号及报文，必要时，测量气体密度保护跳闸压板和气体压力突变保护跳闸压板两端电压，无问题再恢复气体密度保护跳闸压板和气体压力突变保护跳闸压板。

泄漏气室漏气部位检修步骤为：①首先应通过红外检漏或包扎检漏的方式确定所有漏气部位；②根据漏气部位各侧阀门及抽真空阀门位置确定回收 SF_6 气体范围（局部撤气，还是整气室撤气）；③漏气部位的隔离间隔应在无压下开展治理工作，对于箱体表面或管路部位漏气点，应在气室无压力的情况下开展电焊处理，组部件或 DN25 连管等部件漏气时，可整体更换组部件，法兰密封部位漏气，可更换专用 SF_6 气体变压器密封垫；④处理完成复装并对隔离间隔进行抽真空，抽真空 30min 记录压力值，进行密封可靠性判断，压力值降低应在标准范围内，无问题后继续抽真空，当真空压力达到 26Pa（以厂家说明书为准）后，保持抽真空至少 24h（抽真空时间应根据器身暴露时间及器身绝缘纸含水量确定），抽真空结束后，开始补充合格 SF_6 气体，其压力值应与管道阀门各侧气体压力值一致；⑤对检修部位进行红外检漏和包扎 24h 检漏，对该检修间隔注入的气体静置 24h 后，开展微水和成分检测，无问题后，检查阀门两侧压力，近似一致时再将阀门打开。

致因 1.7.2 气室压力低于"气温-正常压力曲线"值且存在气室气路检修工作

解析：对气室进行微水和成分检测、回收 SF_6 气体等气路检修工作时，若发生以下情况，会导致复合压力密度继电器表计指示压力降低而报警：①检修工作后，复合压力密度继电器排气阀门未关闭可靠；②复合压力密度继电器排气阀门长时间未操作，一旦操作，阀门阀芯发生微泄漏；③工作中未关注气室复合压力密度继电器表计指示压力，已下降至"气温-低压报警曲线"值；④工作中误关闭压力密度继电器进气阀门，开展相关气体检测工作导致相应气室复合压力密度继电器表计指示压力降低或趋于零值。

特征信息：①某气室压力密度继电器表计指示压力值已达到"气温-低压报警曲线"值，与监控系统信号描述的气室一致；②近期或当天开展气室微水、成分检测和回收气体等气路检修工作。

处置方法：立即补气恢复相应气室压力至"气温-正常压力曲线"值。

为避免此类问题的发生，在开展相应气室微水和成分检测等气路检修工作前，应做好相应气室复合压力密度继电器表计指示压力的检查，如估算排气量会达到"气温-低压报警曲线"值，应提前对该气室补气，检修期间应加强表计压力的监视，检修工作后应确保操作阀门可靠关闭，对操作阀门及复合压力密度继电器部位检漏，无问题后方可完工。

致因 1.7.3　气室组部件及密封件更换因材质质量或安装工艺不良发生泄漏

特征信息： ①某气室压力密度继电器表计指示压力值已达到"气温-低压报警曲线"值，与监控系统信号描述的气室一致；②近期涉及气室某组部件或密封件更换等检修工作。

处置方法： 对检修部位包扎检漏，如存在泄漏，应重新对泄漏部位治理。

二、气室高压报警信号

气室高压报警信号主要用于提前告知气室压力接近机械强度承受注意值，需采取气室减压措施，避免气室压力过大造成箱体变形损坏。

本体气室和电缆终端气室高压报警值一般整定为 0.19MPa 或 0.5MPa，而切换开关气室高压报警值一般整定为 0.07MPa 或 0.08MPa，当开关气室压力达到 0.1MPa 及以上时，将导致切换开关真空管损坏。

SF_6 气体变压器通过两种方式实现气室高压报警信号：①通过普通 SF_6 气体压力表实现，随着压力的变化带动指针的变化，当压力增大至高压报警值时，触发微动开关发出高压报警信号；②通过复合压力密度继电器实现，它也是通过压力驱动指针转动触发微动开关发出高压报警信号，与复合压力密度继电器温度补偿装置无关联。

1. 气室高压报警信号的影响

当本体气室和电缆终端气室发出气室高压报警信号且压力表计指示值确已达到气室高压报警值时，需及时采取措施降低气室压力或气室温度，否则气室压力继续升高，将导致壳体及密封部位变形发生泄漏。

当切换开关气室发出气室高压报警信号且压力表计指示值确已达到气室高压报警值时，应及时采取措施降低切换开关气室压力，否则气室压力继续升高，将导致切换开关真空管损坏，此时切换开关调压操作时将发生故障。

2. 气室高压报警信号的信息收集

（1）重点关注监控系统是否发出本体气温过高报警信号、变压器过负荷报警信号、冷却系统异常类信号等，对远方监控系统，查看变压器负载率是否重载（负载率超过80%）。

（2）在设备区，应检查本体温度表指示值，复合压力密度继电器和普通 SF_6 气体压力表指示压力值是否一致，是否达到相应气室"气温-高压报警曲线"值，冷却系统各冷却器组气泵及风扇是否运行正常；在保护室，应检查变压器非电量保护装置异常灯状态和异常报文内容等。

（3）根据变压器二次图纸及现场接线，确定气室高压报警信号是由普通 SF_6 气体压力表还是复合压力密度继电器实现该信号的上报。

（4）变压器室内布置时，应检查室内通风装置是否正常启动运转，室内温度是否超过环境最高温度。

3. 气室高压报警信号研判的诊断工作

（1）变压器不停电，使用万用表在本体端子箱测量 SF_6 气体压力表触点状态是否正常，怀疑其绝缘受潮时，可使用绝缘电阻仪对微动开关触点及其二次线进行绝缘电阻测量。

（2）将相应气室密度保护跳闸压板退出运行，变压器不停电，使用万用表在本体端子箱测量复合压力密度继电器触点状态是否正常，怀疑其绝缘受潮时，可使用绝缘电阻仪对微动开关触点及其二次线进行绝缘电阻测量。

4. 气室高压报警信号的致因研判和处置

根据现场 SF_6 气体压力表或复合压力密度继电器表计指示压力值是否达到"气温-高压报警曲线"值，气室高压报警信号常见致因可分为两类，如图 1-12 所示。

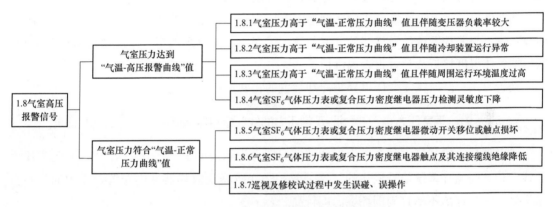

图 1-12　气室高压报警信号常见致因

气室高压报警信号发出时，应根据相应气室及时采取降低气室压力的措施，在确保不影响变压器安全运行时，再开展该信号的致因研判和处置。

致因 1.8.1　气室压力高于"气温-正常压力曲线"值且伴随变压器负载率较大

特征信息： ①某气室复合压力密度继电器表计压力指示值明显高于该气室"气温-正常压力曲线"值，与监控系统信号描述的气室一致；②变压器长时间运行负载率较大，气体温度接近或超过报警温度值。

处置方法： 立即采取措施降低相应气室压力，其方法主要有：①将全部气泵放置工作位置并启动运转（含备用气泵），增加 SF_6 气体循环散热速率；②对散热器加装大功率吹风风扇，降低散热器周围的环境温度；③对室内布置变压器，应开启室内全部风机，加强室内通风；④对变压器采取降负荷措施，如气室压力明显高于该气室"气温-正常压力曲线"值且采取以上措施仍不见效应，对该气室撤气至"气温-正常压力曲线"值。

气室撤气检修步骤为：①将压力高气室的气体密度保护跳闸压板退出运行；②打开复合压力密度继电器排气阀门，将气体排出（回收装置储存），撤气过程应关注气室气体压力值，当下降至"气温-正常压力曲线"值时，关闭排气阀门（应考虑压力触点低于设定值一定范围才会返回，即滞回压力值），检查气室高压报警信号应复归；③对操作的补气（或撤气）阀门进行定性检漏，确保阀门处不存在泄漏；④检查监控系统和变压器非电量保护装置，应无异常信号及报文，必要时测量相应气室气体密度保护压板两端电压，无"正负电压"或压差值不是直流系统电压值时，再恢复相应气室气体密度保护跳闸压板。

致因 1.8.2 气室压力高于"气温-正常压力曲线"值且伴随冷却装置运行异常

解析： 容量为 50MVA 的气体变压器冷却系统一般配置 2 台或 3 台气泵，根据气体变压器温升散热要求，至少需要 2 台气泵运行，配置 3 台气泵时，可将 1 台设置为热备用，运行气泵故障后，将备用气泵投入运行。容量为 63MVA 的气体变压器冷却系统一般配置 3 台或 4 台气泵，根据气体变压器温升散热要求，至少需要 3 台气泵运行，配置 4 台气泵时，可将 1 台设置为热备用，运行气泵故障后，将备用气泵投入运行。

特征信息： ①某气室复合压力密度继电器压力指示值明显高于该气室"气温-正常压力曲线"值，与监控系统信号描述的气室一致；②变压器某冷却器组气泵或风机未正常运转，变压器气体温度接近或超过报警温度值。

处置方法： 及时恢复变压器异常冷却装置的正常运行。

致因 1.8.3 气室压力高于"气温-正常压力曲线"值且伴随周围运行环境温度过高

特征信息： ①某气室复合压力密度继电器压力指示值明显高于该气室"气温-正常压力曲线"值，与监控系统信号描述的气室一致；②变压器及散热器室内布置，室内通风装置未运转，室内通风不畅且周围环境温度较高。

处置方法： 变压器散热器布置区域通风不畅时，应加装通风引导风机或外置风机，提高冷风和热风的交换效率，对室内布置的变压器本体及散热器，应开启全部室内通风风机，并检查进风口是否通畅，如室温仍未见下降时，应考虑其通风设计并提出优化改进措施。

致因 1.8.4 气室 SF_6 气体压力表或复合压力密度继电器压力检测灵敏度下降

特征信息： ①某气室复合压力密度继电器压力指示值明显高于该气室"气温-正常压力曲线"值，与监控系统信号描述的气室一致；②气室 SF_6 气体压力表与复合压力密度继电器表计指示压力值不一致，拆卸 SF_6 气体压力表或压力密度继电器后，其压力指针未复位至零压值。

处置方法： 查看变压器非电量保护二次图纸，判别气室高压报警信号由 SF_6 压力表还是复合压力密度继电器发出，然后再有针对性地更换。

SF_6 气体压力表更换检修步骤为：①关闭 SF_6 气体压力表侧阀门；②将旧压力表拆卸更换，更换经校验合格的 SF_6 气体压力表；③打开 SF_6 气体压力表侧阀门。

复合压力密度继电器更换检修步骤为：①确认存在问题的气室复合压力密度继电器，将相应气室气体密度保护跳闸压板退出运行；②拆除旧复合压力密度继电器二次线并做好标记；③关闭复合压力密度继电器进气侧阀门，拆除旧复合压力密度继电器，更换经校验合格的新复合压力密度继电器，按照二次线标记进行复合压力密度继电器二次接线；④打开复合压力密度继电器排气阀，打开复合压力密度继电器进气阀，将管路中空气排出，待管路中空气排出后再关闭排气阀门；⑤对复合压力密度继电器进行二次传动验收，对操作的复合压力密度继电器及阀门进行检漏，确保阀门处不存在泄漏；⑥检查监控系统和变压器非电量保护装置，无异常信号及报文，必要时测量相应气室气体密度保护跳闸压板两端电压，无问题再恢复相应气体密度保护跳闸压板。

三、本体气温过高报警信号

一般通过本体气体温度表和本体绕组温度表进行气体变压器温度监测，通常气体温度表用于顶层气体温度过高报警监测，绕组温度表用于冷却系统冷却器组启停控制，有时气体变设计两块气体温度表，分别实现以上功能。

本体气温过高报警信号反映变压器本体气室顶层气体温度，它通过本体气体温度表微动开关触点实现报警信号上送，气体变压器气体温度过高报警值一般整定为95℃，绕组温度过高报警值一般整定为110℃。

1. 本体气温过高报警信号的影响

本体气温过高报警且与实测顶层气体温度一致时，应考虑变压器降温措施，避免本体气温继续升高并接近绝缘温度限值而影响其绝缘寿命。

由于SF_6气体绝缘变压器绕组匝绝缘及临近部位（如垫块、撑条）的绝缘材料均选用E级绝缘（限值温度120℃），而其他远离绕组部分多选用A级绝缘（限值温度105℃），为此，本体气室温度禁止超过105℃。

2. 本体气温过高报警信号的信息收集

（1）监控系统检查变压器本体气温值是否达到报警温度值，变压器负载率是否重载（负载率超80%），是否伴随变压器其他相关信号，重点关注气室高压报警信号、变压器过负荷报警信号等。

（2）在设备区，应检查本体气体温度表指示值是否与远方监控系统显示一致，是否达到气温报警值，本体复合压力密度继电器表计压力指示是否偏高，变压器冷却系统冷却器组是否运行正常；在保护室，应检查变压器非电量保护装置异常灯状态和异常报文内容等。

（3）布置室内变压器本体、散热器（冷却器）时，应检查环境温度是否在正常范围，通风装置是否正常开启运转。

3. 本体气温过高报警信号研判的诊断工作

（1）变压器不停电，使用万用表在本体端子箱测量本体气温表报警触点状态是否正常；

（2）变压器不停电，使用红外成像测温仪对本体气温表探头安装处进行实际测温，注意周边散热器等发热体对其测温的干扰。

4. 本体气温过高报警信号的致因

根据现场本体顶层气体温度红外测温值是否与本体气体温度表一致，是否达到气体温度报警值，本体气温过高报警信号常见致因可分为两类，如图 1-13 所示。

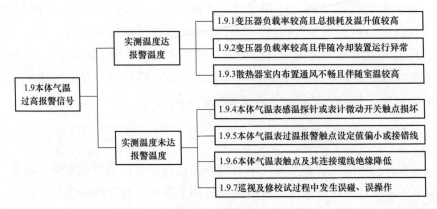

图 1-13　本体气温过高报警信号常见致因

变压器发出本体气温过高报警信号时，应及时判断变压器气体温度是否达到报警温度，是否存在持续升高现象，并尽快采取变压器降温措施，在确保不影响变压器安全运行时，再开展该信号的致因研判和处置。

第三节　变压器冷却装置运行异常报警的研判和处置

一、冷却系统电源故障报警信号

变压器冷却系统均应配置两个相互独立的电源且接于不同的站用电低压 0.4kV 母线上，并具备自动切换（自投自复）功能。冷却系统双电源二次回路设计主要分两类：一类是一路电源对全部冷却器负载供电，另一路电源为备用电源；另一类是将冷却器负载分为两部分，分别由两路电源供电。对于前一种模式，需设置工作电源和备用电源，通过电源切换手把调整其工作模式，即"电源 I 工作 II 备用"和"电源 I 备用 II 工作"。冷却系统正常运行时，"工作位置"的电源带全部冷却器负载，当该电源发生故障时，将通过电源切换回路切除故障工作电源再投入备用电源，当"工作位置"电源恢复正常时，再由电源切换回路恢复至原工作模式。对于后一种模式，两路电源同时对各自冷却器负载供电，当某路电源故障时，通过电源控制回路切除故障工作电源，再将两段母线间的母联接触器投入，实现所有冷却器负载由正常电源供电。

变压器冷却系统两路电源均应设置独立的报警信号，即冷却系统电源 I 故障报警信号和冷却系统电源 II 故障报警信号，这样便于对各路电源供电情况的掌握及故障后的应急处置，它们一般通过冷却系统电源回路的电源空气开关、电压监视继电器、接触器或相关二次回路中间继电器的辅助触点发出报警信号。

1. 冷却系统电源故障报警信号的影响

对于涉及冷却器全停跳闸变压器（强油循环风冷变压器、强油循环水冷变压器和强气循环风冷变压器），冷却系统工作电源 I 或 II 故障报警时，应立即安排现场检查，若冷却系统工作电源Ⅰ和Ⅱ均故障，将导致变压器冷却器全停而跳闸。

对于不涉及冷却器全停延时跳闸的变压器（油浸风冷变压器），当冷却系统同时失去工作电源Ⅰ和Ⅱ时，将导致风扇停转，进而导致变压器油温异常升高。

2. 冷却系统电源故障报警信号的信息收集

（1）监控系统是否发出变压器其他相关伴随信号，重点关注是否发出冷却器故障报警信号、备用冷却器投入故障报警信号、冷却器全停启动报警信号等，并掌握其信号发出的先后顺序，了解信号发出时是否伴随线路接地故障（电压瞬间跌落现象）。

（2）在设备区，应检查冷却系统控制箱内部备用电源是否正常投入，电压监视继电器故障灯或异常灯是否亮起或频繁闪烁，元器件及二次端子是否有烧灼现象，冷却系统电源上级空气开关（站用电低压配电盘冷却系统电源空气开关）是否跳闸等。

（3）近期或当天是否开展变压器冷却系统控制箱、站用电低压配电盘内部元器件及相关二次回路的检修工作。

（4）查阅变压器冷却系统相关二次回路图，并现场了解冷却系统控制箱内部相关元器件实际布置情况。

3. 冷却系统电源故障报警信号研判的诊断工作

变压器不停电，使用万用表测量冷却系统控制箱内冷却系统电源空气开关上、下口电压是否正常，测量电压监视继电器、接触器或中间继电器等元器件主触点或辅助触点电压，判断其触点是否正确动作。

4. 冷却系统电源故障报警信号的致因研判和处置

根据现场变压器冷却系统电源空气开关是否跳闸，冷却系统电源故障报警信号常见致因可分为两类，如图 1-14 所示。

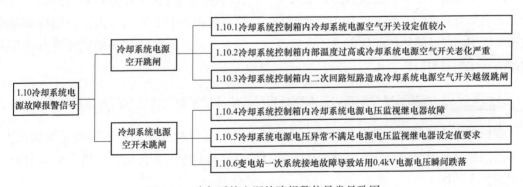

图 1-14　冷却系统电源故障报警信号常见致因

▦ **致因 1.10.1** 冷却系统控制箱内冷却系统电源空气开关设定值较小

解析：对于冷却系统电源空气开关设定值，应考虑冷却系统全部运行电机的额定负载电流，空气开关设定值较小导致其跳闸的情形主要有：①某路电源失电由另一电源供电带全部电机负载，因空气开关设定值未考虑全部额定负载电流而跳闸；②某电源所带负载电机因轴承卡涩过载运行，运行电流超过空气开关设定值而跳闸。

特征信息： ①冷却系统电源空气开关频繁跳闸，调整冷却系统电源空气开关整定值后恢复正常。②变压器冷却系统电源空开整定值较小，未考虑全部冷却器电机负载。

处置方法： 对冷却系统控制箱内冷却系统电源空气开关额定电流整定值，应考虑不小于冷却系统全部运行电机的额定负载电流之和的 1.3 倍，并且应考虑与电机电源空气开关过电流整定值的级差配合。

致因 1.10.2 冷却系统控制箱内部温度过高或冷却系统电源空气开关老化严重

解析： 冷却系统控制箱内部温度过高时，热脱扣器的热元件发热，使双金属片弯曲，推动自由脱扣机构动作（此时并不是因为电流过载产生热量所致），主触点断开主电路。该致因多发生在冷控箱内部温度过高的情形，在外界高温环境影响下更为严重，主要有：①室外布置的冷却系统控制箱，在炎热夏季被太阳长时间照射；②室内布置的冷却系统控制箱的箱体内部通风不畅或未装设工业空调。

当空气开关老化严重时，其热脱扣器热元件发热，与双金属片的变形不成比例，在很低的热量下即会出现双金属片弯曲，推动自由脱扣机构动作，主触点断开主电路，其老化严重程度受周围运行温度及运行年限的影响。

特征信息： ①冷却系统控制箱内温度明显高于外部且能闻到胶皮味道，冷却系统电源空气开关外观存在变色痕迹；②冷却系统电源空气开关存在合上即跳或无法合上的现象，或运行一段时间又频繁发生跳闸的现象。

处置方法： 更换冷却系统电源空气开关，做好冷却系统控制箱内部的降温措施。

为避免此类问题的发生，冷却系统控制箱内部温度过高时，应考虑采取降温的措施，具体为：①清洁冷却系统控制箱内部通风风道，开启通风风机；②在冷却系统控制箱内部增加工业空调，稳定冷控箱内温、湿度；③将冷却系统控制箱改造为双层隔热结构，在冷控箱箱体中间层及箱体内部均应设计通风通道；④调整冷却系统冷控箱安装位置或在外部增加防止太阳直射隔热挡板。

致因 1.10.3 冷却系统控制箱内二次回路短路造成冷却系统电源空气开关越级跳闸

解析： 当冷却系统电源空气开关、冷却器电机负载空气开关均采用瞬时过电流保护，而未采用过流延时保护，二次回路发生短路故障时，其过大的短路电流可能导致两级空气开关均发生跳闸。

特征信息： ①冷却系统电源空气开关和运行电机空气开关均在跳闸位置；②冷却系统控制箱内电源、电机负载回路元器件或二次线存在短路烧灼痕迹。

处置方法： 当仅涉及本路电源故障时，应尽快采取措施将故障元器件及其二次电缆隔离，避免造成另一电源及电机负载设备故障；当涉及两路电源均失电时，应先采取措施隔离故障元器件及其二次电缆（例如，将故障空气开关或接触器上口的二次电缆端子拆除），再尝试投入某一路正常电源及其他电机负载设备，及时恢复变压器冷却系统运行，避免因电源全部失去导致冷却器全停跳闸。对于冷却系统控制箱内存在烧灼及短路的元器件，应尽快安排更换，当不具备带电更换条件时，应将变压器停电转检修后处理并进行冷却系统传动验收。

致因 1.10.4 冷却系统控制箱内冷却系统电源电压监视继电器故障

解析：冷却系统电源电压监视继电器用于监测电源空气开关下口电压是否正常，当电源电压监视继电器故障时，将误判该电源故障，冷却系统电源投切回路将通过控制接触器的吸合切除故障电源供电，由另一路正常电源供电，并发出相应冷却系统电源故障报警信号。

特征信息：①冷却系统控制箱内冷却系统电源空气开关在合闸位置，电源电压监视继电器异常灯或故障灯亮起或频繁闪烁；②万用表测量冷却系统电源空气开关上下口电压正常，符合系统运行电压要求。

处置方法：更换冷却系统电源电压监视继电器并进行定值设置。

致因 1.10.5 冷却系统电源电压异常不满足电源电压监视继电器设定值要求

解析：变压器冷却系统进线电压应配置三相电压监视继电器，欠压设定值宜不低于342V、过压设定值宜不高于418V，三相电压应基本平衡。根据运行经验，当存在以下情况时容易出现此类问题：①电压监视继电器整定值错误；②冷却系统电源失电，上一级0.4kV站用电失电或低压配电盘空气开关跳闸；③站内使用三相大功率负载设备，导致0.4kV站用电某段母线电压下降较大，或者使用两相大功率负载设备，导致0.4kV站用电某段母线电压三相不均衡，例如冬季使用220V大功率电加热设备等；④上一级0.4kV站用电分接头设置不合理，低压出口电压较低，且较长的电源电缆存在一定压降，最终导致冷却系统控制箱内电源电压很低；⑤上一级0.4kV站用电、低压配电盘改造或电缆拆装工作导致冷却系统电源电缆接入相序错误。

特征信息：①冷却系统控制箱内冷却系统电源空气开关在合闸位置，电源电压监视继电器异常灯或故障灯亮起或频繁闪烁；②万用表测量冷却系统电源空气开关上下口电压，存在失电、过压、欠压现象或相序表检测存在电源反相序问题。

处置方法：首先应检查电压监视继电器整定值是否合理，然后再分析冷却系统电源电压，变压器冷却装置当地电源电压应满足380～400V范围，当冷却系统电源空气开关上下口无电压时，应重点检查上一级0.4kV站用电或低压配电盘系统是否存在问题；当冷却系统电源空气开关上下口电压较低时，应检查0.4kV站用电出口电压是否合格，若不合格，应调整站用变压器分接头；如间断性地发出冷却系统电源故障报警信号且具有一定的信号上报时间段，应核实站内是否使用大功率负载设备，如存在大功率负载设备，应考虑均衡分配两段母线负载或者调整站用变压器分接头，避免一天内电压波动较大，导致冷却系统电源异常。

致因 1.10.6 变电站一次系统接地故障导致站用 0.4kV 电源电压瞬时跌落

特征信息：①冷却系统控制箱内冷却系统电源空气开关在合闸位置；②监控系统瞬时

发出冷却系统电源故障报警动作复归信号，信号发出时伴随一次系统瞬时接地故障，变电站内 10kV 母线存在电压跌落现象。

处置方法：因一次系统接地故障导致站用 0.4kV 电源电压瞬时跌落，瞬时发出冷却系统电源故障报警动作复归信号属于正常现象。若想避免此类信号的频发，可尝试对冷却系统电源故障报警信号回路，或电源电压监视继电器及其电源投切等二次回路增加延时继电器，但延时时间不应超过 5s，避免冷却系统电源异常时间过长导致电机烧损。

二、冷却系统电源母线失压报警信号

冷却系统电源母线失压报警信号主要针对两路冷却系统电源分别对各自母线段冷却器负载供电的模式，该冷却系统二次回路配置了四个电压监视继电器，两个配置在进线电源端，用于母联接触器的投切控制，另两个配置在冷却系统电源母线段上，它一般由两段母线的电压监视继电器或其中间继电器的辅助触点发出，即"电源Ⅰ母失压报警"信号和"电源Ⅱ母失压报警"信号。

当某一冷却系统电源故障时，控制回路切除故障电源并将母联接触器投入，由另一冷却系统电源带两段母线全部冷却器负载，若母联接触器未投入，导致某段母线所带冷却器负载失电时，发出该信号。

1. 冷却系统电源母线失压报警信号影响

冷却系统电源母线失压报警意味着冷却系统电源母线母联接触器未吸合，该段母线所带冷却器均停止运转，如该母线所带冷却器组位于"工作位置"或"辅助位置"（且已启动运转），可能会伴随发出油流/水流/气流异常报警信号和冷却器故障报警信号，如该母线所带负载均位于"备用位置"或"停止位置"时，通常不会涉及相关伴随信号。

2. 冷却系统电源母线失压报警信号的信息收集

（1）监控系统是否发出变压器其他相关伴随信号，重点关注是否发出冷却系统电源故障报警信号、冷却器故障报警信号、油流/水流/气流异常报警信号等，并掌握其信号发出的先后顺序；

（2）在设备区，应检查冷却系统控制箱内两段电源母联接触器是否吸合，失电母线段空气开关是否跳闸，母线电压测量是否正常，两段母线电压监视继电器故障或异常灯是否亮起，控制箱内元器件及二次端子是否存在烧灼现象等。

（3）近期或当天是否开展变压器冷却系统控制箱内部元器件及相关二次回路的检修工作。

（4）查阅变压器冷却系统相关二次回路图，并现场了解冷却系统控制箱内部相关元器件实际布置情况。

3. 冷却系统电源母线失压报警信号研判的诊断工作

变压器不停电，使用万用表测量冷却系统控制箱内冷却系统电源空气开关上、下口电压是否正常，测量电压监视继电器、母联接触器或中间继电器等元器件主触点或辅助触点电压，判断其触点是否正确动作。

4. 冷却系统电源母线失压报警信号的致因研判和处置

冷却系统电源母线失压报警信号常见致因如图 1-15 所示。

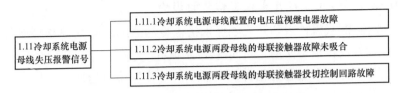

图 1-15　冷却系统电源母线失压报警信号常见致因

致因 1.11.1 冷却系统电源母线配置的电压监视继电器故障

特征信息：①冷却系统电源母线配置的电压监视继电器故障灯、异常灯亮起或频繁闪烁；②冷却系统电源空气开关或接触器位于合闸位置，电源母线段电压测量正常，其所带冷却器组均运转正常。

处置方法：更换冷却系统电源母线配置的电压监视继电器。

致因 1.11.2 冷却系统电源两段母线间母联接触器故障未吸合

解析：当冷却系统进线电源故障且进线电源空气开关或接触器断开后，母线电压监视继电器判断冷却系统母联失压，此时通过电源控制回路将母联接触器带电吸合，由另一电源带两段母线所有冷却器负载。

特征信息：①冷却系统进线电源故障且进线电源空气开关或接触器在断开位置；②该故障电源母线段无电压，所带冷却器组均停止运转；③万用表测量母联接触器线圈 A1 和 A2 端有电压，线圈处于未吸合状态。

处置方法：检查母联接触器线圈 A1 和 A2 端二次接线是否可靠，使用万用表测量母联接触器线圈 A1 和 A2 端是否带电，如带电线圈未吸合，可判断母联接触器故障需更换。

致因 1.11.3 冷却系统电源两段母线的母联接触器投切控制回路故障

特征信息：①冷却系统进线电源故障且进线电源空气开关或接触器在断开位置；②母联接触器未吸合且该故障电源母线测量无电压，该段母线所带冷却器组均停止运转；③万用表测量母联接触器线圈 A1 和 A2 端无电压。

处置方法：根据变压器冷却系统二次回路图，用万用表逐段测量电压，查找母联接触器线圈未带电原因并处理。其常见影响因素为：①控制回路二次线与元器件连接不可靠；②控制回路二次元器件故障损坏。

三、油流计/水流计/气流计异常报警信号

油流计/水流计/气流计主要用于监测油泵/水泵/气泵运转状态、叶轮旋转方向和所在

管路堵塞情况，其微动开关通常配置两套具有公共端子的转换触点，通过微动开关或中间继电器触点接于指示灯回路，冷却器组故障，启动备用冷却器组回路或冷却器组故障报警回路。

1. 油流计/水流计/气流计异常报警信号的影响

当油流计/水流计/气流计微动开关触点未接入冷却器组故障判别及启动备用冷却器组二次回路时，该信号仅作报警使用。当油流计/水流计/气流计微动开关触点接入该回路时，油流计/水流计/气流计异常报警且指针确实已从"工作"位置返回至"停止"位置时，冷却系统二次回路将切除该冷却器组并投入备用冷却器组，同时发出冷却器故障报警信号，如备用冷却器组油流计/水流计/气流计指针无法转动至"工作"位置时，此时将发出备用冷却器投入故障报警信号。

2. 油流计/水流计/气流计异常报警信号的信息收集

（1）监控系统是否发出变压器其他相关伴随信号。重点关注是否发出冷却器故障报警信号、备用冷却器投入故障报警信号、冷却器全停启动报警信号等，并掌握其信号发出的先后顺序。

（2）在设备区，应检查冷却系统控制箱内油泵/水泵/气泵空气开关是否跳闸，冷却器组运转情况是否与工作模式相符，同时将故障冷却器组切换手把改投"停止"位置，将备用冷却器组切换手把改投"工作"位置。

（3）近期或当天是否开展变压器冷却器组油泵/水泵/气泵更换、冷却系统控制箱内部元器件及相关二次回路的检修等工作。

（4）查阅变压器冷却系统相关二次回路图，并现场了解冷却系统控制箱内部相关元器件实际布置情况。

3. 油流计/水流计/气流计异常报警信号研判的诊断工作

（1）变压器不停电，使用绝缘电阻仪和万用表分别对故障冷却器组电机进行绕组绝缘和直流电阻试验，确保电机绝缘无问题后传动调试，传动过程中重点观察油流计/水流计/气流计指针转动情况（不应存在抖动或不到位现象），聆听电机叶轮及表计挡板内部是否存在扫膛异音，同时使用钳形电流表测量电机电流三相是否平衡。

（2）变压器不停电，使用万用表测量故障冷却器组油流计/水流计/气流计微动开关触点是否正确动作。

4. 油流计/水流计/气流计异常报警信号的致因

现场试启动冷却系统，检查相应冷却器组油流计/水流计/气流计指针是否可靠动作，是否发生不动作或抖动现象，油流计/水流计/气流计异常报警信号常见致因可分为两类，如图1-16所示。

当监控系统报文或信号先发出油流计/水流计/气流计异常报警信号，后发出冷却器故障报警信号时，可判断因油流计/水流计/气流计异常所致。在未伴随冷却器全停启动报警信号，确保不影响变压器安全运行时再开展该信号的研判和处置。

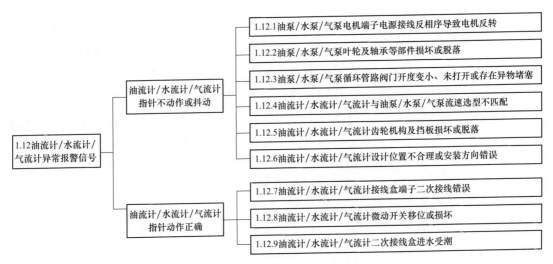

图 1-16　油流计/水流计/气流计异常报警信号常见致因

致因 1.12.1　油泵/水泵/气泵电机端子电源接线反相序导致电机反转

解析： 对冷却系统电源，一般均要求配置电压监视继电器，而冷却器负载电机电源并未设置电压监视继电器，为此，冷却器负载电机二次线拆装后应考虑供电电源相序问题。

特征信息： ①变压器新品安装或大修后，或当天正开展油泵/水泵/气泵电机接线盒端子二次拆接线工作；②冷却器组油泵/水泵/气泵运转存在异音或与其他电机运转声音不相同，油流计/水流计/气流计指针不启动或存在频繁抖动现象，可能伴随发出油流计/水流计/气流计异常报警信号和冷却器故障报警信号。

处置方法： 任意调整油泵/水泵/气泵电机接线盒端子两相接线即可调整其供电电源相序，应确保油泵/水泵/气泵运转声音正常，油流计/水流计/气流计指针指示位置正确无抖动现象、电机电流测量符合历史运行电流值。

致因 1.12.2　油泵/水泵/气泵叶轮及轴承等部件损坏或脱落

解析： 油泵/水泵/气泵叶轮结构及与轴承的固定方式、轴承质量、转速等共同决定了其发生损坏或脱落的概率，当叶轮为整叶片焊接一体结构时（油泵/水泵/气泵叶轮），发生损坏或脱落的概率极小；当叶轮为多片组合的笼形结构时（气泵叶轮），相比于前者，发生损坏或脱落的概率较大；禁止选用无铭牌、无级别的油泵/水泵/气泵轴承，避免强度不够磨损变形，轴承偏心影响其动稳平衡，进而导致叶轮与壳体扫膛，叶轮损坏或脱落，应选用转速不大于 1500r/min 的油泵。油泵/水泵/气泵叶轮脱落会导致电机电流显著减小，而轴承卡涩严重会导致电机电流显著增加。

特征信息： ①油泵/气泵/水泵运转存在扫膛异音，实测电机电流与历史电流数据相比存在明显变化；②油流计/水流计/气流计指针存在频繁抖动或返回至"停止"位置，可能伴随发出油流计/水流计/气流计异常报警信号和冷却器故障报警信号。

处置方法： 将故障油泵/气泵/水泵所在冷却器组工作模式调整为"停止"位置，然后再拆卸更换故障油泵/水泵/气泵。

油泵更换检修步骤为：①将本体重瓦斯跳闸压板退出运行；②检查故障冷却器组工作模式，应位于"停止"位置，拉开旧油泵电机空气开关电源，关闭旧油泵两侧阀门，拆除旧油泵接线盒二次接线并做好标记；③拆除旧油泵并用油盆接好残油，通过管路观察油流计挡板，应完好无问题，如残油源源不断跑出，说明阀门关闭不严密，需停电通过本体抽真空或撤油等方式更换油泵；④对新油泵绕组绝缘和直流电阻试验应合格，无问题后更换油泵及两侧密封垫，更换完成后缓慢打开新油泵下侧阀门，同时打开上侧阀门排气堵，确保两阀门间空气充分排出；⑤打开新油泵两侧阀门，在该组油泵的冷却器顶部再次排气，将该冷却器组工作模式调整至"工作"位置，试运转新油泵并测量电机三相电流，油流计指示应位于工作位置且无抖动现象，无其他异常报警信号发出；⑥检查监控系统和变压器非电量保护装置，无异常信号及报文，必要时测量本体重瓦斯跳闸压板两端电压，无问题再恢复本体重瓦斯跳闸压板。

水泵更换检修步骤为：①检查故障冷却器组工作模式，应位于"停止"位置，拉开旧水泵电机空气开关电源，关闭旧水泵两侧阀门，拆除旧水泵接线盒二次接线并做好标记；②拆除旧水泵并更换新的合格水泵及其密封垫，更换前对新水泵绕组绝缘和直流电阻进行试验，应合格；③缓慢打开新水泵进水侧阀门，通过两阀门间自动排气阀排尽空气；④打开新水泵两侧阀门，将该冷却器组工作模式调整至"工作"位置，试运转新水泵并测量电机三相电流，水流计指示应位于工作位置且无抖动现象，无其他异常报警信号发出。

气泵更换检修步骤为：①变压器停电转检修，将冷却系统电源及旧气泵电源空气开关拉开；②关闭旧气泵两侧阀门，回收旧气泵两侧阀门管路间 SF_6 气体，拆除旧气泵并检查管路，应无异物，如叶轮叶片丢失，应根据气路流向查找残片并复原，必要时，本体及其循环管路均回收气体，通过钻桶查找，确保器身内部无遗留；③检查拆除的旧气泵叶轮及平衡片，无缺失后再更换合格的新气泵及密封垫，检查密封面，应干净、光滑无划痕，然后再涂抹专用密封脂，安装新气泵前应确保绕组绝缘和绕组直阻试验合格；④对新气泵两侧阀门管路进行抽真空（如涉及其他气室或管路撤气时，应一同进行抽真空），真空度达到26Pa 时（以厂家说明书为准），保持抽真空 24h，然后对其充入合格的 SF_6 气体，压力值应与阀门另一侧压力值一致；⑤对其操作阀门、新气泵及其管路部位进行定性检漏，无问题后打开新气泵两侧阀门；⑥试运转新气泵并测量电机三相电流，气流计指示应位于工作位置且无抖动现象，无其他异常报警信号发出。

致因 1.12.3 油泵/水泵/气泵循环管路阀门开度变小、未打开或存在异物堵塞

解析：发生该致因的主要情形有：①油泵/水泵/气泵循环管路阀门未设计止档措施且安装挡板打开方向与油流/水流/气流方向不一致，长期在油压/水压/气压冲击下，阀门挡板位置会发生转动并使其开度变小；②变压器涉及循环管路阀门的开闭工作，检修工作结束未打开阀门；③选用的真空阀门因胶皮老化腐蚀脱落，或管路内遗留异物等原因导致管路堵塞。

特征信息： ①冷却器组异常油泵/气泵/水泵电机运行电流与历史测量数据及其他同规格型号运行电机相比明显变小；②观察冷却器连接循环管路阀门操作杆，存在开度较小或未开启现象；③拆除冷却器组管路，发现内部存在异物堵塞现象。

处置方法： 检查循环管路阀门位置是否正常，阀门位于关闭位置时，应采取措施将其打开；当怀疑阀门安装方向错误、不具备止档措施或操作杆失效时，应将其更换；当怀疑内部堵塞时，应根据冷却介质流向分析其积存部位，并设法清洁管路内异物。

变压器管路阀门由"关闭位置"转为"打开位置"时，应提前做好以下措施：对于油泵循环管路，操作阀门前，应将本体重瓦斯跳闸压板退出运行，避免因阀门突然开启发生油流涌动，导致本体重瓦斯动作跳闸；对于水泵循环管路，可直接将阀门打开；对于气泵循环管路，操作阀门前，应将本体压力突变跳闸压板退出运行，避免因阀门突然打开发生气流压力突增，导致本体压力突变继电器动作跳闸。

致因 1.12.4 油流计/水流计/气流计与油泵/水泵/气泵流速选型不匹配

解析： 冷却器组油泵/水泵/气泵运转使循环管路中的冷却介质流动，当流量达到油流计/水流计/气流计动作流量时，其挡板在冷却介质冲击下，发生旋转并通过磁耦合作用带动指示部分同步转动，指针由"停止"位置变为"工作"位置，微动开关动合触点闭合，微动开关动断触点打开，当流量减少到返回流量或未达到动作流量时，挡板借助复位弹簧的作用带动挡板返回至"停止"位置，微动开关触点返回。

特征信息： ①近期或当天开展油流计/水流计/气流计更换工作，其动作流量与油泵/水泵/气泵额定流量不匹配；②油流计/水流计/气流计存在不动作或频繁抖动现象。

处置方法： 更换油流计/水流计/气流计，其动作流量应与于油泵/水泵/气泵额定流量选型相匹配。

致因 1.12.5 油流计/水流计/气流计齿轮机构及挡板损坏或脱落

特征信息： ①试启动该故障冷却器组，测量该故障冷却器组油泵/气泵/水泵电机电流、电压，与历史数据相比没有变化；②监控系统先后发出油流计/水流计/气流计异常报警信号和冷却器故障报警信号，冷却控制回路切除该冷却器组并启动备用冷却器组；③油流计/水流计/气流计指针频繁动作或停留在"停止位置"，所在管路处可能伴随异音。

处置方法： 更换油流计/水流计/气流计并查找损坏脱落的部件，避免金属部件遗留变压器内部产生安全隐患。

致因 1.12.6 油流计/水流计/气流计设计位置不合理或安装方向错误

特征信息： ①安装新品变压器或更换油流计/水流计/气流计后；②油流计/水流计/气流计指针频繁抖动或不启动。

处置方法： 当油流计/水流计/气流计设计位置不合理时，其介质流量达不到表计挡板动作流量，故出现频繁抖动现象，需更换动作流量较小的油流计/水流计/气流计，或者更换额定流量较大的油泵/水泵/气泵，还可对油流计/水流计/气流计设计位置进行改造变更，这种现象多发生在新品变压器安装阶段。更换油流计/水流计/气流计后，若出现表计频繁抖动或不启动现象时，多因挡板角度与介质流向存在问题，需重新调整挡板角度。

致因 1.12.7 油流计/水流计/气流计接线盒端子二次接线错误

特征信息：①当天正开展油流计/水流计/气流计接线盒端子拆接二次线工作；②试启动该冷却器组，油流计/水流计/气流计指针动作正确、无抖动现象；③该冷却器组工作指示灯不亮，监控系统先后发出油流计/水流计/气流计异常报警信号和冷却器故障报警信号，同时启动备用冷却器组运行。

处置方法：重新检查并调整油流计/水流计/气流计接线盒端子二次接线，启动冷却器组传动验收。

四、冷却器故障报警信号

冷却器故障报警信号提示冷却系统冷却器组油泵/水泵/气泵/风扇电机发生故障，它一般通过电机电源空气开关故障触点、热偶继电器辅助触点或中间继电器辅助触点实现报警信号的上送。为便于清晰辨别及查找分析不同冷却器组电机故障，通常每组冷却器发生异常时，单独发出该组冷却器故障报警信号。

1. 冷却器故障报警信号影响

监控系统发出冷却器故障报警信号且现场检查某冷却器组故障停转时，应及时安排处理，如各冷却器组故障信号为合并发出时，将占用信号通道。此时，若其他冷却器组再发生故障，将无法知晓。对于涉及冷却器全停跳闸的变压器，某冷却器组故障将导致冷却器组冗余配置减少，当其他冷却器组相继故障时，将导致冷却器全停跳闸。

2. 冷却器故障报警信号的信息收集

（1）监控系统是否发出变压器其他相关伴随信号，重点关注油流计/水流计/气流计异常报警信号、冷却器全停启动报警信号等，并掌握其信号发出的先后顺序。

（2）在设备区，应检查故障冷却器组电机电源空气开关是否跳闸，如跳闸，应将故障冷却器组工作模式切换手把放置停止位置，冷却系统控制箱内元器件及二次端子是否有烧灼现象，备用冷却器组是否正常启动。

（3）查阅变压器冷却系统相关二次回路图，并现场了解冷却系统控制箱内部相关元器件实际布置情况。

3. 冷却器故障报警信号研判的诊断工作

变压器不停电，使用绝缘电阻仪对故障冷却器组电机进行绕组绝缘试验，使用万用表对故障冷却器组电机进行直流电阻试验，对油流计/水流计/气流计微动开关触点及冷却系统二次回路相关元器件触点电压测量，判断其触点通断是否正常。

4. 冷却器故障报警信号的致因研判和处置

根据现场冷却器电机电源空气开关（或热偶继电器）是否跳闸，冷却器故障报警信号常见致因可分为两类，如图 1-17 所示。

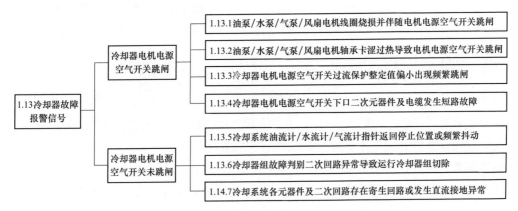

图 1-17　冷却器故障报警信号常见致因

监控系统发出冷却器故障报警信号时，应及时现场恢复故障冷却器组，在未伴随冷却器全停时启动报警信号，确保不影响变压器安全运行时，再开展该信号的研判和处置。

致因 1.13.1　**油泵/水泵/气泵/风扇电机线圈烧损并伴随电机电源空气开关跳闸**

解析： 油泵/水泵/气泵/风扇电机线圈烧损的影响因素常见有：①电机线圈存在制作绝缘类缺陷；②电机长时间在高温环境、高电压或过电流工况下运行，导致绝缘热老化严重；③电机叶轮长时间在无冷却介质情况下空转，导致电机烧损；④电机接线盒进水，导致电机线圈短路烧损。

特征信息： ①某冷却器组油泵/水泵/气泵/风扇电机电源空气开关或热偶继电器位于跳闸位置；②该冷却器组电机绕组绝缘或绕组直流直阻试验不合格。

处置方法： 更换油泵/水泵/气泵/风扇电机，更换前应对新电机线圈进行绕组绝缘和直流直阻试验，合格后方可更换，试运转冷却器组电机三相电流应平衡。

致因 1.13.2　**油泵/水泵/气泵/风扇电机轴承卡涩过热导致电机电源空气开关跳闸**

解析： 电机轴承卡涩将会发生电机堵转现象，并导致运行电流增大，内部热量增加，严重时可导致绝缘热烧损，其影响因素常见有：①叶轮被异物卡涩导致轴承不转动；②轴承因锈蚀导致卡涩；③轴承因长时间运转导致滚珠磨损严重而出现摆动。

特征信息： ①某冷却器组油泵/水泵/气泵/风扇电机电源空气开关或热偶继电器位于跳闸位置；②试启动该冷却器组，发现电机堵转且存在较大异音，运行电流过大或超额定电流，电机壳体温度过高。

处置方法： 拆除该冷却器组油泵/水泵/气泵/风扇电机，检查是否因叶轮卡涩导致其堵转，如轴承卡涩，应更换电机。

致因 1.13.5　**冷却系统油流计/水流计/气流计指针返回停止位置或频繁抖动**

特征信息： ①冷却器组油泵/水泵/气泵/风扇电机电源空气开关和热偶继电器均位于合

闸位置；②试启动各冷却器组，发现某冷却器组油流计/水流计/气流计指针不动作或抖动频繁，并先后发出油流计/水流计/气流计异常报警信号和冷却器故障报警信号。

处置方法： 具体可参考致因1.12的研判和处置。

致因1.13.6 冷却器组故障判别二次回路异常导致运行冷却器组切除

解析： 冷却器组故障判别二次回路通常仅涉及电源空气开关和热偶继电器触点，但考虑冷却器组运行可靠性，有时也涵盖一些冷却器组运行的必要条件，例如：水冷变压器冷却器组如存在油流计异常、水流计异常或泄漏仪异常时，即切除该冷却器组。

特征信息： ①冷却器组油泵/水泵/气泵/风扇电机电源空气开关和热偶继电器均位于合闸位置；②试启动各冷却器组，发现某冷却器组经一定延时即被切除，并发出冷却器故障报警信号，无其他相关伴随信号。

处置方法： 根据变压器冷却系统二次回路查找运行冷却器组被切除的条件，并逐一判断二次回路故障元器件，更换故障元器件后，再次传动该冷却器组。

五、备用冷却器投入故障报警信号

备用冷却器投入故障报警信号主要针对设计有备用工作模式的冷却器组，例如强迫油循环变压器和强迫气体循环变压器，强迫油循环变压器冷却器组工作模式为"工作、辅助、备用和停止"，并通过工作模式手把控制。强迫气体循环变压器冷却器组工作模式通常有两种方式，即"工作、备用和停止"或"工作和停止"。当位于工作位置或辅助位置的运行冷却器组故障停转时，备用冷却器组通过控制回路应可靠投入，如未正常投入，则发出备用冷却器投入故障报警信号。

1. 备用冷却器投入故障报警信号的影响

监控系统发出备用冷却器投入故障报警信号意味着至少两组冷却器发生故障，工作人员应及时现场处置，避免所有冷却器组均故障无法运转时导致变压器冷却器全停跳闸。

2. 备用冷却器投入故障报警信号的信息收集

（1）监控系统是否发出变压器其他相关伴随信号，重点关注冷却器故障报警信号、油流计/水流计/气流计异常报警信号和冷却器全停启动报警信号等，并掌握其信号发出的先后顺序。

（2）设备区应检查冷却系统控制箱内备用位置冷却器组电机电源空气开关、热偶继电器是否跳闸，各元器件及二次端子是否有烧灼现象，将备用位置冷却器组工作模式切换手把放置停止位置；

（3）查阅变压器冷却系统相关二次回路图，现场了解冷却系统控制箱内部相关元器件实际布置情况。

3. 备用冷却器投入报警信号研判的诊断工作

变压器不停电，使用绝缘电阻仪对备用冷却器组电机进行绕组绝缘试验，使用万用表对备用冷却器组电机进行直流电阻试验，对油流计/水流计/气流计微动开关触点及冷却系统二次回路相关元器件触点电压测量，判断其触点通断是否正常。

4. 备用冷却器投入报警信号的致因研判和处置

根据现场备用冷却器组电机电源空气开关（热偶继电器）是否跳闸，备用冷却器投入故障报警信号常见致因可分为两类，如图1-18所示。

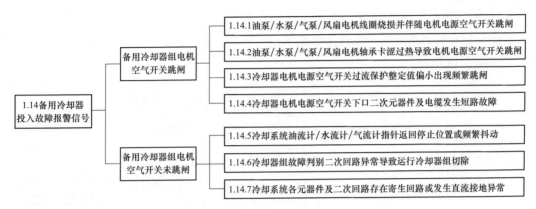

图1-18　备用冷却器投入故障报警信号常见致因

监控系统发出备用冷却器投入故障报警信号时，应及时现场恢复故障冷却器组，在未伴随冷却器全停启动报警信号，确保不影响变压器安全运行时，再开展该信号的研判和处置。与冷却器故障报警信号的致因研判和处置相比，其区别主要是：正常情况下，备用冷却器组并不运行，只有在运转冷却器组故障时才启动，为此，备用冷却器组应定期轮换试运行。

六、水枕水位异常报警

水枕水位异常报警信号主要针对强迫油循环水冷变压器水枕水位的监测，该信号一般通过不锈钢水位表微动开关低水位触点实现报警信号上送，正常情况下，水枕水位应位于1/2水枕高度位置。

1. 水枕水位异常报警信号的影响

水枕水位异常报警且现场检查水枕无冷却液时，水循环管路将因缺乏冷却液积聚大量气体，这不仅会影响油水热交换器对变压器油的冷却效果，而且会导致所有的水流计表盘指针出现频繁抖动或不启动的现象，水流计挡板带动的微动开关触点变位切除运转冷却器组，当变压器冷却器组全部停止运转时，变压器将会因冷却器全停而跳闸。

2. 水枕水位异常报警信号的信息收集

（1）监控系统是否发出变压器其他相关伴随信号，重点关注水流计异常报警信号、冷却器故障报警信号和冷却器全停启动报警信号等，并掌握其信号发出的先后顺序。

（2）在设备区，应检查冷却系统水枕水位计指示值，检查冷却管路及其法兰连接部位、冷却管路排气阀、防爆阀、波纹管等组部件是否存在严重渗漏水或跑水现象。

3. 水枕水位异常报警信号研判的诊断工作

（1）变压器不停电，开展水枕水位实测及信号传动工作，具备条件时，可打开水枕顶部盖板检查水位及水位计内部连杆机构。

（2）变压器不停电，使用万用表在本体端子箱测量水枕水位表微动开关触点状态是否正常，怀疑其绝缘受潮时，可使用绝缘电阻仪对微动开关触点及其二次线进行绝缘电阻测量。

4. 水枕水位异常报警信号的致因研判和处置

根据现场水位表水位指示是否接近最低水位，水枕水位异常报警信号常见致因可分为两类，如图1-19所示。

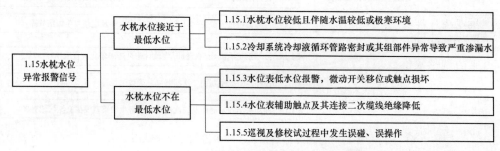

图1-19　水枕水位异常报警信号常见致因

水枕水位异常信号发出后，应第一时间查看冷却系统管路及组部件是否存在跑水现象，及时采取隔离措施并补充冷却液，确保不影响变压器安全运行时，再开展该异常信号的研判和处置。

致因 1.15.1　水枕水位较低且伴随水温较低或极寒环境

特征信息：①巡视历史记录显示水枕水位接近最低水位，存在水枕水位低缺陷且未处理；②变压器低负载率、低水温且伴随极寒天气。

处置方法：对水枕补充冷却液至水枕高度的1/2位置。

致因 1.15.2　冷却系统冷却液循环管路密封或其组部件异常导致严重渗漏水

解析：造成水冷变压器冷却液循环系统发生缺水的主要情形有：①冷却液循环管路存在砂眼、法兰密封不良等漏水现象；②冷却液循环管路自动排气阀因冷却液杂质较多失灵导致频繁喷冷却液；③冷却液循环管路配装的橡胶波纹管因老化严重或金属波纹管因金属振动疲劳产生裂纹，发生渗漏水或跑水现象；④冷却液循环管路配装的弹簧式安全阀开启压力过小或弹簧疲劳失效喷水。

特征信息：①水枕水位表显示接近零刻度，水枕严重缺水；②冷却液循环管路或某组部件部位存在大量跑水现象。

处置方法：关闭严重渗漏水管路或组部件部位所在冷却器组，并关闭两侧阀门进行隔离。及时补充水循环管路及水枕水位，油水热交换器顶部未装自动排气阀的应人工多次排气。

解析： 水位表低水位报警，微动开关移位或触点损坏常见情形有：①磁翻板式水位表的低水位报警微动开关多采用外部绑扎设计，当安装位置未在低水位刻度时，容易导致误发；②当触点容量或耐压水平不符合二次回路电源要求时，会发生粘连烧损（很多微动开关触点容量为采用直流 24V、1A，不符合直流二次系统 110V 或 220V，或交流二次系统 220V）。

特征信息： ①水枕水位正常，并未达到最低水位报警值；②万用表测量水位表低水位微动开关触点位于闭合状态。

处置方法： 检查水枕水位表触点容量是否满足二次电源回路要求，若不满足，应根据二次回路做好微动开关的选型更换。实际传动水枕在最低水位时，应发出水枕异常报警信号，否则应调整水位表内部连杆长度，对于微动开关外绑扎设计时，应调整微动开关绑扎位置，否则水枕缺水至零刻度时，拒发报警信号（仅在水位下降过程中出现一次水位异常报警动作复归信号）。水位表微动开关触点受潮时，若采用热吹风机干燥仍无法恢复绝缘强度时，应考虑更换水位表或微动开关。

七、冷却器全停启动报警信号

变压器冷却器全停启动报警信号主要针对强迫油循环或强迫气体循环变压器，当变压器冷却器全停时，冷却系统发出冷却器全停启动报警信号，发出信号的同时，非电量保护装置启动冷却器全停跳闸计时，待非电量保护装置延时到达整定时间后，发出冷却器全停跳闸信号，变压器各侧断路器跳闸。

冷却器全停启动报警信号可实现提前预警，对于有人变电站，变压器冷却器全停后，可第一时间现场检查处理；对于无人变电站，可通过远方监控系统进行系统方式调整，将变压器负荷倒出后，远方拉开变压器各侧断路器，避免变压器突然因冷却器全停而跳闸。一般运行规定，对于强迫油循环风冷/水冷变压器，当失去全部冷却器时，非电量保护经20min 延时动作跳开变压器各侧开关。对于强迫气体循环风冷变压器，在强气循环模式下（非自冷模式），当失去全部冷却器时，非电量保护经 15min 延时跳开变压器各侧开关。

1. 冷却器全停启动报警信号的影响

监控系统发出冷却器全停启动报警信号意味着变压器冷却系统发生故障，需在变压器冷却器全停延时跳闸时间内采取紧急恢复措施，或将变压器负荷倒出，否则当非电量保护装置冷却器全停延时时间达到整定值时，非电量保护装置将发出冷却器全停延时跳闸信号，进而导致变压器各侧断路器跳闸，并造成电网甩负荷问题。

2. 冷却器全停启动报警信号的信息收集

（1）监控系统是否发出变压器其他相关伴随信号，重点关注冷却系统电源故障报警信号、油流计/水流计/气流计异常报警信号、冷却器故障报警信号、备用冷却器投入故障报警信号等，并掌握其信号发出的先后顺序。

（2）在设备区，应检查冷却系统控制箱内电压监视继电器故障或异常灯是否亮起，电源空气开关或热偶继电器是否跳闸，冷控箱内元器件及二次端子是否有烧灼现象，及时隔离故障点后试启动各冷却器组运行，以确保至少有一组冷却器可靠运转，期间应观察各冷却器组油泵/水泵/气泵电机运转是否正常，油流计/水流计/气流计等指示是否正确。

（3）在保护室应检查冷却器全停启动报警信号是否复归，如现场冷却器组恢复运行而信号仍未复归时，可申请将冷却器全停跳闸压板退出运行。

3. 冷却器全停启动报警信号研判的诊断工作

变压器不停电，使用万用表测量冷却器全停启动报警回路涉及的各元器件触点电压，判断其触点通断是否正常。

4. 冷却器全停启动报警信号的致因研判和处置

根据现场冷却器全停启动报警信号是否为瞬时动作复归信号，冷却器全停启动报警信号常见致因可分为两类，如图 1-20 所示。

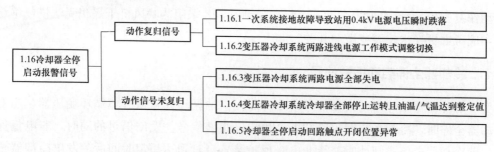

图 1-20　冷却器全停启动报警信号常见致因

监控系统发出冷却器全停启动报警信号时，应第一时间赶赴现场采取紧急恢复措施，确保至少有一组冷却器恢复正常运转，无法恢复时及时上报调度，由远方将变压器负荷倒出并拉停变压器，在确保不影响变压器安全运行时，再开展该信号的研判和处置。

致因 1.16.1　一次系统接地故障导致站用 0.4kV 电源电压瞬时跌落

特征信息：①监控系统瞬时发出冷却器全停启动报警动作复归信号，同时伴随冷却系统电源故障动作复归信号；②信号发出时伴随一次系统瞬时接地故障，变电站内 10kV 母线存在电压跌落现象。

处置方法：因变电站 0.4kV 电源电压瞬时跌落发出该信号属于正常现象。

若想避免此类信号的频发，可尝试对冷却器全停启动报警信号回路或电源电压监视继电器及其电源投切等二次回路增加延时解决，但延时时间不应过长（不应超过 5s），避免电源异常导致电机负载设备的损坏。

致因 1.16.2　变压器冷却系统两路进线电源工作模式调整切换

特征信息：①现场正开展冷却系统两路电源切换工作，并瞬时发出冷却器全停启动报警动作复归信号；②冷却系统电源工作模式调整完成后恢复正常。

处置方法： 因变压器冷却系统电源工作方式调整切换发出该信号属于正常现象。

致因 1.16.3　变压器冷却系统两路电源全部失电

解析： 变压器冷却器全停启动回路设计应涵盖两路进线电源均失电支路，其发生的可能情形有：①冷控箱电源负载母线段发生二次短路故障，导致进线工作电源空气开关跳闸，备用电源投入后又发生备用电源空气开关跳闸，进而导致两路电源均失电；②上级站用电系统或低压配电盘发生故障导致冷控箱电源全部失电；③工作电源发生故障切换，此时备用电源电压监视继电器又处于故障状态，导致冷却器电源全部失去。

特征信息： ①监控系统发出冷却系统电源Ⅰ故障报警和冷却系统电源Ⅱ故障报警信号；②冷却系统两路电源进线电压监视继电器异常灯均亮，测量电源进线处均无电压（失电现象）；③各冷却器组均停止运转，油流计/气流计/水流计指针均位于"停止"位置。

处置方法： 及时赶赴现场，恢复变压器冷却系统进线电源。

电压监视继电器工作灯灭时，应及时检查上级电源情况，如冷却系统控制箱内部存在二次短路烧灼点，应通过空气开关或拆除二次线等方式将故障点隔离，如电源仍无法恢复，应立即上报调度，将变压器负荷倒出并拉停变压器。

致因 1.16.4　变压器冷却系统冷却器全部停止运转且油温/气温达到整定值

解析： 变压器冷却器全停启动回路设计应涵盖冷却器电机均停止运转且油温/气温达到整定值回路，但有些回路并不串接油温表/气温表相关触点。冷却器组是否运转主要通过冷却器电机电源空气开关触点、电机启动接触器触点，或油流计/气流计/水流计微动开关触点等相关冷却器组元器件的触点实现，油温/气温启动值主要通过油温表/气温表相应触点实现。

特征信息： ①工作位置和备用位置的冷却器组油泵/水泵/气泵电机均位于停转状态，与冷却器组手把模式不对应；②变压器油温/气温达到辅助位置冷却器组启动值但未运转。

处置方法： 及时赶赴现场恢复变压器冷却器组运转。现场试投运各冷却器组，确保至少一组冷却器恢复运转，如无法恢复任何一组冷却器时，应立即上报调度，由远方将变压器负荷倒出并拉停变压器。

致因 1.16.5　冷却器全停启动回路触点开闭位置异常

特征信息： ①现场检查冷却器组油泵/水泵/气泵电机，均运行状态良好，油流计/气流计/水流计指针位于工作位置，不存在抖动现象；②监控系统未发出其他相关伴随信号，或存在相关伴随信号但与实际运行状态不相符。

处置方法： 立即上报调度，说明变压器冷却装置运转正常，怀疑冷却器全停跳闸二次回路或非电量保护装置存在异常，申请将冷却器全停跳闸压板退出。

第四节 变压器有载调压装置异常报警的研判和处置

一、有载调压失电报警信号

有载调压失电报警信号主要反映调压电机及其控制回路供电电源状态，该信号一般通过调压电机电源空气开关的报警触点实现报警信号上送。

1. 有载调压失电报警信号的影响

有载调压失电报警意味着调压电机电源空气开关跳闸，将导致有载调压电机及其控制回路失去电源，无法电动调压操作，同时AVC系统将闭锁整站变压器AVC调节变压器分接头功能，这样可导致区域电网电压微调失去有效手段，仅可通过站内电容器组或电抗器组进行电压调节，电压调节波动性较大。

2. 有载调压失电报警信号的信息收集

（1）监控系统是否发出变压器其他相关伴随信号，重点关注是否发出有载调压闭锁报警信号等，信号发出时是否伴随有载调压操作。

（2）在设备区，应检查有载调压机构箱内调压电机电源空气开关是否跳闸，是否接远方跳闸线，调压机构箱内是否存在受潮进水痕迹，检查空气开关跳闸时刻有载调压机构位置指示器（了解从几分接调整至几分接）和分接变换指示器指针停留位置并拍照留存。

（3）查阅近期检修记录，检修工作是否涉及有载吊装检修、有载调压机构及其二次回路处缺等内容。

（4）查阅有载调压机构厂家、型号及机构二次回路图纸，并了解现场有载调压机构箱内部相关元器件实际布置情况。

3. 有载调压失电报警信号的诊断工作

（1）变压器不停电，使用绝缘电阻仪和万用表分别对调压电机进行绕组绝缘电阻和直流电阻试验。

（2）调压机构电机电源空气开关频繁发生跳闸，无法判断是否远方发出跳闸命令所致时，可拆除调压电机电源空气开关远方跳闸线，观察后续调压操作是否仍伴随调压空气开关跳闸现象。

4. 有载调压失电报警信号的致因研判和处置

有载调压失电报警信号常见致因如图1-21所示。

有载调压失电报警信号发出后，应首先了解调压机构位置指示器（了解从几分接调整至几分接）和分接变换指示器指针停留位置，根据远方及当地电动调压操作传动进行该信号的致因研判和分析，调压操作仅可上调一个分接位置和下调一个分接位置，避免站内变压器分接位置偏差较大。

致因 1.17.1 远方AVC下传指令将调压电机电源空气开关跳闸

解析： 远方AVC调压操作后，当调整前后分接位置上送位置错误或调压时间超整定值时，AVC 判别有载调压机构存在连调现象，AVC 系统将闭锁调压操作并远跳调压电机电源空气开关。

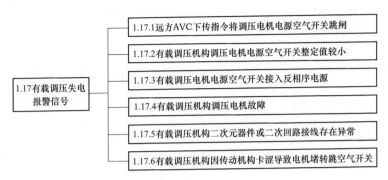

图 1-21　有载调压失电报警信号常见致因

特征信息：①远方 AVC 调压操作系统显示调压越级闭锁或调压急停跳闸等报文信息；②AVC 远方调压操作时，调压电机电源空气开关跳闸；而当地调压操作时，空气开关不跳闸。

处置方法：现场检查分接位置 BCD 码转换器及测控装置分接位置显示是否正确，如分接位置指示错误，应更换，更换后远方调压操作传动，无问题后，缺陷处理完成。如分接位置指示器正确，可判断远方 AVC 调压控制策略异常所致，具体验证手段为：将调压电机电源空气开关跳闸线甩开并包好绝缘，后续观察远方调压操作时调压电源空气开关是否发生跳闸。

致因 1.17.2　有载调压机构调压电机电源空气开关整定值较小

特征信息：①远方及当地有载调压操作时，均会出现调压电机电源空气开关频繁跳闸；②调压电机电源空气开关整定值明显偏小，与电机额定运行电流不匹配；③调压电机电源空气开关调整过电流整定值后，再次电动调压操作，未出现空开跳闸现象。

处置方法：将调压电机电源空气开关过电流整定值调整为电机额定电流的 1.2～1.3 倍。

致因 1.17.3　有载调压电机电源空气开关接入反相序电源

解析：有载调压电机电源相序发生异常主要涉及两个阶段，一个是调压机构电机电源拆接线阶段，另一个是站用电及低压配电系统盘柜拆装接线阶段。

特征信息：①每次当地或远方电动调压操作均发生调压电机电源空开跳闸，调压分接变换指示器指针停留在第 3～4 格处；②测量电机电源接线存在电源反相序问题。

处置方法：查找调压电机电源相序反相序根源，并调整调压电机电源接线为正相序。

致因 1.17.4　有载调压机构调压电机故障

特征信息：①每次当地或远方电动调压操作均发生调压电机电源空气开关跳闸，调压分接变换指示器指针停留位置不固定；②电机运行电流明显大于额定电流。

处置方法：将调压电机电源空气开关拉开，拆除空气开关下口接线并测量调压电机绕组无电后，开展调压电机绕组绝缘电阻和直流电阻试验，当绝缘电阻低于$1M\Omega$或直阻不平衡率较大时，可判断调压电机故障，需更换调压电机，若更换较为困难时，应更换整个调压机构箱。

致因 1.17.5 有载调压机构二次元器件或二次回路接线存在异常

特征信息：①仅一个方向（升分头或降分头）调压操作出现调压电机电源空气开关跳闸；②空气开关跳闸时，分接变换指示器指针停留在第3~4格处或第30~33格处。

处置方法：属于调压机构内部二次回路或元器件异常所致，应根据调压机构二次回路图纸查找故障点并处理。

致因 1.17.6 有载调压机构因传动机构卡涩导致电机堵转跳空气开关

解析：调压机构传动机构卡涩的常见情形有：①在寒冷季节，伞齿轮盒齿轮机构内部黄油凝固或密封不严进水结冰导致卡涩；②传动机构横轴因异物卡涩导致无法转动；③更换新品变压器安装或有载分接开关后，未进行手动操作，电动调压操作时发生堵转。

特征信息：①有载调压电动调压操作时，发出堵转声响，传动机构轴未发生转动；②有载调压机构手动操作时，仍存在卡涩现象。

处置方法：更换新品变压器安装或有载分接开关后，应首先手动进行动作顺序试验，避免内部机械卡涩导致损坏，若运行期间发现卡涩，多为外界异物所致，如未观察到异物，可打开伞齿轮盒进行内部检查并处理，其齿轮润滑宜选用二硫化钼（黑色），在寒冷季节，其柔软性优于黄油。

二、有载调压位置异常报警信号

有载调压位置异常报警信号是由分接位置传送模块上送的数字信息进行识别的，分接位置调整前后分接位置数值异常时，将发出该信号。

1. 有载调压位置异常报警信号的影响

有载调压位置异常报警信号意味着有载分接位置上送错误，AVC系统将闭锁有载调压操作，同时也闭锁站内其他变压器AVC调节变压器分接头功能。

2. 有载调压位置异常报警信号的信息收集

（1）监控系统是否发出变压器其他相关伴随信号，重点关注有载调压闭锁报警信号、有载调压失电报警等。

（2）在设备区，应检查有载调压机构位置指示器指针显示分接位置，分接位置传送器触点是否存在接触不良现象，分接位置传送模块类型（电阻式位置传送模块、动合触点式位置传送模块、BCD码式位置传送模块），分接位置显示器、测控装置及远方监控后台分接位置显示是否一致。

（3）查阅近期检修记录，是否涉及有载调压机构二次回路相关元器件处缺等检修工作。

（4）查阅有载分接开关厂家、型号及调压机构二次回路图纸，并了解现场有载调压机构相关元器件实际布置情况（分接位置传送器和分接位置传送模块）。

3. 有载调压位置异常报警信号的诊断工作

变压器不停电，开展分接位置传送模块功能检测，通过直接短接其电源端子和分接位置显示端子进行判断。以8421BCD码分接位置传送模块（见图1-22）为例，其右侧为由分接位置传送器提供的分接位置开断信号，最上端为公共正电源端，其他端子为分接位置显示端子，通过BCD码分接位置传送模块编译，从左端输出代表分接位置的8421BCD码（一般常用的输出端为10、8、4、2、1端子），其数值接入分接位置显示器、测控装置或后台监控系统。

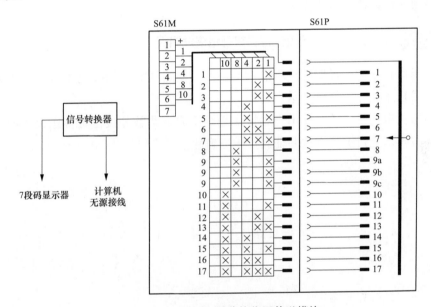

图1-22　8421BCD码分接位置传送模块

4. 有载调压位置异常报警信号的致因研判和处置

有载调压位置异常报警信号常见致因如图1-23所示。

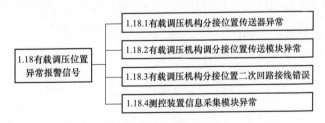

图1-23　有载调压位置异常报警信号常见致因

致因 1.18.1　有载调压机构分接位置传送器异常

特征信息：①分接位置传送器顶部触点与压片接触不良，存在锈蚀痕迹或弹簧弹性不足；②万用表测量分接位置传送器触点不导通。

处置方法：调整位置传送器顶部触点与压片的接触可靠性。根据调压机构分接位置显示数值，在位置传送模块输入端，使用短路线短接其电源端子和分接位置显示端子，如分接位置恢复正常，可判断分接位置传送器存在故障，如分接位置仍显示错误，可判断分接位置传送模块存在故障。

致因 1.18.2　有载调压机构分接位置传送模块异常

特征信息：根据调压机构分接位置显示数值，在位置传送模块输入端，使用短路线短接其电源端子和分接位置显示端子，发现分接位置显示错误。

处置方法：更换位置传送模块。

致因 1.18.3　有载调压机构分接位置二次回路接线错误

特征信息：在分接位置传送模块输入端，使用短路线分别短接电源端子和各分接位置显示端子，发现某些分接位置显示错误。

处置方法：根据二次接线标示查看接线是否正确，调整分接位置传送模块输入端或输出端接线，并再次通过上述方法验证其接线正确性。

第二章

电力变压器状态检测异常的研判及处置

第一节 变压器油质异常的研判和处置

一、变压器油质概述

变压器油质指标主要分为功能性指标、稳定性指标和运行特性指标三类。功能性指标指对绝缘和冷却有影响的性能，涉及倾点、运动粘度、密度、含水量、含气量、击穿电压、介质损耗因数（90℃）和体积电阻率（90℃）等；稳定特性指标指变压器油受精制深度和类型及添加剂影响的性能，涉及外观、界面张力、总硫含量、腐蚀性硫、酸值、水溶性酸（pH）、抗氧化剂含量和糠醛含量等；运行特性指标指在使用中和在高电场强度和温度影响下与油品长期运行有关的性能，涉及氧化安定性和吸气性等。

变压器油质取样部位主要指本体油室、切换开关油室和电缆终端油室。本体油室与电缆终端油室一般通过储油柜连通，其流动性较差，因此，这两个部位的油质检测存在很大的差异，需单独油质检测，而切换开关油室与它们都是隔离的，在未发生内渗漏的情况下，其油质检测与它们无关联性，切换开关油室油质检测时，重点关注油中含水量和油击穿电压。

二、变压器油质主要指标的研判标准

（一）功能性指标

1. 油中含水量

油中含水量指溶解于油中的含水量，单位为 mg/kg。油的吸水能力取决于油温和极性分子，当油温升高时更利于游离水的溶解，而极性分子（如纤维杂质）的存在更利于油对水的溶解，可以看出，油中含水量检测易在一定油温下进行，避免凝结水积聚在油箱底部或其他部位，在低温 0℃ 及以下时检测是没有意义的。油中含水量控制在较低值，一是可以防止油温降低时油中游离水的形成，二是有利于控制变压器纤维绕组绝缘中的含水量，降低纸绝缘的劣化速率。表 2-1 为不同电压等级下油中含水量质量指标。

2. 油中含气量

变压器油中含气量指溶解在油中的所有气体的总量，用气体体积占油体积的百分数

（％）表示。变压器油中溶解气体的主要来源是空气，空气中的氧气是油氧化（老化）的直接因素。随着油温和油压的变化，当油中含气量过大时会导致气泡析出，降低油的击穿电压形成气泡放电。表2-2为不同电压等级下油中含气量质量标准。

表2-1　　　　　　　　　　不同电压等级下油中含水量质量指标

设备电压等级 （kV）	油中含水量质量指标（mg/kg）		
	未使用过的油	投入运行前的油	运行中的油
330～1000		≤10	≤15
220	≤30	≤15	≤25
110及以下		≤20	≤35

表2-2　　　　　　　　　　不同电压等级下油中含气量质量标准

设备电压等级 （kV）	油中含气量质量指标		
	未使用过的油	投入运行前的油	运行中的油
750～1000			≤2％
330～500	—	≤1％	≤3％
电抗器			≤5％

3. 击穿电压

在规定的试验条件下，绝缘油发生击穿时的电压称为油的击穿电压，单位为kV。变压器油的击穿电压是衡量变压器油被水和悬浮杂质污染程度的重要指标。当油中水分较高或含有导电杂质颗粒时，会降低油的击穿电压值。油过滤去除固体不纯物以后，当油中含水量在40mg/kg以下时，绝缘强度几乎不下降，超过这一数值绝缘强度则急剧下降，对击穿电压有明显影响。表2-3为不同电压等级下击穿电压质量指标。

表2-3　　　　　　　　　　不同电压等级下击穿电压质量指标

设备电压等级 （kV）	击穿电压质量指标（kV）		
	未使用过的油	投入运行前的油	运行中的油
750～1000		≥70	≥65
500		≥65	≥55
330	未处理油≥30 经处理油≥70	≥55	≥50
66～220		≥45	≥40
35及以下		≥40	≥35

4. 介质损耗因数（90℃）

介质损耗因数（90℃）指油内部引起的能量损耗，取决于油中可电离的成分和极性分子的数量，介质损耗因数增大，表面则受到水分、带电颗粒或可溶性极性物质的污染，它对油处理过程中的污染非常敏感。介质损耗因数随着油温的升高而增大，高温检测油介质损耗因数的意义在于可使油质优劣分明。变压器油的介质损耗因数直接影响变压器的绝缘电阻，当变压器整体绝缘电阻降低时，往往是由于介质损耗因数增大所致（即使介质损耗因数未超注意值），但同等介质损耗因数下并不一定存在绝缘电阻值下降，这主要取决于变压器油被污染的因素。表2-4为不同电压等级下介质损耗因数（90℃）质量指标。

表2-4　　　　　不同电压等级下介质损耗因数（90℃）质量指标

设备电压等级（kV）	介质损耗因数（90℃）质量指标		
	未使用过的油	投入运行前的油	运行中的油
500～1000	≤0.005	≤0.005	≤0.02
≤300		≤0.01	≤0.04

5. 体积电阻率（90℃）

体积电阻率（90℃）指油品在单位体积内电阻的大小，单位为Ω·m，体积电阻率随着油温的升高而降低。介质损耗因数与体积电阻率具有较好的相关性，介质损耗因数增大时体积电阻率降低，介质损耗因数降低时体积电阻率增大。表2-5为不同电压等级下体积电阻率（90℃）质量指标。

表2-5　　　　　不同电压等级下体积电阻率（90℃）质量指标

设备电压等级（kV）	体积电阻率（90℃）质量指标（Ω·m）		
	未使用过的油	投入运行前的油	运行中的油
500～1000	—	≥6×10^{10}	≥1×10^{10}
≤300			≥5×10^9

（二）稳定特性指标

变压器油老化的重要影响因素是油温、氧气和催化剂（水分和金属等）。变压器油在储存和使用过程中会溶解一定的氧气，氧气在热和金属的催化作用下，会使油逐步氧化产生各种含氧化合物，油的颜色逐步加深，氧化物使油的界面张力、体积电阻率和击穿电压下降，使酸值和介质损耗因数升高，同时降低油流动性，冷却散热性能下降，深度氧化的油会出现胶质和油泥。

1. 外观

变压器油应是清澈透明，无悬浮物和沉淀物，新油通常是无色或淡黄色，运行中因氧化生成酸性物质，油品颜色会逐渐加深，深度氧化时则会生成油泥与沉淀物。

2. 界面张力

界面张力指油与纯水之间的界面分子力，单位为mN/m。它是检查油中含有因老化而产生的可溶性极性杂质的一种间接有效的方法，油在初期老化阶段，界面张力的变化是相当迅速的，当界面张力低于19mN/m时，表明油已深度老化。表2-6为界面张力质量指标。

表2-6　　　　　界面张力质量指标

设备电压等级（kV）	界面张力质量指标（mN/m）		
	未使用过的油	投入运行前的油	运行中的油
—	≥40	≥35	≥25

3. 水溶性酸（pH值）

水溶性酸（pH值）是以pH值来表征变压器油中可以溶解于水的酸性物质含量的性能

指标，水溶性酸主要指油中无机酸的含量。新油中几乎不含酸性物质，其 pH 值一般为 6～7，当油氧化 pH 值降低时会将造成变压器绝缘材料和金属的腐蚀。表 2-7 为水溶性酸（pH 值）质量指标。

表 2-7　　　　　　　　　　　水溶性酸（pH 值）质量指标

设备电压等级（kV）	水溶性酸（pH 值）质量指标		
	未使用过的油	投入运行前的油	运行中的油
—	无	＞5.4	≥4.2

4. 酸值

酸值指中和 1g 油中的酸性组分所消耗的氢氧化钾的毫克数，单位为 mgKOH/g。酸值主要指油中有机酸的含量。对于新油而言，酸值油精制程度的一种标志。对于运行油而言，酸值是油质老化的一种标志，油的氧化只限定于酸值、油泥与沉淀物，有些国家也用介质损耗因数（90℃）来决定。表 2-8 为酸值质量指标。

表 2-8　　　　　　　　　　　　酸　值　质　量　指　标

设备电压等级	酸值质量指标（mgKOH/g）		
	未使用过的油	投入运行前的油	运行中的油
—	＜0.01	≤0.03	≤0.1

5. 抗氧化添加剂

抗氧化添加剂指变压器油中增加可以抑制其氧化的添加剂，可提高油的氧化安定性，延长运行中变压器油的寿命，其含量用质量分数（％）表示，抗氧化添加剂主要指 T501，不推荐添加其他任何添加剂，油再生处理后应考虑补充抗氧化剂。表 2-9 为抗氧化添加剂含量质量指标。

表 2-9　　　　　　　　　　　抗氧化添加剂含量质量指标

设备电压等级（kV）	抗氧化添加剂含量质量指标		
	未使用过的油	投入运行前的油	运行中的油
—	0.08％～0.4％		大于新油原始值的 60％

6. 颗粒污染度

颗粒污染度指 100mL 油中大于 $5\mu m$ 的颗粒个数。变压器油中颗粒固体杂质 95％ 是绝缘纸碎片等纤维，还有铜离子、铁离子、铝离子和碳离子等，其中金属离子对其影响最为严重，过多金属离子会影响油击穿电压的下降。随着极性颗粒物数量的增加，在较强电场作用下，极性颗粒物沿电场方向排成"小桥"，形成传导电流并产生能量损耗，这样油的介质损耗因数就增大了，它随颗粒物的增多而增大（直径为 $5～15\mu m$ 的颗粒物更易于形成"小桥"），可见，颗粒污染度与油击穿电压和油介质损耗因数均有一定相关性。颗粒度可通过高精度滤油机对油进行处理，滤油机滤芯精度应小于 $5\mu m$。表 2-10 为不同电压等级下颗粒度限值质量指标。

表 2-10　　　　　　　　　　不同电压等级下颗粒度限值质量指标

设备电压等级 (kV)	颗粒度限值质量指标（个）		
	注油前	热油循环后	运行中
500	≤2000	≤3000	—
750	≤1000	≤2000	≤3000
1000	≤1000	≤1000	≤3000

7. 油泥与沉淀物

油泥与沉淀物用以检查油的老化情况，其含量用质量分数（％）表示，当油泥处于溶解或胶体状态下，加入正戊烷时，可以从油中沉析出来油泥沉淀物。表 2-11 为油泥与沉淀物质量指标。

表 2-11　　　　　　　　　　油泥与沉淀物质量指标

设备电压等级 (kV)	油泥与沉淀物质量指标		
	未使用过的油	投入运行前的油	运行中的油
—	—	—	≤0.02％

8. 糠醛

糠醛表征油在炼制过程中经糠醛精制后的残留量，与油的性能无关，单位为 mg/kg。运行中可通过油的糠醛含量了解变压器纤维绝缘的老化程度，限制新油中糠醛的含量是为了尽量避免对运行中绝缘老化程度判断的干扰，为此，变压器新品油应进行糠醛检测且含量应不大于 0.1mg/kg，变压器运行中油的糠醛含量增加意味着绝缘老化。

（三）运行特性指标

氧化安定性（120℃）代表油抗老化的能力，是评价油品使用寿命的一种重要手段。变压器油经过规定条件下的氧化试验后，检查油中总酸值、油泥与沉淀物两项指标是否超过标准值，由此可检测其氧化安定性，我国也将介质损耗因数作为考核指标之一。表 2-12 为氧化安定性的检测内容和质量指标。

表 2-12　　　　　　　　　氧化安定性的检测内容和质量标准

检测项目	检测内容		质量指标
氧化安定性 （120℃）	试验时间： 不含抗氧化添加剂油（U）：164h 含微量抗氧化添加剂油（T）：332h 含抗氧化添加剂油（I）：500h	总酸值（mg/g）	≤0.3
		油泥与沉淀物（质量分数）	≤0.05％
		介质损耗因数（90℃）	≤0.05

三、本体及电缆终端油室油质异常的研判和处置

1. 本体及电缆终端油室油质异常的影响

变压器及电缆终端油室油质异常意味着油室内部运行工况变差或某些材质与油发生化学反应，变压器油严重劣化主要影响其绝缘性能和冷却散热性能，增加内部发生绝缘过热或放电类故障的隐患。

2. 本体及电缆终端油室油质异常的信息收集

（1）变压器油质异常超过注意值时，应重新取油样化验并关注取油样及油化验全过程是否符合检修规范，避免发生误判，重点检查取油样位置是否正确（避免取切换开关油室的油样），取油样油瓶或针管是否清洁干燥（未使用污染的油瓶或针管），取油方法是否正确（是否将死油区的油先排净再采集），油质化验仪器校验日期是否超期（避免油质化验仪器精度下降）等。

（2）对涉及电缆终端油室的变压器，应分别对各电缆终端油室和本体油室的油进行油质化验分析，查找油质异常具体由哪个油室引起。

（3）查阅变压器历次油质化验数据，重点关注油质相关指标的发展趋势，查阅近期变压器检修记录，上一次正常油质数据至本次异常油质数据期间是否存在补油、滤油等油系统检修工作。

（4）查阅变压器运行年限，对新安装或投运年限较短的变压器，应梳理变压器油的来源，从生产、运输、储存及现场安装全周期环节分析是否存在变压器油被污染的情况，梳理历次变压器绝缘类电气试验数据是否存在劣化趋势。

3. 本体及电缆终端油室油质异常的诊断工作

（1）当强迫油循环变压器存在油泵扫堂、油流计挡板磨损等缺陷或油中颗粒污染度、油介质损耗因数等指标异常时，宜增加油中铜、铁等金属含量检测。

（2）变压器油质加速劣化时，宜增加油中抗氧化剂含量检测，氧化安定性等检测，结合油温、负荷及油色谱分析结果采取相应措施。

（3）当变压器油中含水量、油击穿电压、油中含气量等指标异常时，宜增加变压器油中溶解气体化验分析。如油击穿电压低于运行标准要求或是油色谱检测发现故障，可以不考虑其他特殊性项目，应果断采取措施以保证设备安全。

4. 本体及电缆终端油室油质异常致因的研判和处置

对变压器本体及电缆终端油室油质，应重点关注油中含水量、油击穿电压和油介质损耗因数等指标，其常见致因如图 2-1 所示。

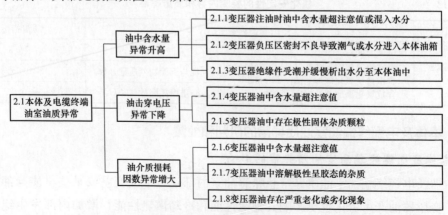

图 2-1　变压器本体及电缆终端油室油质异常常见致因

致因 2.1.1　变压器注油时油中含水量超注意值或混入水分

解析： 变压器注油过程受潮或进水的情形主要有：①变压器安装或检修过程中，对本体或电缆终端油室注油；②变压器运行期间，因本体渗漏油对本体储油柜注油，在以上注油过程中，如库存备品油罐进水受潮且使用前未进行油质化验，注油管路或设备内部存在凝结水等情况均会导致油中含水量经历较长时间后呈增长趋势。

特征信息： ①在上一次正常油中含水量数据至本次异常数据期间，进行本体及电缆终端油室注油工作；②经分析，注油过程存在使用前未进行油质检测、油罐及注油管路内部检查等关键工艺环节。

处置方法： 采用真空热油循环工艺处理油中含水量过高问题时，油中含水量符合标准时，即可停止真空热油循环。

为避免变压器注油过程导致油中含水量异常，应采取以下管控措施：①加强备品油罐的防雨措施，定期检查油罐管口密封并套装防雨塑料布（存在进水痕迹时应停止使用），每周开展一次油质化验分析，尤其是大量用油前必须再次进行油质和油色谱化验分析；②加强补油设备及管路的密封维护和检查，防止雨季或潮湿天气时水分进入管路，注油管路或设备内部存在凝结水，在注油前应做好检查工作，油罐底部放油阀打开无液态水，油罐口密封良好；③变压器注油应避免在雨天进行，防止由于密封不良或操作不当雨水进入变压器内部。

致因 2.1.2　变压器负压区密封不良导致潮气或水分进入本体油箱

解析： 变压器密封不良导致外界潮气或水分进入本体的情形主要有：①变压器本体储油柜胶囊破裂且本体呼吸器硅胶全部潮解时，环境中的潮气长期浸入本体储油柜；②变压器在某种特定工况下易形成负压的区域发生渗漏，例如：运转油泵进油侧密封处、套管头部密封处、套管头部高于本体储油柜油位，在负压状态下环境中的潮气或雨水进入本体油箱。

特征信息： ①变压器某部件密封处在特定工况下形成负压区域；②该负压区域在正压状态下呈渗漏现象或停电加气压试漏时也呈渗漏油现象。

处置方法： 油泵进油侧密封不良时，可暂停该油泵运转，条件具备时，更换油泵进油侧密封部件。室外变压器套管头部密封不良时，应立即安排停电检修处理，避免雨水通过该部位顺着套管中心导管进入本体器身，发生绝缘放电类故障。如对套管头部密封解体检修，发现存在进水痕迹时，应开展撤油钻桶或吊罩检查，对器身内部是否浸水进行评估，通过抽真空、真空热油循环、煤油气相干燥等工艺将器身干燥处理。

致因 2.1.3　变压器绝缘件受潮并缓慢析出水分至本体油中

解析： 变压器绝缘件受潮主要发生的情形有：①变压器生产制造阶段，绝缘件深度受潮，未做好防潮措施或器身干燥出炉时间较快，不满足车间工艺要求；②变压器安装检修阶段，器身暴露环境时间过长，现场装配的绝缘材料未浸油运输等（套管 TA 或电缆仓绝缘支件等）、抽真空或真空热油循环时间不满足工艺要求或检修过程器身淋雨受潮。变压器油中含水量与绝缘纸中的水分有个平衡过程，如果器身干燥后，纸中含水量极低，则平衡后油中含水量将会降低，反之亦然。在某一温度下达到平衡后，随着温度的变化将达到新的平衡状态，随着温度升高，绝缘纸中水分向油中迁徙。

绝缘纸板的纤维素对水有着极强的亲和力，其吸湿能力比变压器油大得多，在变压器运行初期，油中的水分会向纸板中转移，当纸板含水量达到4.5%时，击穿强度下降10%，很容易发生变压器的电击穿事故。同时，水在油和纸板中是不均匀的，如果在变压器最危险的高场强区积聚较多的水分，当温度较低油中水分处于悬浮状态时，电场引起水分的积聚将更为严重，温度进一步降低时，水分就会从油和固体绝缘表面分离或沉淀出来，形成水滴和水膜，使油和介质表面的击穿强度大大降低，就会对变压器安全运行造成极大的危害。

特征信息： ①变压器新装投运或大修吊罩后，运行时间较短即出现油中含水量增长、油击穿电压下降的趋势；②与出厂试验相比，变压器绝缘电阻试验可能存在下降趋势；③变压器油中含水量随着油温的升高而增加，随着油温的下降而减少，与其他变压器相比，其幅度变化量较大。

处置方法： 通过真空热油循环工艺解决绝缘件表面受潮问题，但对于深度受潮问题，只能通过返厂器身煤油气相等方式干燥处理。变压器绝缘件深度受潮现场经长时间抽真空、真空热油循环后，绝缘电阻值有所恢复，但经过若干年后绝缘电阻又出现下降，这就是绝缘件深度受潮的现象，对于此类问题，应缩短变压器油质检测周期，重点做好油中含水量、油击穿电压的跟踪分析，必要时停电并按上述检修工艺处理。

变压器安装检修时器身暴露时间过长造成受潮时，应根据现场情况在原规定时间的基础上增加抽真空时间及真空热油循环时间，避免干燥不彻底导致油中含水量的增长或绝缘电阻的下降。

致因 2.1.4　变压器油中含水量超注意值

解析： 水分在油中的状态可分为悬浮状态、溶解状态和沉积状态三种。由介质理论可知，水分呈悬浮状态时，使油的击穿电压下降最为显著；溶解状态次之；沉积状态一般影响最小。油经过滤去除固体不纯物以后，当油中水分在40mg/kg以下时，绝缘强度几乎不下降，超过这一数值，绝缘强度则急剧下降，对击穿电压有明显影响。当油中含水量大于60mg/kg时，油的击穿电压将基本不变，此情况表明，变压器油只能溶解一定量的水分，超过这个量时，水分将从油中析出沉底。

特征信息： ①变压器油中含水量超注意值且明显高于上次油质化验数值；②变压器油击穿电压值呈下降趋势，油介质损耗因数呈增大趋势。

处置方法： 根据变压器油中含水量异常的常见致因进行研判和处置。

致因 2.1.5　变压器油中存在极性固体杂质颗粒

解析： 油中含水量在40mg/kg以下时，油中是否含有其他固体杂质是影响油击穿电压的主要因素。使用中的绝缘油含有各种杂质，特别是极性物质在电场作用下，将在电极间排列起来，并在其间导致轻微放电，使油分解出气体，进而逐步扩大产生更多的气泡，和杂质一道形成放电的"小桥"，从而导致油隙击穿。

固体杂质的产生原因有：①制造或检修过程中残留；②变压器运行过程中，材料磨损及老化。固体杂质可分为导磁性杂质（如铁粉）、导电性杂质（铜粉、铝粉、炭粉等）和非导电性杂质（纤维、漆皮等）。导磁性杂质在磁场的作用下会沿磁力线方向排列，容易发生多点接地；导电性杂质如果处于高电场区域，沿电力线排列，造成电场畸变或不同电位的导体短路，容易造成故障和引发事故；非导电性杂质容易沿电场方向排列成"小桥"，使周围变压器油发生电离，产生气泡，引发局部放电或造成间隙击穿而引发故障。

特征信息： ①与历次变压器油质化验分析相比，油中含水量未发生明显变化，油介质损耗因数存在增长趋势；②变压器油中颗粒污染度检测不合格，存在极性固体杂质颗粒。

处置方法： 查找极性固体杂质颗粒来源，并通过精密滤芯或板框压滤设备过滤（例如板式压力滤油机）。

滤芯或板框压滤设备一般采用压力使油品通过多孔材料（通常是滤纸、滤芯），可有效脱除油中固体杂质、悬浮态的碳、水和油泥（非可溶性杂质），但对胶体态的碳、水和油泥（可溶性杂质）脱除效率不佳。滤油的过程可通过滤芯压力的升高、滤后油品绝缘强度以及滤后油品含水量进行连续检测。另外，也可通过离心分离、凝聚过滤、沉淀或沉降等方法实现。而真空滤油机并不能滤除固体杂质，还可能会堵塞真空滤油机的雾化喷嘴，为此，在进行真空滤油机前应将固体杂质过滤。

致因 2.1.7 变压器油中溶解极性呈胶态的杂质

解析： 变压器油中溶解极性呈胶态的杂质来源有：

（1）变压器未运行前被污染：①原油品即被污染；②运输途中油罐存在污染；③滤油设备使用后污染，以上三点在进行油介质损耗因数化验时即会表现出来，其数值较其他变压器油较大但未超注意值。

（2）变压器运行过程中被污染：①本体补充油被污染，例如补充的油品中含有其他油品，或者使用被污染的油罐、滤油机等导致油污染；②变压器油与器身内的金属或绝缘组部件等发生相容化学反应，例如箱体绝缘漆与油相容发生化学反应，裸金属与油发生化学反应等；③使用不同油品的油补油时，未按规定进行混油试验。

以上两类来源均在油介质损耗因数化验时每年呈递增趋势，直到变压器整体绝缘电阻发生下降趋势时，才会引起工作人员注意，但该物质并不影响油击穿电压的下降。

特征信息： ①与上一次油质化验分析相比，变压器油击穿电压、油中含水量等基本无变化，仅介质损耗因数存在增长趋势，体积电阻率存在降低趋势；②变压器整体绝缘电阻试验存在明显下降趋势，直流泄漏电流试验存在明显增长趋势；③取本体部分油样，在常温状态下用活性白土法搅拌过滤，过滤沉淀后的油介质损耗因数发生数量级的减小。

处置方法： 在处理前，对油颗粒污染度进行检测，判别是否存在较大量的颗粒污染污。对此类原因导致介质损耗因数升高的处置方法有两种：①对变压器油通过活性白土等吸附材料再生处理后，再补加抗氧化剂；②更换新油，但应做好残留在器身绝缘上污染油的清洗。

（1）吸附再生过滤法。变压器油过滤处理（例如使用板式压力滤油机）不能有效去除油中溶解的或呈胶态的杂质，也不能脱除气体，只能通过油再生或更换油的方式进行。再生通常与滤油处理联合使用，典型的方法为吸附处理，吸附法适合现场对劣化程度较轻的变压器油进行处理，再生变压器油常用吸附剂为活性白土、分子筛（沸石）、活性氧化铝、硅胶、高铝微球。

对变压器油作再生处理前，要做净化处理，若油含有较多水分和颗粒杂质，应先去除其水分及颗粒杂质后，才能进行再生。再生后的变压器油应经过精密过滤净化后，才能投入使用，以防吸附剂等残留物带入运行设备中。再生处理会使油中添加剂损失，因此再生处理后应确保 T501 抗氧化剂的质量浓度达到合格范围。

（2）更换新油法。撤出变压器内部存在问题的油后，应使用合格变压器油，在变压器真空状态下，通过热油喷淋的方式对器身进行清洗，尽可能地置换器身绝缘材料中的污染油。如果立刻更换新油，容易导致新油运行一段时间再次出现介质损耗因数上升的现象（有时绝缘电阻并不会立刻恢复正常），这主要取决于绝缘材料吸附这些污染物的含量。

致因 2.1.8　变压器油存在严重老化或劣化现象

解析： 储存或运行过程才会导致变压器油氧化并使其老化程度严重，决定油老化的重点指标即油的酸值、油泥及沉淀物，如果这些指标同时增大，可判断由于油的老化导致油介质损耗因数逐渐增大，其增长趋势大小是根据油中氧化产物程度判断的，一般很慢，不会突然出现较大增长值或超注意值。

特征信息： ①变压器油颜色深度发黄，油中油泥含量超注意值；②变压器油击穿电压存在下降趋势；③变压器油酸值、油泥与沉淀物、介质损耗因数等参数呈增长趋势。

处置方法： 油泥的产生说明油质老化严重，建议首选更换新油的方法，推荐使用油再生方法，更换新油时，首先应溶解和清洗器身油泥，然后再换油并做好防止油氧化的措施。

（1）器身油泥的溶解和清洗。将变压器油加热到 80℃ 时就可以溶解设备内沉积的油泥。利用热油冲洗变压器内的油泥需要将再生、清洗和油的溶解能力相结合。加热、吸附和真空过滤处理（脱气、脱水）的具体实施是，将再生设备和变压器组成闭路循环系统，被处理的油从变压器流出，经过加热器将油加热到 80℃，再通过过滤装置，除去油中的杂质和水分，最后经吸附过滤器去掉油中溶解的油泥，再经过真空过滤和精密过滤后，纯净的油重新返回变压器中。油品通过变压器的循环次数取决于油泥含量的大小。

（2）防止变压器油老化的措施：①确保变压器油与外界的密封可靠性，选用密封式储油柜，防止水分、氧气和其他杂质的侵入；②在油中添加 T501 抗氧化剂，提高油品的氧化安定性，对于新油含抗氧化时，运行油中的含量应不低于新油原始值的 60%；③运行中，应避免足以引起油质劣化的长时间超负荷、超温运行方式，并采取措施定期清除油中的气体、水分、油泥和杂质等；④变压器检修或注油时，应设法排尽变压器内死角处积存的空气，注入的油应经过高效真空脱气处理，油中含气量应小于 1%。

四、切换开关油室油质异常致因的研判和处置

切换开关油室油质主要考核油中含水量和油击穿电压，油中含水量增加将导致油击穿电压下降。有载调压切换次数过多时，将在开关油室内部产生大量导电性碳颗粒，也会导致油击穿电压下降，但这些导电碳颗粒多沉淀于开关油室底部，开关油室顶部取油样检测不具备代表性。

变压器切换开关油室与变压器本体应使用相同的绝缘油，变压器运行期间，其切换开关油室油质应符合表 2-13 的质量标准。正常运行情况下，油浸灭弧型切换开关达到检修周期或距上次换油后调压次数达到 5000 次时，应开展一次切换开关油室油质检测。油浸真空灭弧型切换开关油室油质检测应与本体油质化验周期相同。

表 2-13　　　　　　　　　　有载切换开关运行期间油室油质的要求

序号	项目	Ⅰ类开关（用于绕组中性点位置）	Ⅱ类开关（用于绕组中性点外其他位置）	备注
1	击穿电压（kV）	≥30	≥40	允许分接变换操作
2		<30	<40	停止自动电压控制器的使用
3		<25	<30	停止分接变换操作并及时处理
4	含水量（mg/L）	≤40	≤30	若大于含水量注意值，应及时处理

1. 切换开关油室油质异常的影响

切换开关油室油质劣化程度主要取决于切换开关灭弧结构和调压切换累计次数。严重劣化的切换开关油室油增加切换开关触头无法灭弧、过渡电阻烧损、级间放电、切换失败等故障的概率，严重时可导致切换开关爆炸，变压器因有载重瓦斯保护动作跳闸停运。

切换开关油室油质检测存在一定的差异化，其上层油质和下层油质检测结果差异化较大（下层油质检测劣化度较高），这是因为开关切换产生的大量碳素颗粒物沉淀于开关油室底部，为此，当我们进行上层油质检测发现超过表 2-13 所示限值时，应避免开关连续切换导致底部碳素颗粒物上扬，使油击穿电压进一步下降。

2. 切换开关油室油质异常的信息收集

（1）查阅切换开关切换灭弧机构是油浸灭弧型还是油浸真空灭弧型，统计自上次切换开关油室换油后至当天有载调压累计次数。

（2）查阅切换开关油室历次油质（油中含水量和油击穿电压）检测数值变化趋势，并分析调压次数累计变化量与之对应油质检测数据的相关性；

（3）查阅近期变压器检修及缺陷记录，上一次正常油质数据至本次异常油质数据期间是否存在切换开关油室补油、滤油、更换相关油管路等工作，是否存在有载呼吸器硅胶全部潮解且长时间未处理现象。

3. 切换开关油室油质异常的诊断工作

有载重瓦斯跳闸时，应对油浸型灭弧有载切换开关进行开关油室油质检测，有载轻瓦斯

报警或有载重瓦斯跳闸时，应对油浸真空灭弧型开关进行开关油室油质和油中溶解气体分析。

4. 切换开关油室油质异常的致因研判和处置

切换开关油室油质异常常见致因如图 2-2 所示。

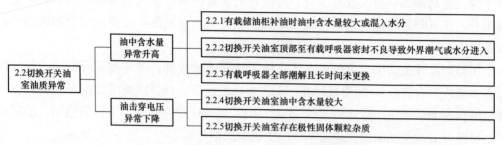

图 2-2　切换开关油室油质异常常见致因

致因 2.2.2　切换开关油室顶部至有载呼吸器密封不良导致外界潮气或水分进入

特征信息：①切换开关油室油中含水量随着变压器运行时间缓慢增长；②有载呼吸器硅胶存在自上而下潮解，而下部基本不存在潮解现象，有载呼吸器油杯未见气泡现象。

处置方法：缩短变压器切换开关油室油质检测工作，根据表 2-1 采取相应措施，变压器具备停电条件时，检查有载呼吸管路密封不良部位并治理，其方法为：变压器停电后，拆除有载呼吸器，在有载呼吸器安装法兰处对有载储油柜加气压 0.01MPa，检查漏气点并对漏气部位处理。

切换开关油室油质异常时，需开展治理工作，具体为：切换开关油室具备在线滤油装置时，可采取滤油方式降低油中含水量，滤油前及滤油中，应暂停有载调压操作及有载重瓦斯跳闸保护压板，避免滤油过程因油流涌动导致有载重瓦斯保护误动跳闸。不具备在线滤油装置时，应尽快安排停电，对其更换合格油。

致因 2.2.3　有载呼吸器全部潮解且长时间未更换

解析：由于有载开关储油柜为敞开式结构（无胶囊），当有载呼吸器全部潮解时（多发生在室外变压器），环境中的潮气可与切换开关油室内的变压器油直接接触，进而导致油含水量不断增大，油击穿电压发生下降。

特征信息：①切换开关油室油中含水量随着变压器运行时间缓慢增长；②有载呼吸器硅胶全部潮解且长时间未更换处理。

处置方法：立即更换有载呼吸器并做好油质的过滤或更换工作。

为避免此类问题的发生，当有载呼吸器硅胶潮解达到 2/3 时应及时更换，避免环境中潮气直接与开关油接触。

致因 2.2.5　切换开关油室存在极性固体颗粒杂质

解析：切换开关固体颗粒杂质的来源主要涉及：①油浸灭弧型切换开关频繁切换产生

大量碳素颗粒；②切换开关油室检修时遗留极性固体杂质未清洁干净；③切换开关油室至有载储油柜管路内部漆皮脱落。

特征信息： ①切换开关油室油击穿电压超注意值，可能与调压切换次数存在相关性；②油中颗粒物检测不合理，存在极性固体杂质颗粒。

处置方法： 暂停有载调压操作，及时将变压器停电转检修开展油质异常治理工作。

第二节　变压器油中溶解气体含量异常的研判和处置

一、变压器油中溶解气体概述

变压器绝缘油在电或热故障的影响下可使油中 C—H 键和 C—C 键断裂，伴随生成少量活泼的氢原子和不稳定的碳氢化合物的自由基，这些氢原子或自由基通过复杂的化学反应迅速重新化合，形成 H_2 和低分子烃类气体，如 CH_4、C_2H_6、C_2H_4、C_2H_2 等，也可能生成碳的固体颗粒及碳氢聚合物（X-蜡）。油的氧化还会生成少量 CO 和 CO_2。鉴于此，我们可以通过以上油中溶解气体的种类及含量的分析实现变压器运行状态的感知。

变压器油色谱取样部位主要涵盖本体油室、切换开关油室和电缆终端油室。对于切换开关油室取油进行油色谱化验具有特殊性，对于油浸灭弧型切换开关，因开关触头切换是在油中进行的，油中会产生大量特征气体及碳素颗粒，故对其油色谱分析没有意义，而油浸真空灭弧型切换开关是在真空管中进行触头切换，对开关油室的油影响较小，故对其油色谱分析有一定意义，不过我们仅重点关注乙炔（C_2H_2）特征气体。

二、变压器油中溶解气体分析与研判依据

1. 特征气体含量注意值和产气速率注意值

特征气体含量注意值不是划分设备内部有无故障的唯一判断依据，如表 2-14 所示，它仅仅是设备异常的一种提醒，有些特征气体含量并未达到注意值，特别是乙炔从无到有，我们同样应加强对该变压器的关注，观察两次采样周期内产气速率是否超注意值。可见，变压器有无故障（异常）的判断应综合特征气体含量和产气速率，其中产气速率是主要判据。

表 2-14　　特征气体含量注意值

设备类型	运行状态	特征气体	注意值（$\mu L/L$）	
			330kV 及以上	220kV 及以下
变压器和电抗器	投运前	氢气	<10	<30
		乙炔	<0.1	<0.1
		总烃	<10	<20
	运行中	氢气	150	150
		乙炔	1	5
		总烃	150	150

特征气体产气速率与故障能量大小、故障点的温度以及故障涉及的范围等情况有直接关系。产气速率还与设备类型、负荷情况和所用绝缘材料的体积及其老化程度有关。产气速率应考虑气体的逸散损失，另外，特征气体的产生总是在两次检测日期之间的某一段时间，因此，它的计算值可能小于实际产气速率值。产气速率有两种方式计算。

（1）绝对产气速率。绝对产气速率即每运行日产生某特征气体的平均值，计算公式为

$$\gamma_a = \frac{C_{i2} - C_{i1}}{\Delta t} \times \frac{m}{\rho}$$

式中：γ_a 为绝对产气速率，mL/d；C_{i2} 为第二次取样测得油中组分 i 气体浓度，$\mu L/L$；C_{i1} 为第一次取样测得油中组分 i 气体浓度，$\mu L/L$；Δt 为两次取样间隔时间（折算到天），d；m 为设备总油量，t；ρ 为油的密度，t/m^3，一般取 $0.895 t/m^3$（20℃）；

绝对产气速率应用判据为：正常时特征气体绝对产气速率不应超过表 2-15 所示数值，目前，变压器均采用密封式结构。

对于绝对产气速率，应考虑应用原则，否则将导致误判，具体为：①对于新投运的变压器、内部故障产生特征气体且已进行真空滤油或换油后的变压器，以及总烃起始值很低的变压器，在 3 个月内不适宜比较其产气速率，这主要是因为，变压器的固体材料若吸附了一些特征气体，在运行短期内会出现特征气体增长的现象，解析达到平衡的时间一般为 1~3个月，且和油温高低有关，油温高时解析快些，油温低时解析时间长些；②新设备投运初期，一氧化碳和二氧化碳的产气速率可能会超过表 2-15 中的注意值；③当检测周期已缩短时，表 2-15 中注意值仅供参考，周期较短时不适用。

表 2-15 油中溶解气体绝对产气速率注意值 （mL/d）

设备类型	特征气体	密封式	开放式
变压器和电抗器	氢气	10	5
	乙炔	0.2	0.1
	总烃	12	6
	一氧化碳	100	50
	二氧化碳	200	100

（2）相对产气速率。相对产气速率即每运行月某特征气体含量增长值相对于原有值的百分数，计算公式为

$$\gamma_r = \frac{C_{i2} - C_{i1}}{C_{i1}} \times \frac{1}{\Delta t} \times 100\%$$

式中：γ_r 为相对产气速率，%/月；C_{i2} 为第二次取样测得油中组分 i 气体浓度，$\mu L/L$；C_{i1} 为第一次取样测得油中组分 i 气体浓度，$\mu L/L$；Δt 为两次取样时间间隔（折算到月），月；

相对产气速率应用判据为：当变压器油中溶解气体总烃相对产气速率大于 10%/月时，应引起注意。

2. 特征气体含量比值法

（1）三比值法。三比值法是利用五种特征气体的三对比值（C_2H_2/C_2H_4、CH_4/H_2 和 C_2H_4/C_2H_6）的结果及对应的编码组合进行故障类型判断，各特征气体的数值应选用前后两次检测数值的差值，即增量的比值。首先计算三对比值结果，根据三比值结果查询对应编码，如表 2-16 所示，然后再根据表 2-17 的编码组合判断故障类型。

表 2-16　　　　　　　　　　三比值数值的对应编码

特征气体比值范围	比值范围编码			说明
	C_2H_2/C_2H_4	CH_4/H_2	C_2H_4/C_2H_6	
<0.1	0	1	0	例如：C_2H_2/C_2H_4 在 [1，3) 范围编码为 1；CH_4/H_2 在 [1，3) 范围编码为 2；C_2H_4/C_2H_6 在 [1，3) 范围编码为 1。
[0.1，1)	1	0	0	
[1，3)	1	2	1	
≥3	2	2	2	

表 2-17　　　　　　　　　　故障类型判断方法

编码组合			故障类型判断	故障事例（参考）
C_2H_2/C_2H_4	CH_4/H_2	C_2H_4/C_2H_6		
0	0	1	低温过热（低于150℃）	纸包绝缘导线过热，注意 CO 和 CO_2 的含量，以及 CO_2/CO 值
	2	0	低温过热（150～300℃）	分接开关接触不良，引线夹件螺丝松动或接头焊接不良，涡流引起铜过热，铁芯漏磁，局部短路，层间绝缘不良，铁芯多点接地等
		1	中温过热（300～700℃）	
	0、1、2	2	高温过热（高于700℃）	
1	0		局部放电	高湿度，高含气量引起油中低能量密度的局部放电
2	0、1	0、1、2	低能放电	引线对电位未固定的部件之间连续火花放电，分接抽头引线和油隙闪络，不同电位之间的油中火花放电或悬浮电位之间的火花放电等
	2		低能放电兼过热	
1	0、1	0、1、2	电弧放电	绕组匝间、层间短路，相间闪络，分接头引线间油隙闪络、引线对箱壳放电、绕组熔断、分接开关飞弧，因环路电流引起电弧、引线对其他接地体放电等
	2		电弧放电兼过热	

三比值法应考虑应用原则，否则将导致误判，具体为：①油中特征气体含量或增长率超注意值，有理由判断设备可能存在故障时，方可使用三比值法；②仅单一组分特征气体含量增长而其他特征气体含量无变化时，不应使用三比值法，应分析该单一组分增长的原

因；③使用三比值法时，应采用特征气体的变化量（增量）进行比值，即异常或故障时的特征气体含量减去正常时的特征气体含量，这主要是考虑正常老化情况下某些特征气体含量较高的问题，否则三比值法容易导致误判；④异常或故障后的跟踪油中溶解气体检测，当特征气体含量缓慢增长或变化量不大时，三比值不应使用这两次采样数据的增量，否则容易导致误判，这主要因为油色谱仪器测量准确度存在一定的试验误差，且增量数值越小比值误差越大，建议采用增长率判别或跟正常时油中溶解气体的数据计算增量，再使用三比值法；⑤变压器油色谱在线监测装置数据不宜使用三比值法，只需观察是否达到注意值或数据的发展趋势，仍应依靠离线油色谱装置，这主要是因为油色谱装置气体检测准确度较低（误差±30%），三比值法将导致误差率更大，误差可能达到60%，其误判率很高。

可以看出，C_2H_2/C_2H_4 的编码组合是区分过热类故障和放电类故障的主要判据，当 C_2H_2/C_2H_4 的编码组合为 0 时，属于过热类故障；当 C_2H_2/C_2H_4 的编码组合为 2 时，属于低能量放电（火花放电）；当 C_2H_2/C_2H_4 的编码组合为 1 时，属于高能量放电（电弧放电）。C_2H_4/C_2H_6 的编码组合是判断过热类故障区域的温度的主要判据，当 C_2H_4/C_2H_6 编码组合为 2 时，属于高温过热。

（2）大卫三角形法。大卫三角形法是利用 CH_4、C_2H_2 和 C_2H_4 三个特征气体含量相对占比来判断变压器的故障类型，它的应用原则跟三比值法相似，当三个特征气体含量无明显变化时不应使用该方法。三个特征气体含量相对占比计算式为

$$C_2H_2(\%) = \frac{100X}{X+Y+Z}$$

$$C_2H_4(\%) = \frac{100Y}{X+Y+Z}$$

$$CH_4(\%) = \frac{100Z}{X+Y+Z}$$

式中：X 为 C_2H_2 含量，$\mu L/L$；Y 为 C_2H_4 含量，$\mu L/L$；Z 为 CH_4 含量，$\mu L/L$。

大卫三角形内，通过虚线将三角形分割为局部放电类故障 PD 区域、放电类故障 D 区域、发热类故障 T 区域和放电兼过热类故障 D+T 区域，具体分割区域如图 2-3 所示。三角形内的虚线分割线标准如表 2-18 所示。

可以看出，对于局部放电（PD）故障类型，主要考虑 CH_4 占比应大于 98%，且 C_2H_4 含量应很低；对于发热类缺陷，主要考虑 C_2H_4 占比，且 C_2H_2 含量应很低；对于放电类缺陷，主要考虑 C_2H_2 占比，其占比相对较高。

3. 特征气体法

故障类型分为过热性故障（又称潜伏性故障）和放电性故障。根据不同故障类型的能量不同，过热性故障又可分为低温过热、中温过热、高温过热，放电性故障可分为局部放电、低能放电、低能放电兼过热、电弧放电、电弧放电兼过热等。

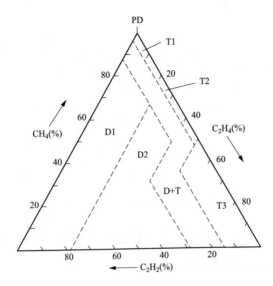

图 2-3　大卫三角法判断故障的类型

PD—局部放电；D1—低能放电；D2—高能放电；T1—热故障，$t<300℃$；

T2—热故障，$300℃<t<700℃$；T3—热故障，$t>700℃$

表 2-18　　　　　　　　　　　　　区　域　极　限

PD	$98\%CH_4$			
D1	$23\%C_2H_4$	$13\%C_2H_2$		
D2	$23\%C_2H_4$	$13\%C_2H_2$	$38\%C_2H_4$	$29\%C_2H_2$
T1	$4\%C_2H_2$	$10\%C_2H_4$		
T2	$4\%C_2H_2$	$10\%C_2H_4$	$50\%C_2H_4$	
T3	$15\%C_2H_2$	$50\%C_2H_4$		

（1）局部油过热。局部油过热至少分为两种情况，即中低温过热（低于700℃）和高温（高于700℃）以上过热。如温度较低（低于300℃），烃类气体组分中 CH_4、C_2H_6 含量较多，C_2H_4 较 C_2H_6 少甚至没有；随着温度增高，C_2H_4 含量增加明显，当局部油温热点达到1000℃时，将会产生 C_2H_2。

（2）油和纸过热。固体绝缘材料过热会生成大量的 CO、CO_2，过热部位达到一定温度，纤维素逐渐碳化并使过热部位油温升高，才使 CH_4，C_2H_6 和 C_2H_4 等气体增加。因此，涉及固体绝缘材料的低温过热在初期烃类气体组分的增加并不明显。

（3）油纸绝缘中局部放电。油纸绝缘中局部放电时，主要产生 H_2、CH_4。当涉及固体绝缘时产生 CO，并与油中原有 CO、CO_2 含量有关，以没有或极少产生 C_2H_4 为主要特征。

（4）油中火花放电。油中火花放电一般是间歇性的，以 C_2H_2 含量的增长相对其他组分较快，而总烃不高为明显特征。

（5）电弧放电。电弧放电是高能量放电，产生大量的 H_2 和 C_2H_2 以及相当数量的 CH_4 和 C_2H_4。涉及固体绝缘时，CO 显著增加，纸和油可能被炭化。

根据以上油中溶解气体来源分析，不同的故障类型产生的主要特征气体和次要特征气体可归纳如表 2-19 所示。

表 2-19 不同故障类型产生的气体

故障类型	主要特征气体	次要特征气体
油过热	CH_4，C_2H_4	H_2，C_2H_6
油和纸过热	CH_4，C_2H_4，CO	H_2，C_2H_6，CO_2
油纸绝缘中局部放电	H_2，CH_4，CO	C_2H_4，C_2H_6，C_2H_2
油中火花放电	H_2，C_2H_2	
油中电弧	H_2，C_2H_2，C_2H_4	CH_4，C_2H_6
油和纸中电弧	H_2，C_2H_2，C_2H_4，CO	CH_4，C_2H_6，CO_2

三、本体及电缆终端油室油中溶解气体含量异常的研判和处置

1. 本体及电缆终端油室油中溶解气体含量异常的影响

本体及电缆油室油中溶解气体含量异常应根据气体含量的绝对值、增长速率以及设备的运行状况、结构特点、外部坏境综合判断，根据故障类型及发展程度，采取缩短检测周期进行检测或退出运行等措施，避免进一步恶化导致变压器内部发生故障而损坏。

对于过热性故障，怀疑主磁路或漏磁回路存在故障时，可缩短到每周一次；当怀疑导电回路存在故障时，宜缩短至每天一次。对于放电性故障，怀疑存在低能量放电时，宜缩短至每天一次，当怀疑高能量放电时应及时退出运行检查。必要时停电开展变压器诊断性试验，以研判变压器是否可继续运行。

2. 本体及电缆终端油室油中溶解气体含量异常的信息收集

（1）了解变压器运行年限，是否为新投运设备，本体及电缆终端油室结构特点，冷却方式等，并与变压器厂家取得内部构造及选材情况；

（2）梳理近两次（正常与非正常）油色谱检测过程中，变压器是否出现异常情况，例如：气体继电器内部是否有积聚气体、压力释放阀是否喷油，变压器相关保护是否动作跳闸以及是否经受大电流冲击、过励磁、过负荷或油温过高等情况；

（3）梳理本体及电缆终端油室历史油色谱化验结果，重点关注油色谱各特征气体含量绝对含量及增长率，是否仅单一特征气体成分发生较大改变，是否整体特征气体含量均发生一定增长等。对于磁路故障，可采取变压器空载运行方式检测油色谱数据的变化，必要时停电进行相关电气诊断试验。

（4）对于单一油中溶解气体 H_2 含量异常时，应了解以下情况：①近期器身绝缘件是否暴露于空气（撤油、吊罩或钻桶）中；②器身内部绝缘件或导体的更换工作导致受潮、油静置时间不够，器身绕组绝缘表面或油中仍存在微小气泡悬浮等；③本体及电缆仓内部不锈钢构件采购渠道，同批次变压器是否也存在油中溶解气体 H_2 含量异常；④变压器油-油干式套管内部是否将积聚气体排出等。

（5）对于单一油中溶解气体 C_2H_2 含量异常时，应了解以下情况：①近期是否开展本体注油或撤油、带油补焊、箱体开孔/盖等易导致异物掉落器身等工作；②有载储油柜油位

是否发生变化（与本体储油柜油位一致，当本体和有载储油柜调整不同油位后，观察过一段时间是否又高度一致）；③切换开关油室是否存在内渗漏；④有载分接开关位置是否存在中间位置变换（极性开关变换）情况；⑤极性开关是否配置限位电阻。

3. 变压器本体及电缆终端油室油中溶解气体含量异常的诊断工作

（1）增加变压器及电缆终端油室取样油质化验分析，尤其是单一油中溶解气体 H_2 含量异常时，对于单一油中溶解气体 CO_2 含量异常时，增加变压器油糠醛含量检测，判断糠醛是否增大或超注意值。

（2）具备油色谱在线检测装置时，应调整装置的最小检测周期（最短可调整至每 4h 一次），持续观察油中各溶解气体含量的变化。

（3）当变压器本体及电缆终端油室油中溶解气体含量异常时，可借助表 2-20 推荐的试验项目判断故障部位。

表 2-20　　　　　　　　　判断故障时推荐的其他试验项目

变压器试验项目	油中溶解气体分析结果	
	过热性故障	放电性故障
绕组直流电阻	√	√
铁芯绝缘电阻和接地电流	√	√
空载损耗和空载电流测量或长时间空载	√	√
改变负载（或用短路法）试验	√	
油泵及水冷器检查试验	√	
有载分接开关油箱渗漏检查		√
绝缘特性（绝缘电阻、吸收比、极化指数、介质损耗因数、泄漏电流）		√
绝缘油的击穿电压、介质损耗因数、含水量		√
局部放电（可在变压器停运或运行中测量）		√
绝缘油中糠醛含量	√	
工频耐压		√
油箱表面温度分布和套管端部接头温度	√	

4. 变压器本体及电缆终端油室油中溶解气体含量异常致因的研判和处置

（1）油中溶解 H_2 含量异常的致因研判和处置。

变压器内部无论什么故障（过热类故障、放电类故障），即使受潮都会产生特征气体 H_2，并与其他特征气体溶解于变压器油中，其常见致因如图 2-4 所示。

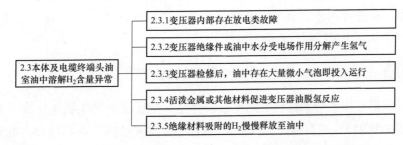

图 2-4　本体及电缆终端油室油中溶解 H_2 含量异常常见致因

致因 2.3.1　变压器内部存在放电类故障

特征信息： ①油中溶解 H_2 和 C_2H_2 等特征气体增长趋势明显，且同时伴随总烃等特征气体的增长；②三比值法和产气速率分析均判断为放电类故障；③高频局部放电等状态检测显示内部存在放电类信号。

处置方法： 立即停电开展变压器相关诊断试验，未查明原因并处理前禁止将变压器投入运行。

致因 2.3.2　变压器绝缘件或油中水分受电场作用分解产生氢气

解析： 变压器运行时，油中含水量与绝缘材料中的含水量存在平衡关系，当运行温度升高时，绝缘材料含水量降低，而油中含水量升高。水在电场作用下会分解产生 H_2 和 O_2。因为水呈强极性，在电场作用下水分子发生极化而形成偶电极，并按电场方向转动形成泄漏电流较大的水桥，进而引起水分子气化而生成气泡。在电场作用下，气泡又形成气泡小桥，气泡的介电常数小于油的介电常数，此时气泡承受的电磁强度更高，引起电晕放电，致使气体水分子首先被电离生成 H_2 和 O_2。为此，应将变压器绝缘材料或变压器油含水量均控制在合理范围。

特征信息： ①与站内其他变压器同部位油样相比，其油中含水量明显较大；②仅油中溶解 H_2 呈明显增长趋势，而其他特征气体无增长趋势。

处置方法： 变压器停电，通过真空热油循环滤除器身及油中水分，具体可参考【致因 2.1.3】所述。

致因 2.3.3　检修变压器后，油中存在大量微小气泡即投入运行

解析： 油中悬浮气泡会引发局部悬浮电位放电，进而导致油中 H_2 含量增高，通常发生在变压器涉及油系统检修工作投运后取油样分析期间。

特征信息： ①变压器注油未采取真空注油方式，静置时间不满足工艺要求，且未充分排气即将变压器投入运行；②油中溶解气体仅 H_2 呈明显增长趋势，经一定时间 H_2 含量趋于稳定。

处置方法： 考虑过多气泡放电破坏变压器绝缘性能，宜将变压器停电，开展静置排气工作，应了解变压器注油经过后再确定其静置时间。为避免此类问题的发生，对于 110kV 及以上变压器，在进行本体抽真空的条件下，采用真空滤油机注油并满足工艺静置时间，以确保绕组绝缘及油中无残留气泡附着。

致因 2.3.4　活泼金属或其他材料促进变压器油脱氢反应

解析： 变压器壳体不锈钢材料中的镍分子会促进变压器油发生脱氢反应，不锈钢也可能在加工过程中吸附 H_2 或焊接时产生 H_2（运行中多发现散热片内部焊接、电缆仓焊接等未采取消氢工艺导致 H_2 析出案例）；油中含水与裸露的铁元素发生反应产生 H_2，同时伴随

油中含水量减少；另外，设备中某些油漆（醇酸树脂）在某些不锈钢的催化下，可能生成大量的 H_2。

特征信息： ①变压器运行年限较短，油中溶解气体仅 H_2 呈明显增长趋势，且增长趋势时间跨度达几年；②同厂家同批次的变压器均存在该现象，且均可追溯某批采购原材料存在问题。

处置方法： 因结构件焊接、油漆等材料原因导致 H_2 含量增长并不会影响变压器安全稳定运行，但会影响到变压器内部故障的分析判断，为此，应尽可能地查找原因并处理，积极联系厂家了解选材情况。

针对此类问题应采取的措施主要有：①变压器选用的不锈钢结构件应避免含有镍分子等可导致油发生脱氢反应；②应对变压器内部的焊接件进行消氢酸洗工艺，避免焊接加工过程中吸附 H_2 而释放到油中；③变压器内部裸露的金属表面必须覆盖绝缘漆，以防止与变压器油中水分反应或作为催化剂加速变压器油的氧化裂解，金属材料的所有表面绝缘漆必须彻底固化后才能注油。

致因2.3.5 绝缘材料吸附的 H_2 慢慢释放至油中

解析： 变压器在干燥、高电压试验等热和电的作用下，绝缘材料分解产生 H_2 和烃类气体，这些气体吸附于多孔性而且较厚的固体绝缘纤维材料中，短期内难以释放到油中，出厂时油和纸中气体未达到溶解平衡，氢气含量偏低，经过一段时间后，变压器绝缘材料中吸附的气体释放出来，尤其是油中溶解 H_2 含量明显增加。另外，变压器内部发生故障后，长时间未进行油的过滤处理，绝缘材料吸附特征气体成分，待再次更换新油后，绝缘材料中的特征气体也会慢慢析出。另外，一些金属材料如碳素钢和不锈钢等也可能吸附一定量的 H_2，这些 H_2 经过一段时间后又慢慢扩散到变压器油中，也造成了油中 H_2 含量的增加。

特征信息： ①变压器运行年限较短，油中溶解气体仅 H_2 呈明显增长趋势，经一定时间 H_2 含量趋于稳定；②同厂家同批次的变压器均存在该现象，且均可追溯某批采购原材料存在问题。

处置方法： 绝缘材料吸附的 H_2 慢慢释放至油中不属于变压器故障，此类油色谱异常不建议进行真空热油循环处理，这是因为，真空热油循环对绝缘件吸附的特征气体处理不彻底时，在变压器投运一段时间后，绝缘中吸附的特征气体又释放到变压器油中重新达到平衡状态，在此期间会影响对变压器真正故障的误判。

（2）油中溶解 C_2H_2 含量异常的致因研判和处置

油中溶解气体 C_2H_2 一般出现在高温过热故障（高于700℃以上）、油中火花放电和电弧放电故障中，对于高温过热故障，它是局部温度达到800℃以上时产生的，而且温度降低时迅速被抑制，其常见致因如图 2-5 所示。

致因2.4.1 变压器内部存在局部高温过热性故障

解析： 变压器高温过热故障的主要特征气体是 C_2H_4、C_2H_6 和 H_2，其次是 CH_4，当热点温度高于 800℃ 时会产生少量 C_2H_2，但乙炔含量一般不超过总烃的 2%。

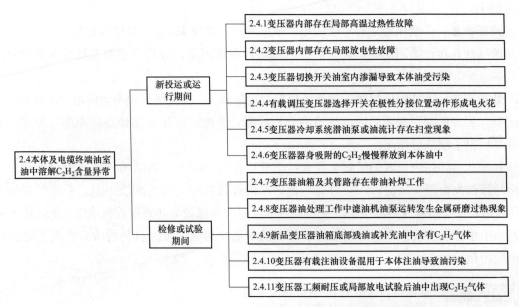

图 2-5　本体及电缆终端油室油中溶解气体 C_2H_2 含量异常常见致因

变压器过热故障主要分为电路过热故障和磁路过热故障。电路中故障点的热性故障特征气体的增量与负载率成正比，变压器负载率增大时，其故障特征气体明显增加。而磁路过热故障特征气体增量与负载率没有关系，即使在空载运行情况下，只要有励磁，其故障特征组分增量依然增加。对于电路过热故障，应借助 CO 和 CO2 特征气体含量的变化趋势，变压器直阻数值的变化趋势；而对于磁路故障，应借助测量铁芯及夹件接地电流，铁芯及夹件对地绝缘试验等。根据以上带电检测及停电试验等手段确定高温过热部位，必要时安排变压器撤油、钻桶检查。

特征信息： ①油中溶解 C_2H_4 增长趋势较快，总烃含量接近或超注意值，可伴随产生微量 C_2H_2；②三比值法判断均为高温过热故障。

处置方法： 缩短变压器本体取油样离线油色谱化验周期，变压器配置油色谱在线监测装置时，应根据特征气体产气速率调整其最小检测周期，持续观察油中各溶解气体含量的变化趋势（尤其关注是否涉及 CO 含量的变化），产气率较高时，宜尽快将变压器停电检查并处理，避免因高温过热故障（潜伏性故障）使绝缘劣化发展为放电类故障。

致因 2.4.2　变压器内部存在局部放电性故障

解析： 变压器内部放电类故障主要指低能量放电（火花放电）和高能量放电（电弧放电），C_2H_2 是火花放电和电弧放电的主要特征气体之一。油中火花放电为低能量放电，会导致 C_2H_2 和 H_2 含量突出，总烃含量较高，由于缓慢持续放电，故 C_2H_2 占总烃含量比例相对较高，即三比值法中 $C_2H_2/C_2H_4 \geqslant 3$；而电弧放电为高能量放电，可以瞬间将变压器摧毁，巨大的能量使变压器故障点周围的油大量裂解，除产生 C_2H_2 和 H_2 外，同时大量的热能释放也将导致热故障特征气体 C_2H_4、C_2H_6 和 CH_4 的大量产生，此时由于总烃含量很高，导致 C_2H_2 占总烃含量的比例反而下降，即三比值法中 $1 \leqslant C_2H_2/C_2H_4 < 3$。

特征信息： ①监控系统发出本体重瓦斯保护动作跳闸信号、可能伴随差动保护动作跳闸信号；②油中溶解气体中 C_2H_2、H_2 及总烃含量均接近或超过注意值，CO 含量呈增长趋势，三比值法判断均为放电类故障。

处置方法： 变压器带电运行时，可开展高频局放等状态检测工作辅助判断，变压器停电后开展变压器绕组绝缘、直流电阻和绕组变形等诊断试验，综合判断变压器内部故障无法使用时，拆除故障变压器并更换为备品变压器。

致因 2.4.3　变压器切换开关油室内渗漏导致本体油受污染

解析： 正常情况下，变压器切换开关油室与本体油箱是相互独立的，当切换开关油室发生内渗时，开关油室的油将会向变压器主油箱渗漏并污染本体油。油浸式有载分接开关切换时产生的特征气体与低能量放电情况相似，通常使用特征气体 C_2H_2/H_2 比值来初步判断，当 C_2H_2/H_2 比值 >2（增量比值）时可认为是开关室内渗污染造成的（由于此比值决定于开关的切换次数和污染方式，故 C_2H_2/H_2 比值不一定大于 2），另外，也可通过比较主油箱与切换开关油室的油中溶解气体含量来确定。

特征信息： ①本体油中溶解气体出现少量 C_2H_2 特征气体，远小于 H_2 含量，其他各特征气体增长较为缓慢；②变压器停电，将切换开关室油撤出，本体加气压试漏时发现切换开关室内侧有渗漏油现象。

处置方法： 对切换开关油室内渗部位具体处置方法可参考【致因 1.5.8】所述。

致因 2.4.4　有载调压变压器选择开关在极性分接位置动作形成电火花

解析： 变压器有载分接开关的极性选择开关 K 触头从连接 K＋或 K－位置脱离并使 K＋或 K－触头悬浮，此时选择开关在极性分接位置动作形成电火花。

特征信息： ①本体油色谱三比值法判断均为悬浮火花放电故障；②根据油色谱乙炔产生记录分析，查询历史变压器分接位置，存在中间分接位置变换的情况，有载分接开关的极性开关未安装束缚电阻；③变压器分接位置长期位于中间分接位置时，本体油色谱乙炔含量存呈增长趋势。

处置方法： 尽量避免该站变压器分接头位置在中间分接位置附近调整，具备条件时应对有载分接开关的极性开关加装束缚电阻，同时应检查极性开关 K 触头与 K＋触头或 K－触头之间是否存在放电痕迹，是否存在对周围绕组绝缘的影响。

致因 2.4.5　变压器冷却系统潜油泵或油流计存在扫堂现象

特征信息： ①本体油中溶解特征气体出现 C_2H_2、烃类等特征气体，CO 含量未有变化，三比值法判断均为低能放电故障；②上一次正常油色谱检测至本次油色谱检测期间，更换过潜油泵或油流计，或运行油泵或油流计存在扫膛、噪声过大现象。

处置方法：及时更换异常油泵或油流计，同时开展油中金属颗粒检测、油介质损耗因数和油击穿电压的油质检测工作，避免油中存在金属碎屑。

致因 2.4.6 变压器器身吸附的 C_2H_2 慢慢释放到本体油中

解析：变压器器身吸附的气体主要指新品变压器或者故障后变压器油的再处理，往往器身绝缘吸附的特征气体未彻底脱除，当变压器运行时即慢慢解析到本体油中。

特征信息：①变压器为新品安装变压器，或者在运变压器发生高温过热故障或放电类故障，大修处理完开展油净化处理未彻底；②变压器注油一定时间，油中溶解气体含有乙炔等特征气体，变压器运行一段时间，油中溶解气体含量趋于稳定。

处置方法：通过真空热油循环工艺脱气处理。对于新品变压器以及故障大修后的变压器，均应确保油中溶解气体不含 C_2H_2，这主要是避免后续变压器油中溶解 C_2H_2 气体的可靠检测。

致因 2.4.7 变压器油箱及其管路存在带油补焊工作

特征信息：变压器油箱及其管路带油补焊工作 24h 时或一周后，本体油中溶解气体 C_2H_2 呈增长趋势，经一定时间未发现 C_2H_2 存在增长趋势。

处置方法：变压器停电，通过真空热油循环工艺脱气处理。

致因 2.4.8 变压器油处理工作中滤油机油泵运转发生金属研磨过热现象

特征信息：①开展变压器油处理工作前，对本体油箱残油和本体补充油进行油中溶解气体分析均无 C_2H_2；②变压器油处理工作后，发现油中出现 C_2H_2。

处置方法：暂时停止使用该滤油机，对已污染的本体油，通过真空热油循环工艺将 C_2H_2 气体滤除，同时检查分析滤油机设备的油泵等部件，未查明原因并处理前禁止再使用该滤油机。

致因 2.4.9 新品变压器油箱底部残油或补充油中含有 C_2H_2 气体

特征信息：①在对新品变压器本体补油前，未对桶装补充油或本体油箱内的残油进行油中溶解气体分析，仅对罐装变压器油进行溶解气体分析；②变压器本体注油完成 24h 后发现油中溶解气体含有 C_2H_2。

处置方法：对已污染的本体油，通过真空热油循环工艺将 C_2H_2 气体滤除。为避免此类问题，在使用新品变压器油前，应重点做好本体油箱内部残油、各油罐储存油以及后续桶装补充油的油色谱及油质化验分析。

致因 2.4.10 变压器有载注油设备混用于本体注油导致油污染

特征信息：①上一次正常油色谱至本次油色谱期间，进行过本体补油等油路检修工作；②经了解注油过程，存在有载注油设备混用于本体注油的现象。

处置方法：对已污染的本体油，通过真空热油循环工艺将 C_2H_2 气体滤除。为避免此类问题，应专项管理、使用有载注油设备及其管路，禁止混用于本体注油。

致因 2.4.11 变压器工频耐压或局部放电试验后油中出现 C_2H_2 气体

特征信息：①变压器耐压试验或局放试验前，本体油中溶解气体无 C_2H_2；②变压器耐压试验或局放试验 24h 后，油中溶解气体存在 C_2H_2 等特征气体。

处置方法：与变压器厂家进行结构分析并查找 C_2H_2 等特征气体产生原因，未查明原因并处理前，禁止将变压器投入运行。

（3）油中溶解 CO 和 CO_2 含量异常的致因研判和处置。油中溶解气体 CO 和 CO_2 是用于辅助判断故障是否涉及固体绝缘的特征气体组分。

变压器固体绝缘的正常老化过程会产生一定量的 CO 和 CO_2，由于 CO_2 较易溶解于油中，而 CO 在油中的溶解度较小，易逸散。变压器自投运后，CO 开始增加速度较快，而后逐渐减缓，随着变压器运行时间增加，CO 含量虽有波动，总的趋势是增加的，但正常情况下不应发生陡增，而当变压器内部发生过热和放电类故障且涉及固体绝缘时，特征气体 CO 将发生陡增。

油纸绝缘包括绝缘纸、绝缘纸板等，它们的主要成分是纤维素，纤维素热裂解的气体成分主要是 CO 和 CO_2，且 CO 的产生量一般比 CO_2 明显，其热裂解的有效温度高于 105℃，完全裂解和碳化温度高于 300℃。变压器内部故障涉及固体绝缘时，纤维素逐渐碳化并使过热部位油温升高，才使油中溶解 CH_4、C_2H_6 和 C_2H_4 等气体含量增加，其常见致因如图 2-6 所示。

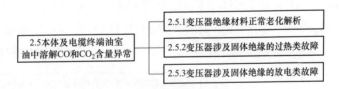

图 2-6　本体及电缆终端油室油中溶解气体 CO 和 CO_2 含量异常常见致因

致因 2.5.1 变压器绝缘材料正常老化解析

解析：当特征气体 CO 增长趋势发生突变时，且其他特征气体含量也发生明显变化时可判断故障涉及固体绝缘。同时，我们也可以关注油中溶解气体 CO_2/CO 比值变化趋势，当 CO_2/CO 比值短期发生突变减小时（或 $CO_2/CO<3$）可判断故障涉及固体绝缘。特征气体 CO_2/CO 比值一般是随着运行年限的增大而增大，当 CO_2/CO 比值未发生突变时（或 $CO_2/CO>7$），可判断固体绝缘材料老化所致。

特征信息：①油中溶解特征气体 H_2、C_2H_2、C_2H_4 等烃类气体基本无增长趋势；②油中溶解特征气体 CO 和 CO_2 缓慢增长但未发生陡增；③油中糠醛检测与上一次检测有增加趋势。

处置方法： 做好变压器油温和负荷的控制措施以及变压器中低压出口绝缘化措施，同时缩短开展油中溶解气体和糠醛检测工作的周期，当出现过热性或放电性故障特征气体时，及时采取更换变压器措施。

致因 2.5.2 变压器涉及固体绝缘的过热类故障

特征信息： ①根据油中溶解气体特征气体含量、三比值法等判断，存在过热类故障；②油中溶解 CO 气体增加较为明显，与历史 CO_2/CO 比值变化趋势相比，CO_2/CO 比值突变减小，趋于 $CO_2/CO<3$。

处置方法： 具体可参考【致因 2.4.1】所述。

致因 2.5.3 变压器涉及固体绝缘的放电类故障

特征信息： ①根据油中溶解气体特征气体含量、三比值法等判断，存在放电类故障；②油中溶解 CO 气体增加较为明显，与历史 CO_2/CO 比值变化趋势相比，存在 CO_2/CO 比值突变减小，趋于 $CO_2/CO<3$；③监控系统可能伴随发出本体重瓦斯跳闸信号或本体差动保护动作跳闸信号。

处置方法： 具体可参考【致因 2.4.2】所述。

（4）油中溶解总烃含量异常的致因研判和处置。变压器油中溶解总烃指甲烷（CH_4）、乙烷（C_2H_6）、乙烯（C_2H_4）、乙炔（C_2H_2）四类烃类特征气体含量的总和。

变压器油中溶解烃类气体的不饱和度随裂解温度的增加而增加，随着裂解温度的升高，裂解产物出现的次序是：烷烃→烯烃→炔烃→焦炭。可见，当变压器局部油温较低（低于 300℃）时，烃类特征气体组分中 CH_4、C_2H_6 含量较多，C_2H_4 较 C_2H_6 少甚至没有；随着局部油温增高，C_2H_4 含量增加明显，当局部油温高于 800℃ 时，逐渐出现 C_2H_2。可见，烃类气体是变压器过热类故障和放电类故障的特征组分，其常见致因如图 2-7 所示。

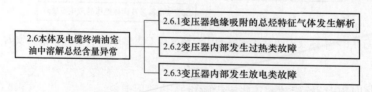

图 2-7　本体及电缆终端油室油中溶解气体总烃含量异常常见致因

四、切换开关油室油中溶解 C_2H_2 含量异常的研判和处置

与油浸灭弧型切换开关相比，油浸真空灭弧型切换开关最大的不同是触头装设在真空管内实现熄弧，电弧和炽热气体不外露，油室内的油不会碳化和污染，正常运行时，对油浸式真空灭弧切换开关油室内油中溶解气体进行检测时，油中 C_2H_2 含量不会出现突变现象，故开关油室油中溶解气体分析仅针对油浸真空灭弧型切换开关，其油色谱分析检测周期与变压器本体一致，C_2H_2 含量注意值为 $40\mu L/L$，若 C_2H_2 含量超过注意值，应缩短检测周期，增长量不宜大于 $10\mu L/L$，若 C_2H_2 含量超过以上数值，应与制造厂联系并进一步

分析处理。

1. 油浸真空灭弧型切换开关油室溶解 C_2H_2 含量异常的影响

对油浸真空灭弧型切换开关来说，当切换开关主触头不是真空管结构，级间过电压设计为放电间隙（非氧化锌避雷器）时，在切换开关切换操作或级阀过电压时，油中放电会出现 C_2H_2 气体，浸没在油中的过渡电阻温升在 350k 以下，故不会出现 C_2H_2 气体。

正常运行时，油浸式真空灭弧切换开关油室内油中 C_2H_2 含量不会出现突变现象，而当真空管泄漏导致真空度下降，其灭弧性能下降将导致拉弧对开关油室的油产生污染，初期在每次拉弧时将产生一定量的气体，当气体积聚在有载气体继电器中达到一定量时，有载轻瓦斯动作报警，若真空管发生泄漏时，由于触头间隙较小极易导致触头无法灭弧而发生开关爆炸，进而导致有载气体继电器动作跳闸，变压器停运。

当发现油浸真空开关油室溶解气体 C_2H_2 含量突变时，应立即将变压器停电转检修进行吊检，检查开关本体、机械转换触头及真空管等部件外观颜色是否变化、是否存在色斑、是否存在燃弧等放电痕迹，并检测真空管真空度是否合格，在未查明原因并处理前，禁止将变压器投入运行。

2. 油浸真空灭弧型切换开关油室溶解 C_2H_2 含量异常的信息收集

（1）检查油浸真空切换开关触头结构，核实主触头是否装设在真空管内，上一次正常值至本次油色谱化验异常值期间是否存在切换开关短时间内（1min 以内）频繁动作调压。

（2）梳理历次油浸真空切换开关油室溶解气体含量的检测值，同时查看每次取样化验时的有载调压次数变化量，计算乙炔气体含量的绝对值及增长率趋势发展。

（3）油浸真空开关油室溶解气体乙炔含量绝对值及增长率超注意值、有载轻瓦斯报警时应禁止有载调压操作，采取将变压器有载调压 AVC 功能压板停用，拉开有载调压电机电源空开等措施。

（4）梳理变压器是否承受过电压冲击故障，放电间隙是否存在放电痕迹。

3. 油浸真空灭弧型切换开关油室溶解 C_2H_2 含量异常的诊断工作

油浸真空灭弧开关油室乙炔含量异常突变时，应申请变压器停电，检测切换开关真空管真空度，检查切换开关各部件，重点关注级间氧化锌避雷器及放电间隙、机械转换触头、过渡电阻、弧形面板及各连接部位等是否存在放电烧灼痕迹。

4. 油浸真空灭弧型切换开关油室溶解 C_2H_2 含量异常的研判和处置

油浸真空灭弧型切换开关油室溶解气体 C_2H_2 含量异常常见致因如图 2-8 所示。

图 2-8　油浸真空切换开关油室油中溶解 C_2H_2 含量异常常见致因

致因 2.7.1 油浸真空灭弧型切换开关真空管真空度下降

特征信息： ①油浸真空灭弧型切换开关油室油中溶解 C_2H_2 存在突变增长趋势；②有载气体继电器内部有可见气体，监控系统可能伴随发出有载轻瓦斯报警信号。

处置方法： 暂停有载调压操作，尽快将变压器停电，对切换开关进行吊检诊断，检查切换开关各部件，重点关注级间氧化锌避雷器及放电间隙、机械转换触头、过渡电阻、弧形面板及各连接件等是否存在放电烧灼痕迹，检测切换开关真空管真空度是否合格，可参考如下检测方法。

（1）方法 1：测量切换开关真空管绝缘电阻，从而间接测量其真空度。真空管在断口开距为 3.5mm 时，用 500V 绝缘电阻表测其两端的阻值，应为无穷大。若阻值很小，允许用吹干管外表面方式进行干燥，处理后阻值仍小于 500MΩ 时，则为不合格。

（2）方法 2：采用交流耐压法对真空管进行检漏。当触头开距为额定开距时，在触头间施加制造厂规定的额定试验电压（20kV、10s），如果真空灭弧室内发生持续火花放电或闪络，则表明真空度已严重降低，否则表明真空度符合要求。

致因 2.7.2 油浸真空灭弧型切换开关主触头不是真空管灭弧结构

特征信息： ①油浸真空灭弧型切换开关主触头非真空管灭弧结构，在切换过程中存在触头拉弧过程；②油中溶解 C_2H_2 存在缓慢增长且与有载调压操作次数正相关。

处置方法： 属于正常现象，但如果 C_2H_2 突变增长或超注意值时，应引起注意，有载气体继电器内部应无积聚气体，否则应开展切换开关吊检工作。

第三节　油浸纸绝缘套管油中溶解气体异常的研判和处置

一、油浸纸绝缘套管油中溶解气体研判标准

油浸纸绝缘套管因内部油和纸的比率不同于变压器，故通过套管油中溶解气体分析判断套管内部故障类型的方法也有所差别。运行中套管内产生异常气体的主要原因是热和电故障。套管状态诊断的依据是，在正常老化和各种故障条件下，油和纸分解产生的气体类型、含量以及这些气体含量的比值。

1. 特征气体注意值及比值法

正常运行状态下，在导体损耗和电应力的作用下，即使温度不太高，油浸纸绝缘套管绝缘纸和油也会缓慢产生特征气体，主要涉及 H_2、CH_4、C_2H_6 和 C_2H_4，而纸纤维质材料分解产生的气体是 CO 和 CO_2。故障状态下上述气体的含量会较快的增长，而且会有 C_2H_2 产生，随着故障的发展，不饱和碳氢化合物 C_2H_4 和 C_2H_2 含量逐步增大，纤维质材料随着热故障的发展，CO 和 CO_2 含量逐步增大。若各种特征气体含量都不超过注意值，则表明套管不存在潜在故障，而在套管内部故障状态下会导致特征气体含量超注意值，如表 2-21

所示。

表 2-21　　　　　　　　　　　套管油中溶解气体含量注意值　　　　　　　　　　　$(\mu L/L)$

特征气体		含量注意值
氢气（H_2）		140
总烃	甲烷（CH_4）	40
	乙烯（C_2H_4）	30
	乙烷（C_2H_6）	70
	乙炔（C_2H_2）	2
一氧化碳（CO）		1000
二氧化碳（CO_2）		3400

若一种或多种特征气体含量超过注意值，可通过表 2-22 特征气体含量（增量）的比值进行故障类型判断，比值应为各特征气体异常含量与正常运行时含量的增量的比值，且应确保选用的特征气体比值中至少有一种特征气体含量超注意值。

表 2-22　　　　　　　　　　　　　特征气体含量（增量）的比值

特征气体比值	比值结果	故障类型判断
H_2/CH_4	>13	局部放电
C_2H_4/C_2H_6	>1	油中热故障
C_2H_2/C_2H_4	>1	高能放电或低能放电
CO_2/CO	>20 或 <1	纸中热故障
C_2H_2/H_2	>1	表明可能存在高能放电
$H_2/$总烃	>30	因材料原因产生氢气，而不是电气故障

2. 特征气体法

根据套管内部典型故障的油中溶解气体分析，套管内部不同故障时产生的特征气体增量均有所不同，这样即可根据特征气体含量的主次（占比）关系间接判断套管内部故障类型，如表 2-23 所示。

表 2-23　　　　　　　　　　套管典型故障油中溶解主要特征气体

特征故障	主要特征气体	典型故障示例
局部放电	H_2、CH_4	油浸渍不完全或高湿度引起的气穴放电
高能放电	C_2H_4、C_2H_2	不同电位间接触不良在油中产生的连续火花放电
低能放电	H_2、C_2H_2	由悬浮电位或暂态放电引起的间歇性火花放电
油中热故障	C_2H_4、C_2H_6	油中导体过热
纸中热故障	CO、CO_2	与纸接触的导体过热，以及介质损耗引起的过热

二、油浸纸绝缘套管油中溶解气体异常的研判和处置

1. 油浸纸绝缘套管油中溶解气体异常的影响

油浸纸绝缘套管油中溶解气体分析可早期检测套管内部用电气试验（如电容量、介损、

局部放电量测量）不易检测到的潜伏性故障，是一种先行故障有效判别方法。油浸纸绝缘套管油中溶解气体含量异常时，应采取缩短跟踪检测周期或更换合格套管等措施，若不加重视或未采取有效措施，套管绝缘隐藏缺陷逐步发展，直至出现套管绝缘热击穿、电容屏击穿放电或内压过大发生爆炸等事故。另外，油浸纸绝缘套管油中溶解气体超标严重时，当套管油在低温和负压状态下，套管油中溶解气体极易析出并形成气泡放电，严重时形成放电小桥，附着于芯体表面的则形成沿面放电，极易损伤套管绝缘寿命。

2. 油浸纸绝缘套管油中溶解气体异常的信息收集

（1）对油中溶解气体含量异常的套管进行复采油样化验，必要时应一同复测其他套管，避免套管采样与油瓶标示不一致。

（2）查看当日及历史异常套管试验记录，主要涉及套管主绝缘、电容及介损试验，套管末屏绝缘、电容及介损试验，查看套管历史红外测温图谱，比对分析同电压等级同类型相同厂家套管的温度差异。

（3）查看异常套管投运年限，是否为新安装或大修更换后首次开展套管采油样化验，查看历史异常套管油中溶解气体含量数值（含同电压等级其他相套管），期间是否涉及套管补油工作，对新安装或大修更换后的套管，应查看局放耐压试验24h后的套管油中溶解气体含量。

（4）查看异常套管生产厂家、型号、品号（或代号）及相关主要参数（额定电流、额定电压和爬电距离等），做好影像留存并查找或采购符合现场安装要求的备品套管。

3. 油浸纸绝缘套管油中溶解气体异常的诊断工作

（1）套管油中溶解气体异常时，增加异常套管的油质分析，主要涉及油中含水量、油击穿电压和油介损损耗，了解该异常套管交接油质化验数据的变化趋势。

（2）套管油中溶解气体异常时，增加套管主绝缘、电容及介损试验以及末屏绝缘、电容及介损试验。

4. 油浸纸绝缘套管油中溶解气体异常的致因研判和处置

油浸纸绝缘套管油中溶解气体含量异常常见致因如图2-9所示。

图 2-9　油浸纸绝缘套管油中溶解气体异常常见致因

致因 2.8.1　套管制造工艺或制造环境不良

解析： 套管制造工艺或制造环境不良产生的缺陷或问题可造成影响有两点：

（1）套管油中溶解气体含量异常并趋于稳定或者发展缓慢，电气试验各项指标均基本正常，并不会导致套管芯体发生故障。

这里常见的情况为：①纸绝缘芯体未完全浸渍变压器油，运行中逐步产生气泡；②套管弹簧压紧结构安装时，在紧固压紧时产生摩擦形成金属杂质，并形成悬浮放电；③套管内部金属零部件存在尖端或毛刺，末屏引线存在毛刺，形成尖端放电；④制造环境中含有 C_2H_2 等特征气体并逐步吸附到套管绝缘纸或油中；⑤电容零屏与中心导电管未可靠等电位；⑥在套管安装法兰焊接过程中，会吸附 H_2 等特征气体，运行中与油接触并释放到套管油中；⑦套管载流回路与其他邻近金属部件等电位接触不良，在过电压情况下宜发生间隙放电，套管油中出现痕量 C_2H_2 特征气体；⑧对于连接 SF_6 气体设备的套管，SF_6 气体泄漏进入套管会使 H_2 含量指示出现错误；⑨套管芯体干燥不彻底，含水量较高；⑩套管末屏根部焊接接触不良。

（2）在热和过应力作用下，套管绝缘不断劣化，油中溶解气体含量异常并逐步增加，随着运行时间的积累，最终导致套管绝缘、电容、介质损耗、局部放电量等不满足运行要求。

这里常见的情况为：①铝箔绝缘纸卷制电容芯体不良，存在微小气泡夹层；②电容末屏引出线焊接不牢固，末屏接地存在开路隐患；③电容屏结构设计不合理，铝箔与绝缘纸缠绕工艺不良，局部场强处理不当，耐受过电压水平较低。

特征信息：①套管新品交接阶段或第一个试验周期即出现套管油中溶解气体异常现象；②新品套管在局放耐压试验 24h 后或运行中承受过电压后，套管油中溶解气体分析可能存在痕量 C_2H_2；③套管运行一段时间，套管油中某一单组分气体（例如氢气 H_2 含量或总烃含量等）增长趋势较快或超注意值；④梳理厂家同批次套管发现套管油中溶解气体含量均一致，制造工艺及环境存在同源性。

处置方法：新品套管油中溶解气体含量超注意值时，应将其返厂更换，并对同批次套管进行排查。运行过程中套管油中溶解气体含量超注意值时，应评估是否立即将其更换，C_2H_2 气体含量小于 $2\mu L/L$ 时，若判断是否存在局部放电故障、热故障（油中热故障和纸中热故障），应缩短采样溶解气体分析周期，如果跟踪套管油中溶解气体含量仍有增长，未保持稳定时应立即安排套管更换。若无以上故障且特征气体含量且保持稳定时，则无须进一步采取措施。当 C_2H_2 气体含量大于 $2\mu L/L$ 时，可判断套管内部存在损伤性放电，应立即安排套管更换。

致因 2.8.2 套管绝缘材料老化

解析：套管绝缘材料老化时，应考虑运行中是否经受或多次经受急救性负载，套管绝缘的老化可能导致油中含水量有一定的增长，局部过热也是导致绝缘老化的影响因素。

特征信息：①变压器套管运行年限较长，套管油中 CO 和 CO_2 超注意值但增长缓慢，未出现陡增现象，其他过热或放电类故障特征气体没有增长趋势；②与出厂试验或交接试验相比，套管主绝缘的绝缘电阻呈下降趋势，介质损耗因数呈上升趋势。

处置方法：对套管油进行糠醛含量检测，以判断套管内绝缘老化程度。若套管主绝缘的绝缘电阻呈下降趋势、主绝缘的介质损耗因数呈上升趋势，具备备品套管时，应第一时间安排更换，避免绝缘劣化严重导致内部击穿放电故障的发生。

解析： 套管绝缘受潮或油中含水量超注意值，可能的原因有：①在制造阶段，由于生产作业环境不良，周围湿度较大，导致套管绝缘纸及套管油受潮；②对套管频繁采油形成负压，套管密封不良导致水分或潮气进入芯体内部；③套管取油堵密封垫老化失效，未可靠密封导致水分或潮气进入芯体内部；套管绝缘受潮或油中含水量超标会加速绝缘老化并下降，严重时会发生电容击穿放电、爆炸等故障；④套管补充油中含水量超标，导致套管油被污染。

特征信息： ①套管油中溶解 H_2 含量较高且与总烃相比占比较高；②套管油中含水量呈增长趋势或超注意值，油击穿电压呈下降趋势；③套管主绝缘介质损耗呈增大趋势，绝缘电阻呈下降趋势。

处置方法： 套管绝缘受潮或油中含水量超注意值严重威胁变压器及套管的安全运行，需立即查找备品套管进行更换，在未更换前，禁止将变压器投入运行。

第四节　变压器红外成像测温异常的研判和处置

一、变压器红外成像测温概述

红外成像测温检测技术主要用于变压器外部可直接观测的组部件上，例如：变压器箱体、散热器及其油管路，套管本体、末屏、接线端子及油位，套管电流互感器二次端子盒，风冷系统控制箱内部低压大电流回路及相关元器件等。由于红外辐射在固体或非导电材料中的穿透力极其微弱，所以一般不宜观察到器身内部的缺陷，另外其油流循环也扰乱了局部发热源的热场，故无法通过箱体温度来检测器身的局部过热性故障，只能通过油中溶解气体来判断。

二、变压器红外成像测温异常分析与研判依据

电力变压器红外检测发现的过热型缺陷主要包括电流型温度异常、电压型温度异常和非电气量温度异常。

1. 电流型温度异常

（1）导电回路接触电阻增大引起的发热。因变压器载流导电回路连接部位接触不良，导致导电回路接触电阻增大时，引起的损耗发热温度明显高于正常值，温度升高又反过来促使导体的接触电阻进一步增大，从而形成恶性循环，促使温度进一步升高，直至损毁，其发热功率遵循的规律为

$$P = K_f I^2 R$$

式中：P 为发热功率，W；K_f 为在交流电路中考虑集肤效应和邻近效应时使电阻增大的系数；I 为通过的负荷电流，A；R 为载流导体的直流电阻值，Ω。

由于发热功率是电流作用在导体电阻上产生的，称为电流致热型发热，常见典型异常有：长期暴露在大气中的变压器套管头部接线端子、线夹、导电板等连接部位接触电阻增大引起的发热。

（2）铁磁体或闭环导电构件在交变磁场环流下引起的发热。当铁磁体或闭环导电构件处于交变磁场中，附近的铁磁体会产生涡流和磁滞损耗而发热，闭环导电构件会感应出环流而发热。这种发热也属于电流致热型发热，常见典型异常有：

1）变压器箱体交变漏磁产生涡流损耗，从而引起过热。这类缺陷主要是设计不合理使得漏磁在螺栓或箱体上感应出涡流而引起过热，其热像图特征是漏磁通穿过而形成环流的区域为发热中心的热像图。

2）变压器 10～35kV 低电压大电流（额定电流大于 600A）套管安装法兰箱体处发热，主要原因是，未在套管安装法兰处箱体采取隔磁措施（使铁磁材料不形成闭环）或未采用非导磁性材料，当套管引出线流过大电流时，其法兰周边的箱体会形成涡流损耗而发热。

2. 电压型温度异常

（1）载流导体附近的绝缘材料介质损耗增大引起的发热。用作电气内部或载流导体附近的电气绝缘的电介质材料在交变电压作用下引起的能量损耗称为介质损耗，该值过大会使绝缘介质温度升高和老化，甚至会导致热击穿等现象，其发热功率遵循的规律为

$$P = U^2 \omega C \tan\delta$$

式中：U 为施加的交流电压，V；ω 为交变电压的角频率，rad/s；C 为介质的等值电容，F；$\tan\delta$ 为绝缘介质的损耗因数。

对于绝缘电介质，因介质损耗产生的发热功率与所施加的工作电压的平方成正比，而与负荷电流大小无关，称为电压致热型发热。引起介损温度升高的主要原因是绝缘受潮、油污染和绝缘劣化变质等。对电介质而言，随着温度升高，介质损耗增加，电导率迅速增大，加速了电气绝缘性能劣化而使耐电强度降低。而且，随着电导电流和介质损耗增大，还会进一步促使设备过热，直至发生热击穿现象。

由于变压器绝缘介质主要是变压器油、绝缘纸等，均在箱体或瓷套部件内，故红外检测的作用并不明显，而可通过红外测温的微小温差对套管的内部绝缘发热故障进行判别（一般超过 2K 则判断存在异常）。

（2）电压分布异常或泄漏电流增大引起的发热。变压器套管在正常运行状态下，有一定的电压分布和泄漏电流，当瓷套表面脏污或受潮时，其表面的泄漏电流 I_g 增大，并改变其分布电压 U_d，最终导致其表面温度分布异常，其发热功率遵循的规律为

$$P = U_d I_g$$

3. 非电气量型温度异常

（1）变压器本体及组部件因缺油形成温差界面。当变压器本体及组部件（储油柜或充油套管等）缺油时，其热像图上出现以油位为标志的上冷下热分界线，或各相同部件之间存在一定温差区别。

（2）变压器本体及冷却循环管路因油流不畅形成温差界面。当变压器油管路循环路径

不同或散热器布置位置不同时，可造成电缆终端油室温差存在一定偏差。当油管路或散热器阀门未开启时，可能造成局部油管路或某散热片温差存在一定偏差，其原因为油路循环受阻造成局部热量无法传递，造成局部过热现象。

三、变压器红外成像测温诊断方法及依据

1. 变压器红外成像测温诊断方法

（1）绝对温度判断法。适用于电流致热型发热缺陷，可根据变压器表面温度及温升限值要求，结合环境条件和负荷大小进行研判。

（2）相对温差判断法。适用于电流致热型发热缺陷，特别是小负荷电流致热型发热缺陷，可降低小负荷缺陷的漏判率，其相对温差 δ_t 计算公式为

$$\delta_t = \frac{\tau_1 - \tau_2}{\tau_1} \times 100\% = (T_1 - T_2)/(T_1 - T_0) \times 100\%$$

式中：τ_1 和 T_1 为发热点的温升和温度；τ_2 和 T_2 为正常相对应点的温升和温度；T_0 为环境温度参照体的温度。

（3）图像特征判断法和同类比较判断法。适用于电压致热型发热缺陷和非电气量型温度异常缺陷，根据历史正常状态图谱，异常状态热像图，各相套管、各散热器或各相电缆终端油室温差判断变压器是否正常。

2. 变压器红外成像测温异常判据

变压器红外成像测温异常判据如表 2-24 所示。

表 2-24   变压器红外成像测温异常判断依据

设备类别和部位		热像特征	故障特征	缺陷性质		
				一般	严重	危急
电气设备与金属部件的连接	接头和线夹	以线夹和接头为中心的热像，热点明显	接触不良	温差不超过15K，未达到严重缺陷的要求	热点温度>80℃或δ≥80%	热点温度>110℃或δ≥95%
金属部件与金属部件的连接					热点温度>90℃或δ≥80%	热点温度>130℃或δ≥95%
套管	柱头	以套管顶部柱头为最热的热像	柱头内部并线压接不良	温差不超过10K，未达到严重缺陷的要求	热点温度>55℃或δ≥80%	热点温度>80℃或δ≥95%
高压套管	整体	热像特征呈现以套管整体发热热像	介质损耗偏大	—	2K	—
		热像为对应部位呈现局部发热区故障	局部放电故障，油路或气路的堵塞	—	2K	—

设备类别和部位	热像特征	故障特征	缺陷性质		
			一般	严重	危急
充油套管	热像特征是以油面处为最高温度的热像，油面有一明显的水平分界线	缺油	—	—	—

四、变压器红外成像测温异常的研判和处置

1. 变压器红外成像测温异常的影响

变压器红外成像测温异常意味着变压器及其组部件表面局部存在过热源，当过热源与变压器油接触时可能导致油老化及裂解，油中溶解气体产生过热性特征气体；当过热源与法兰密封垫靠近时，长时间运行容易导致密封垫受热不均匀、局部老化失去弹性等，最终该处发生渗漏油；当过热源涉及接线端子导电回路时，容易导致接线端子表面烧损黏连，造成脱焊、黏连无法拆卸等后果，甚至周围的密封件遭受损伤；当过热源与变压器相同结构部位温度不一致时，可能是阀门位置开启不正确，油流循环不畅、油位缺失等原因导致。总之，变压器红外成像测温异常时，应及时开展研判及处置，避免长时间过热导致发热部位的进一步劣化，影响变压器的安全稳定运行。

2. 变压器红外成像测温异常的信息收集

（1）变压器红外成像测温时，应避免环境或变压器周围发热源的干扰，关闭干扰发热源或通过不同方位或角度进行检测，同时应考虑周围热源对被测物的反热效应，例如测量套管整体温差时，其散热器的布局影响套管表面的温差不一致，容易导致误判。

（2）变压器红外成像测温异常时，应借助绝对温度法、相对温差判断法、图像特征判断法和同类比较判断法综合判断，了解是电流致热型发热还是电压致热型发热，根据发热机理及部位采取相应检修策略。

（3）查阅上一次正常红外成像测温至本次测温期间开展的变压器检修工作，检修工作是否涉及载流导电回路部件的拆装等，并分析载流导电回路结构设计是否合理。

（4）变压器红外成像测温异常部位如涉及载流导电回路，应关注负荷、环境温度，缩短变压器红外成像测温检测周期。

3. 变压器红外成像测温异常的诊断工作

（1）若红外成像测温异常部位与变压器油接触，应增加油中溶解气体分析，铁芯接地电流检测等状态检测工作。

（2）若为电流致热型发热缺陷，应结合变压器停电工作，增加绕组直流电阻试验或连接处接触电阻试验等。

4. 变压器红外成像测温异常的致因研判和处置

变压器红外成像测温异常常见致因如图 2-10 所示。

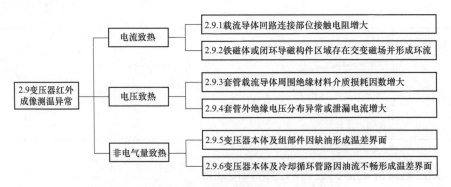

图 2-10 变压器红外成像测温异常常见致因

致因 2.9.1 载流导体回路连接部位接触电阻增大

解析： 变压器载流导体回路接触电阻增大引起的发热缺陷常见有：①架空套管头部接线端子处导电回路接触电阻增大；②油套管接线端子处导电回路接触电阻增大，电缆仓温差存在 3K 及以上；③冷却系统控制箱低压大电流二次回路及相关元器件连接的多股软铜线接线端子压接及紧固工艺不良，导致接触电阻增大；④套管电流互感器二次端子及其二次回路接触不良导致接触电阻过大（内部过热可能影响油色谱数据异常）。

载流导电回路接触电阻增大的影响因素主要涉及：①接触部位氧化；②接触部位紧固不良或结构设计不良；③接触部位不平整；④接触部位结构件选型不良，例如铜铝连接未使用专用铜铝过渡连接等；⑤未按照厂家安装工艺执行，导致接触不良；⑥接线端子或抱箍开裂。

特征信息： ①发热点位于变压器一次绕组载流导体回路或冷却系统控制箱低压大电流二次电缆载流回路；②发热部位载流负荷异常增大，伴随运行环境及发热时间累积的影响，发热部位逐步劣化，进而导致接触电阻增加，发热温度逐步升高；③变压器停电后，测量载流导体回路绕组直流电阻或连接部位的接触电阻，存在异常增大现象。

处置方法： 变压器停电，对发热部位的载流导体回路拆装检修，在处置前及处置后做好接触面的接触电阻或导电回路的直流电阻试验工作。

致因 2.9.2 铁磁体或闭环导磁构件区域存在交变磁场并形成环流

解析： 变压器铁磁体或闭环导磁构件区域存在交变磁场并形成环流而发热的缺陷常见有：①某电屏蔽或磁屏蔽一点接地不良或形成多点接地时，该电屏蔽或磁屏蔽因漏磁环流产生涡流损耗而发热；②上节油箱与下节油箱连接螺栓接触电阻大或载流截面较小；③变压器低压大电流套管安装法兰周围箱体（升高座）未采用隔磁措施，因漏磁在其周围形成环流而发热。

特征信息： ①发热点位于载流导体周围或漏磁场区域；②铁磁体或闭环导磁构件区域存在交变磁场并形成环流。

处置方法：

（1）针对磁屏蔽异常导致发热问题。当变压器油箱局部温度明显高于周围其他部位时，首先应怀疑是否因磁屏蔽导致发热，查询设计变压器油箱时，是否在此处安装磁屏蔽，若温度异常部位与磁屏蔽安装部位相符，变压器本体油中溶解气体分析存在特征气体含量异常现象，可判断该部位温度异常为磁屏蔽导致，需变压器停电撤油，通过钻桶或吊罩等方式检查磁屏蔽接地点是否可靠，防止磁屏蔽接地点出现悬空，或者多点接地的现象。

（2）针对上节油箱与下节油箱连接螺栓发热问题。导致这一问题的原因主要是由于漏磁环流从此处经过，可通过增加跨接铜排截面积及数量等方式，做好漏磁电流的分流或减小接触电阻的方式降低温度。

（3）针对低压大电流套管周围漏磁环流发热问题。在发热温度不高不致引起套管绝缘或密封垫老化损坏时，可保持原有结构，但若发热很高时，应停电并对其套管升高座进行改造，确保采取隔磁措施，避免形成漏磁环路电流。

致因 2.9.3 套管载流导体周围绝缘材料介质损耗因数增大

解析：套管载流导体周围绝缘材料介质损耗增大的主要原因为套管主绝缘芯体绝缘老化或受潮等。

特征信息：①同电压等级同负载率油浸纸绝缘套管红外成像温差达 2K 及以上；②异常发热套管介质损耗试验数据明显大于其他同电压等级套管。

处置方法：应对变压器立即停电诊断并更换套管，避免套管绝缘热故障进一步劣化，从而导致电容击穿甚至爆炸。

致因 2.9.4 套管外绝缘电压分布异常或泄漏电流增大

特征信息：①同电压等级同负载率油浸纸绝缘套管红外成像温差达 2K 及以上；②观测套管外绝缘（瓷质绝缘或硅橡胶绝缘），存在脏污或老化现象，通过紫外状态检测发现有爬电现象。

处置方法：不停电情况下，可使用绝缘冲洗剂对套管外绝缘清洗，然后通过红外测温检测是否仍存在温度异常，进行紫外状态检测，确定是否仍存在爬电现象，若存在以上情况，则应停电更换套管。

致因 2.9.5 变压器本体及组部件因缺油形成温差界面

解析：变压器本体及组部件因缺油形成温差界面的缺陷常见有：①本体储油柜严重缺油，实测本体油位显示本体储油柜无油（本体油位表损坏）；②充油套管因缺油形成明显上下分界面温差，且三相套管存在温差。

特征信息：①同厂家同型号同结构变压器，在同等负荷及环境影响下相互对比，变压器整体红外成像测温图谱存在明显差异；②温度异常区域管路阀门处于关闭状态，实测本体油位发现本体存在缺油现象（油位表损坏指示错误）。

处置方法：当红外成像测温显示储油柜缺油时，可通过实测油位进行核实，缺油时，应查找缺油原因并调整油位。

当红外成像测温显示油浸纸绝缘套管缺油时，应停电检查核实；确实缺油时，应核实缺油量；当估测芯体绝缘长期未浸油时，宜考虑更换套管，不宜补充套管油，这主要是防止套管长时间缺油导致芯体存在气泡或受潮，即使补充油后也会出现电容屏击穿等隐患。从另一方面考虑，套管缺油往往是出现了内渗漏或外渗漏，否则不会出现油位下降现象，综上考虑，针对此类问题，宜直接更换套管处理。

当红外成像测温显示变压器管路或散热器形成明显温差界面时，应首先检查阀门是否正常开启，当操作油路阀门时，应首先将本体重瓦斯跳闸压板退出运行后方可进行。例如：散热器上下侧阀门的开启步骤为：①将本体重瓦斯跳闸压板退出运行；②打开散热器顶部排气阀，开启散热器下部阀门，以确保散热器内部充满油，而不是空油状态，待排气阀（放气堵）排出油后，关闭排气阀；③打开散热器上部阀门，操作过程中应避免空气进入器身；④恢复本体重瓦斯跳闸压板。

致因 2.9.6 变压器本体及冷却循环管路因油流不畅形成温差界面

解析： 变压器本体及冷却循环管路因油流不畅形成温差界面的缺陷常见有：①变压器本体及冷却循环管路阀门处于关闭状态，从而导致油流循环不畅；②因油泵或气泵安装位置或开启数量不同，其冷却管路周围的温度存在较大差别；③因三相电缆终端油室布置位置与冷却循环路径存在一定的偏差，导致三相电缆终端油室存在一定温差。

特征信息： ①同厂家同型号同结构变压器，在同等负荷及环境影响下相互对比，变压器整体红外成像测温图谱基本一致；②当调整冷却油泵、气泵等工作模式后，其红外成像测温图谱又发生变化。

处置方法： 确定变压器本体及冷却循环管路阀门均为打开状态后，再考虑冷却循环管路路径的影响，此时因油流不畅形成明显温差界面属于正常现象，不需考虑处置，如温差较大时，应考虑管路内部是否存在堵塞现象。

第五节　变压器（特）高频局部放电检测异常的研判和处置

一、变压器（特）高频局部放电检测概述

变压器绝缘系统中，只有部分区域发生放电而没有贯穿施加电压的导体之间，即尚未击穿的现象称为局部放电。局部放电是由于局部电场畸变、局部场强集中，从而导致绝缘介质局部范围内的气体放电或击穿。它可能发生在导体边缘，也可能发生在绝缘体的表面或内部，当绝缘逐步劣化时将导致绝缘击穿，（特）高频局部放电检测可预防绝缘事故的发生，是鉴别内部是否存在局部放电的有效手段之一。

1. 高频局部放电检测

通过高频传感器检测局部放电所激发的高频信号（频率为 3～30MHz 范围内的电磁

波），实现局部放电检测和定位的方法，称为高频局部放电。对于变压器类设备，检测高频局部放电检测时，可以在铁芯接地线、夹件接地线和套管末屏接地线上安装高频局部放电传感器，一般在安装高频局部放电传感器的同一接地线上或检修电源箱处安装相位信息传感器，使用时应注意放置方向，保证电流入地方向与传感器标记方向一致。

2. 特高频局部放电检测

通过特高频传感器检测局部放电所激发的特高频信号（频率为 300～3000MHz 范围内的电磁波），实现局部放电检测和定位的方法，称为特高频局部放电检测。由于现场的电晕干扰主要集中在 300MHz 频段以下，因此特高频法能有效地避开现场的电晕等干扰，具有较高的灵敏度和抗干扰能力。特高频传感器采用内置式或外置式安装，内置式安装是通过改装放油阀或法兰盘将传感器置入变压器内部进行局部放电特高频信号检测。外置式安装是将传感器安装在变压器可泄漏电磁波的介质窗上（金属非连续部位）进行局部放电特高频信号检测。

二、变压器（特）高频局部放电检测信号特征分析

1. 高频局部放电检测图谱

首先根据相位图谱特征判断测量信号是否具备典型放电图谱特征（见表 2-25，如与背景或其他测试位置有明显不同，则进行以下分析和处理：

（1）同一类设备局部放电信号的横向对比。相似设备在相似环境下检测得到的局部放电信号，其测试幅值和测试谱图应相似，同一变电站内的同类设备也可以作类似横向比较。

（2）同一设备历史数据的纵向对比。通过在较长的时间内多次测量同一设备的局部放电信号，可以跟踪设备的绝缘状态劣化趋势，如果测量值有明显增大或出现典型局部放电谱图，可判断此测试点内存在异常状态下的典型放电图谱特征。

表 2-25 典型高频局部放电图谱特征

状态	测试结果	图谱特征	放电幅值	说明
正常	无典型放电图谱	没有放电特征	没有放电波形	按正常周期进行
异常	具有局部放电特征且放电幅值较小	放电相位图谱工频（或半工频）相位分布特性不明显	小于 500mV 大于 100mV，并参考放电频率	异常情况时，应缩短检测周期
缺陷	具有典型局部放电的检测图谱且放电幅值较大	放电相位图谱具有明显的工频（或半工频）相位特征	大于 500mV，并参考放电频率	应密切监视缺陷，观察其发展情况，必要时停电检修。通常频率越低，缺陷越严重

若检测到有局部放电特征的信号，当放电幅值较小时，判定为异常信号；当放电特征明显，且幅值较大时，判定为缺陷信号。高频局部放电检测典型图谱如表 2-26 所示。

2. 特高频局部放电检测图谱

特高频局部放电检测图谱主要有 PRPS 图谱和 PRPD 图谱两种模式。

高频局部放电检测典型图谱

表 2-26

放电 类型	图谱特征			缺陷分析
电晕放电	 相位谱图 每个脉冲时域波形	 分类图谱 单个脉冲频域波形		高电位处存在尖端,电晕放电一般出现在电压周期的负半周。若低电位处也有尖端,则负半周也出现的放电脉冲幅值较大,正半周幅值较小

94

放电类型	图谱特征	缺陷分析
内部放电		存在内部局部放电，一般出现在电压周期中的第一和第三象限，正负半周均有放电，放电脉冲较密且大多对称分布

相位谱图

分类图谱

每个脉冲中时域波形

单个脉冲频域波形

放电类型	图谱特征		缺陷分析

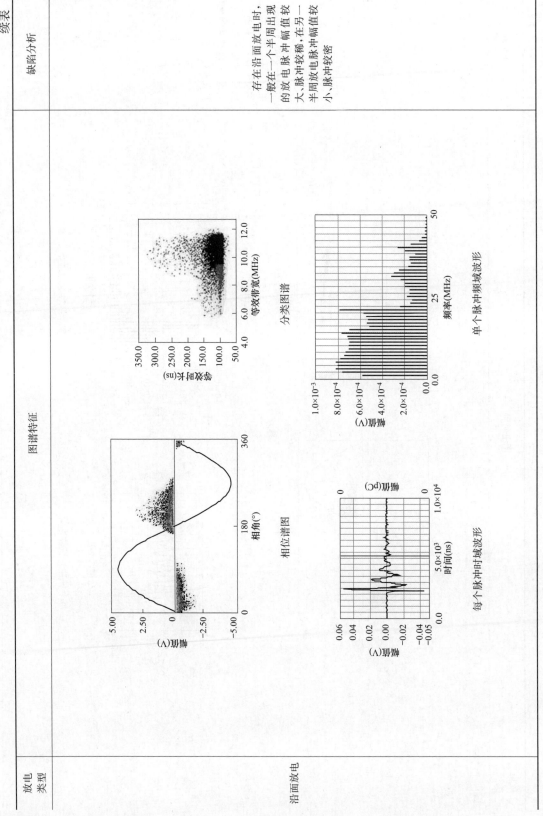

沿面放电

相位谱图

分类图谱

每个脉冲时域波形

单个脉冲频域波形

存在沿面放电时，一般在一个半周出现的放电脉冲幅值较大，脉冲较稀，在另一半周放电脉冲幅值较小，脉冲较密

（1）PRPS 图谱即脉冲序列相位分布图谱，如图 2-11（a）所示，是一种实时三维图，x 轴表示放电信号工频相位（0°～360°），y 轴表示放电信号周期数量，z 轴表示放电信号强度或幅值，它可展示多个工频周期放电脉冲的变化特性。

（2）PRPD 图谱即局部放电相位分布图谱，如图 2-11（b）所示，是一种平面点分布图，x 轴表示放电信号工频相位（0°～360°），y 轴表示放电信号幅值，点的累计颜色深度表示放电脉冲的密度，放电信息没有时间信息，属于一段时间内 PRPS 信息的叠加，主要用于细致分析放电脉冲的工频相关性。

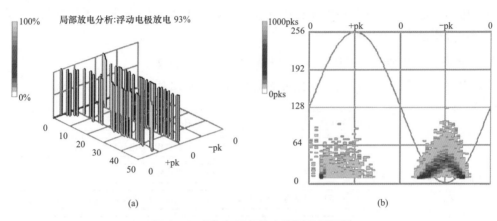

图 2-11　特高频局部放电检测常用图谱
（a）PRPS 图谱；（b）PRPD 图谱

根据特高频局部放电检测图谱进行特征分析，具体判据如下：

（1）具有以下所有特征的信号，可能为局部放电信号：①脉冲前沿较为陡峭；②周期性出现；③有明显的相位特征，一般情况出现在所加电压相位的第一与第三象限。

（2）具有以下任一特征的脉冲信号，可能为干扰信号：①偶然出现；②相位特征无规律；③与外置检测空间干扰的特高频传感器接收的信号同步出现，相位特征一致。

特高频传感器检测到的非干扰信号中，幅值大于背景信号 10dB 时应加强关注，根据特高频信号幅值和频次等检测特征信息的发展趋势，结合变压器局部放电超声检测和油中溶解气体分析等结果，对变压器局部放电情况进行综合评价，不宜只根据特高频信号强度判断局部放电严重程度。

三、变压器（特）高频局部放电检测的研判和处置

1. 变压器（特）高频局部放电检测异常的影响

变压器（特）高频局部放电检测异常意味着变压器本体油室、带末屏装置的电容套管或电缆终端油室内部存在局部放电类信号，可采取油中溶解气体分析综合判断，当判断内部存在局部放电时，应及时将变压器停电并处置，避免局部放电发展为内部击穿短路放电故障。

2. 变压器（特）高频局部放电检测异常的信息收集

（1）核实变压器投运年限，确定是否为新品设备，梳理变压器近期是否开展过器身吊

罩钻桶、套管更换、本体或电缆终端油室注油等容易导致导电异物进入的检修工作。

（2）关闭变压器周边干扰源（电灯、电热器等设备），分析变压器（特）高频局部放电检测图谱脉冲波形是否具有电压相位相关性，放电幅值是否过高，是否符合典型放电图谱。

（3）对站内变压器开展（特）高频局部放电检测（尤其是同厂家同批次同结构变压器），横向比较（特）高频局部放电检测图谱，排除干扰信号或电源接入对其检测结果的影响。

3. 变压器（特）高频局部放电检测异常的诊断工作

增加变压器本体油室或电缆终端油室油中溶解气体分析，开展变压器铁芯、夹件或套管末屏、电缆外绝缘接地的接地电流检测和变压器超声波带电检测等工作，与历史状态检测数据对比分析是否存在增长趋势。

4. 变压器（特）高频局部放电检测异常的致因研判和处置

变压器（特）高频局部放电检测异常常见致因如图 2-12 所示。

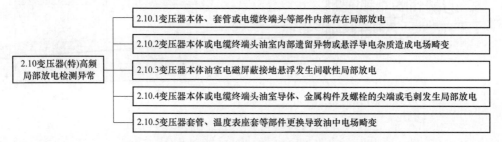

图 2-12　变压器（特）高频局部放电检测异常常见致因

致因 2.10.1 变压器本体、套管或电缆终端等部件内部存在局部放电

解析：套管的高频局部放电检测需通过其末屏接地引出线进行；本体油室高频局部放电检测一般通过铁芯或夹件的接地引下线进行，电缆终端油室一般通过电缆外绝缘接地引下线开展，特高频局部放电检测可通过传感器对各油室内部检测，运行经验表明，电缆终端因制造工艺不良或运行老化等原因导致内部局部放电时，（特）高频局部放电检测可有效识别。

特征信息：①变压器（特）高频局部放电检测存在明显异常放电信号，而站内其他同变压器同部位无异常放电信号；②变压器本体或套管油中溶解气体分析存在放电类故障特征气体，电缆终端油室油中溶解气体分析可能存在异常。

处置方法：当本体油室通过（特）高频局部放电检测发现放电类信号时，应观察本体油中溶解气体分析是否正常，如存在异常，应将变压器停运，未查明原因处置前，不应将变压器投入运行；当电缆终端油室通过（特）高频局部放电检测发现放电类信号时，应对电缆终端拆解并进行内部检查，梳理是否存在同厂家家族性制造工艺问题；对套管进行（特）高频局部放电检测，发现放电类信号时，应停电对套管进行试验和套管油中溶解气体分析，在工频耐压试验期间检测其是否存在高频局部放电信号，为可靠起见，应对该异常套管更换，然后开展套管解体分析工作。

致因 2.10.2 变压器本体或电缆终端油室内部遗留异物或悬浮导电杂质造成电场畸变

特征信息： ①变压器（特）高频局部放电检测存在明显异常放电信号，而站内其他同变压器同部位无异常放电信号；②在上一次（特）高频局部放电检测至本次检测异常期间，对该变压器开展过器身吊罩钻桶、套管更换、本体或电缆终端油室注油等检修工作，存在内部遗留异物或悬浮导电杂质隐患。

处置方法： 变压器停电后，对本体或电缆终端油室撤油并进行内部检查，变压器油通过板式压力滤油机进行滤油，查找内部遗留异物，清洁油中悬浮导电杂质，处置完成后，应进行工频耐压和局部放电试验。

致因 2.10.3 变压器本体油室电磁屏蔽接地悬浮发生间歇性局部放电

解析： 变压器本体油室电磁屏蔽接地悬浮发生间歇性局部放电的常见情况为：①磁屏蔽、电屏蔽、静电环、铁芯或夹件等未可靠一点接地，存在悬浮放电；②套管油中部分均压罩悬浮、分接开关及其他金属螺栓屏蔽帽掉落，存在尖端放电。

特征信息： ①变压器（特）高频局部放电检测存在明显异常放电信号，而站内其他同型号变压器相同部位无异常放电信号；②变压器本体油中溶解气体分析存在过热或放电类特征气体，空载运行时，油中溶解气体含量持续增加。

处置方法： 变压器停电后，对本体油室撤油并进行内部检查，未查明原因前，禁止将变压器投入运行。

致因 2.10.4 变压器本体或电缆终端油室导体、金属构件及螺栓的尖端或毛刺发生局部放电

特征信息： ①变压器新投运或运行年限较短，变压器本体或电缆终端油室油中溶解气体分析存在放电类故障特征气体，且伴随高频局部放电信号且呈增长趋势；②变压器本体内部构件或分接选择器连接处紧固螺栓未加装屏蔽帽，电缆终端连接导体未采用沉降螺母或未加装屏蔽罩等措施，连接导体端部存在尖端或毛刺。

处置方法： 变压器停电，进行工频耐压和局部放电试验，观察在电压升高的过程中是否放电，如放电，应对本体或电缆终端油室撤油进行内部检查处理，未查明原因前，禁止将变压器投入运行。

致因 2.10.5 变压器套管、温度表座套等部件更换导致油中电场畸变

特征信息： ①变压器（特）高频局部放电检测存在明显异常放电信号，而站内其他同型号变压器相同部位无异常放电信号；②在上一次检测至本次检测发现异常期间，曾对变压器进行套管或温度表座套等部件更换检修工作；③变压器本体油中溶解气体分析存在放电类故障特征气体。

处置方法： 检查已更换的套管或温度表座套等浸在油中的部件的规格尺寸是否与原部件一致，查看套管均压罩是否存在磕碰掉漆等现象，核实在更换完成后是否开展过工频耐

压试验或局部放电试验,如未进行过工频耐压试验或局放试验,则可以确定该局部放电信号为更换套管、温度表座套等部件所致。需将变压器停电并更换套管或温度表座套,确保油中部分尺寸不大于原有尺寸,避免该区域电场发生畸变导致局部放电的发生。

第六节　变压器铁芯接地电流异常的研判和处置

一、铁芯接地电流检测概述

变压器运行时铁芯应可靠一点接地,铁芯一点接地电容电流数值取决于绕组对地电容电流的大小。铁芯接地电容电流是各相电容电流的叠加,如果三相电压相位完全对称且各绕组间电容相等,三相叠加后的电容电流理论上应该为零,但变压器运行时三相电压相位不可能完全对称、各绕组间电容也不可能完全相等,加之漏磁通等原因,铁芯接地引下线中总会呈现出一定数值的接地电容电流。因单相变压器的接地电容电流不是三相叠加后的数值,因此,单相变压器的铁芯接地电容电流明显大于三相变压器。

铁芯两点或多点接地时,铁芯主磁通周围相当于有短路匝存在,其短路匝交链的磁通会在回路中产生感应电压并使匝内形成环流,数值取决于故障点与正常接地点的相对位置,即短路匝中穿过磁通的多少。具体特征为:铁芯接地电流检测值超过注意值,油中溶解气体分析为磁路过热类故障,铁芯绝缘电阻降低。

二、铁芯接地电流检测应符合的标准

变压器运行时,铁芯接地电流检测数值应符合以下要求:①单相变压器:≤300mA(注意值);②三相变压器:≤100mA(注意值);③与历史数值比较无较大变化。

三、变压器铁芯接地电流检测异常的研判和处置

1. 变压器铁芯接地电流检测异常的影响

变压器运行时,铁芯接地电流与历史测量数值相比变大,意味着铁芯可能多点接地,铁芯接地电流过大将造成铁芯局部过热、损耗增加、油中溶解过热性特征气体,严重时可造成铁芯局部烧损。铁芯接地电流数值为零,意味着铁芯处于悬浮状态,铁芯悬浮可导致铁芯出现断续火花放电,油裂解,铁芯接地电流时大时小,严重时变压器油析出气体并使本体轻瓦斯动作报警。

2. 变压器铁芯接地电流检测异常的信息收集

(1) 现场检查钳形表检测位置及检测方法是否正确,其铁芯引下线回路不应存在闭合回路,避免变压器箱体外部漏磁导致引线下存在环流;使用钳形电流表时,应去除周围漏磁产生的电流的影响,即减去未夹接地引下线时钳形电流表测量漏磁电流的数值。

(2) 观察铁芯接地电流数值变化规律,是否存在间歇性忽大忽小等现象,梳理变压器铁芯接地电流检测历史数据,铁芯绝缘电阻试验历史数值。

（3）在铁芯接地电流检测数值正常和此次异常期间，是否对变压器开展过注油、钻桶、开仓（打开法兰）等易导致异物进入器身的检修工作。

（4）查阅了解变压器器身结构，掌握可能存在的铁芯两点或多点故障点，增加变压器本体油中溶解气体分析，判断是否存在磁路过热性或间歇性放电特征气体。

3. 变压器铁芯接地电流检测异常的诊断工作

（1）变压器不停电，开展变压器本体及电缆终端油室油中溶解气体分析。

（2）变压器停电，开展铁芯及夹件绝缘电阻试验。

4. 变压器铁芯接地电流检测异常的致因研判和处置

变压器铁芯接地电流检测异常常见致因如图 2-13 所示。

图 2-13　变压器铁芯接地电流检测异常常见致因

致因 2.11.1　变压器各绕组电容值不相等或三相电压相位不对称

特征信息：①变压器绕组对铁芯及其他绕组间电容不完全相等，三相叠加后电容电流存在一定数值；②三相电压相位不完全对称，零序电压存在较大偏差量；③变压器铁芯接地电流有一定增长，但增长幅度较小，系统电压正常后恢复原始状态数据。

处置方法：变压器正常运行时铁芯是有接地电流的，变压器运行时，其铁芯接地电流较稳定，除了三相电压相位不一致时，例如直流偏磁、三相电压畸变、系统过电压或短路或断线故障等。此时应首先分析系统对变压器铁芯接地电流的影响，当系统电压恢复正常后，其铁芯接地电流即可恢复至原水平。

致因 2.11.2　变压器铁芯两点或多点接地

解析：导致变压器铁芯两点或多点接地的原因一般从两方面考虑。

（1）无外部异物掉落导致的铁芯多点接地并使接地电流增大，主要涉及：①变压器铁芯硅钢片翘曲变形触及夹件；②变压器铁芯下夹件与铁轭绝缘支撑件受潮绝缘降低；③油泵或油流计金属磨损颗粒积存油箱底部并形成导电小桥；④变压器铁芯内部接地引出线绝缘破损触及夹件。

（2）检修或安装等导致导电性异物掉落在铁芯处，从而导致铁芯多点接地并使接地电流增大。导电异物主要分可流动性和不流动性异物，往往位于铁芯上轭或铁芯下轭，导致铁芯上轭会与夹件导通，铁芯下轭会与箱体导通（与下夹件导通的概率较小）。当铁芯接地电流检测值间歇性变化，忽大忽小时，往往判断为可流动性导电异物，例如密封垫或轻质垫圈等；当铁芯接地电流检测值较稳定，往往判断为不流动性导电异物，例如螺丝、螺母、板子、改锥等。

特征信息：①变压器铁芯接地电流明显增大，且增大幅度较大（数值大小取决于两点接地位置），或接地电流在不同工况下的检测值忽大忽小；②变压器停电，对铁芯或夹件进行绝缘电阻试验，铁芯绝缘电阻降低。

处置方法：按照变压器铁芯绝缘电阻异常的致因进行研判分析，在未处理前，如铁芯接地电流大于 300mA 时，宜对其加装铁芯接地限流装置。

致因 2.11.3 变压器铁芯悬浮，失去一点接地

特征信息：①变压器铁芯接地电流明显减小，甚至接近于零；②变压器停电，对铁芯或夹件进行绝缘电阻试验，其绝缘电阻趋于无穷大，但铁芯对地放电时未发出放电声。

处置方法：对变压器进行本体油中溶解气体分析，当油中出现过热或放电类特征气体时，应考虑铁芯悬浮放电隐患，宜尽快安排变压器停电，开展铁芯接地引出线的检查及处置。

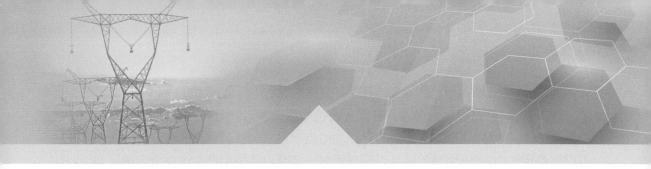

第三章

电力变压器试验异常的研判和处置

第一节　变压器绕组绝缘电阻及泄漏电流异常的研判和处置

一、变压器绕组绝缘电阻与泄漏电流试验概述

绝缘电阻试验的直流电流随着直流电压加压时间的增加逐步减小，稳定后的电流称为泄漏电流，电流逐步减小的过程称为吸收现象。试品绝缘状况越好，吸收现象越显著，泄漏电流很小而吸收电流相对较大，其吸收比（R_{60}/R_{15}，R_{60} 和 R_{15} 分别为加压持续时间为60s和15s的绝缘电阻值）和极化指数（R_{600}/R_{60}，R_{600} 为加压持续时间为600s的绝缘电阻值）大于1；绝缘受潮时，吸收现象不明显，泄漏电流的增加比吸收电流起始值增加的多得多，其吸收比和极化指数趋于1，电流在很短时间稳定至泄漏电流。

直流泄漏电流是在可调节直流电压 U 下进行的绝缘电阻试验，根据测量的稳定泄漏电流 I 和直流电压 U 绘制一组曲线，即 $I=f(U)$，实际上直流电压与稳定泄漏电流的比值即为绝缘电阻值。绝缘电阻由体积绝缘电阻和表面绝缘电阻组成，体积绝缘电阻跟绝缘体极间距离和电阻率成正比，与电极面积成反比（容量大的变压器电极面积大）。

通过绝缘电阻和泄漏电流试验，仅能发现变压器绕组两极贯穿性或分布性绝缘缺陷，而无法发现绕组局部性或集中性绝缘缺陷。某些局部性缺陷虽然发展得很严重，以致在耐压试验中被击穿，但耐压试验前的绝缘电阻和吸收比却很高，这是因为这些缺陷虽然很严重，但还没有贯穿两极的缘故。

二、变压器绕组绝缘电阻与泄漏电流分析

1. 绕组绝缘电阻、吸收比及极化指数分析

绝缘电阻受绝缘体的温度影响较大，应将绝缘电阻换算至同一温度下（一般换算至20℃）的值再进行比较，否则将判断错误，而吸收比和极化指数为不同时间下绝缘电阻的比值，故不需进行油温换算，不同温度下绝缘电阻的换算公式为

$$R_2 = R_1 \times 1.5^{(t_1-t_2)/10}$$

式中：R_1、R_2 分别为温度在 t_1、t_2 时的绝缘电阻值，MΩ。

可以看出，随着绕组绝缘温度的升高，绕组绝缘电阻降低，温度每下降 10℃，绝缘电阻升高 1.5 倍。严格意义上讲，该温度指绕组绝缘温度，但无法直接测量绕组绝缘温度，换算温度时，只能参考顶层油温，为保证绕组绝缘温度和顶层油温的一致性，在换算时应考虑的差异有：①变压器热油循环时间较短时，器身内部绕组绝缘温度低于顶层油温，此时容易出现靠近铁芯柱低压绕组绝缘电阻较高的现象；当热油循环较长时间并自然冷却后，器身内部靠近铁芯柱的绕组绝缘温度又高于顶层油温，此时容易出现低压绕组绝缘电阻较低的现象；②变压器顶层油温不宜高于 50℃，在此温度下变压器停运 1h，其绕组绝缘温度即与顶层油温相同，否则容易出现整体绕组绝缘电阻较低的现象；③新品或长时间未运行的变压器，其绕组绝缘温度与顶层油温趋于相同，绝缘电阻温度换算准确率更高。

确定绕组绝缘不良时，要综合绝缘电阻、吸收比和极化指数计算值进行判断，不能仅依据某一项数值就得出结论，有些含水量很少的绕组绝缘，其绕组吸收比或极化指数不合格，而绝缘电阻很高，此时，不能为了获得合格的吸收比或极化指数而让变压器受潮；有些变压器绕组吸收比和极化指数合格，但并不能据此判断绕组绝缘良好，经验表明，绝缘油劣化时（油介损呈升高趋势），其绝缘电阻下降较大，绝缘电阻值很低而吸收比和极化指数是合格的。

2. 绕组直流泄漏电流分析

直流泄漏电流与绝缘电阻具有反相关性，同样受温度影响较大，随着绝缘温度的升高，泄漏电流呈增大趋势。由于直流泄漏电流输出直流电压较高且可调节，故根据直流泄漏电流发现绝缘的缺陷比绝缘电阻试验更灵敏更有效。直流泄漏电流试验曲线在规定试验电压范围内，绝缘良好时近似为一条直线，绝缘异常时就变为一条曲线，电压升高时泄漏电流上升得很快则说明绝缘存在缺陷。

三、变压器绕组绝缘电阻或泄漏电流异常的研判和处置

1. 变压器绕组绝缘电阻或泄漏电流异常的含义

变压器绕组绝缘电阻或泄漏电流异常意味着绝缘存在整体受潮、老化、绕组引出线触碰壳体、内部绕组贯穿性短路、变压器油劣化或套管外绝缘受潮脏污等缺陷，泄漏电流试验还能有效发现瓷套裂纹缺陷。

2. 变压器绕组绝缘电阻或泄漏电流异常的信息收集

（1）检查变压器绕组布置方式、冷却循环方式（便于估算绕组温度趋于顶层油温的时间）、运行年限等参数、是否为变压器投运后首次开展此项试验。

（2）绝缘电阻试验时，是否排除试验仪器（试验前后绝缘电阻仪容量宜选取一致，容量大的测量偏差小）、试验接线（考虑电渗效应，L 端子和 E 端子不允许对调；端子接线不允许绞接或拖地）、环境温湿度（温度不低于 5℃，湿度不大于 80%）、环境电磁场干扰及表面污秽等因素的影响，排除以上影响因素后试验复测是否合格。

（3）直流泄漏电流试验时，是否排除因高压导线对地泄漏电流（采用粗而短无毛刺导线并增加导线对地距离）、表面泄漏电流（套管表面受潮或脏污）、环境温湿度、电源电压

非正弦波形、加压速度（逐级加压，每级加压数值为全部试验电压的 1/4～1/10，每级升压后停 30s 再进行第二次加压）、微安表接入位置、试验电压极性（根据电渗效应，变压器绝缘中的水分在电场作用下带正电，试验应采用负极性电压输出）的影响，排除以上影响因素后试验复测是否合格。

（4）绝缘电阻和直流泄漏电流试验前后是否对绕组充分放电（残余电荷影响），变压器油静置时间是否满足油中气泡排净（气泡影响）等。

（5）记录变压器停电后至本次试验的间隔时间（时间越久，顶层油温替代绕组温度的准确度越高），记录顶层油温并换算至油温 20℃时的绝缘电阻值，分析测温装置测温的准确性，如怀疑不准确时，可通过红外测温手段检测顶层油温，也可通过绕组直阻温度进行顶层油温推算。

（6）查阅变压器出厂、交接及历史绝缘电阻或泄漏电流数值并分析其发展趋势，梳理上一次变压器绝缘电阻或泄漏电流试验至本次试验期间开展的检修工作，重点关注器身是否长时间暴露于外部环境，是否进行过注油或油循环过滤等检修工作。

3. 变压器绕组绝缘电阻或泄漏电流异常的诊断工作

（1）当某绕组对其他绕组及地绝缘电阻较低时，可采取屏蔽法对异常绕组绝缘电阻进行分解试验（例如：高压对低压及地绝缘电阻较低时，可测量高压对低压绝缘电阻，外壳接屏蔽端子，高压对外壳绝缘电阻，低压接屏蔽端子）。

（2）当各绕组绝缘电阻均存在下降趋势时，应考虑铁芯及夹件绝缘电阻变化趋势，增加油质化验分析，重点关注油介损、油中含水量、油击穿电压等参数的变化趋势。

（3）变压器油中含水量呈增长趋势或怀疑器身内部受潮时，应开展本体加压试漏查找易形成负压区的部位是否存在渗漏油，拆解密封处是否存在进水痕迹。

4. 变压器绕组绝缘电阻或泄漏电流异常的致因研判和处置

变压器绕组绝缘电阻或泄漏电流异常常见致因如图 3-1 所示。

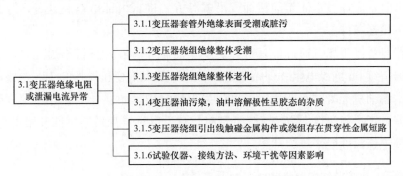

图 3-1　变压器绕组绝缘电阻或泄漏电流异常常见致因

致因 3.1.1　变压器套管外绝缘表面受潮或脏污

解析： 套管外绝缘表面受潮或脏污会使其表面电阻率大大降低，绝缘电阻显著下降，泄漏电流明显偏大，此时绝缘电阻实际上为体积绝缘电阻与表面绝缘电阻的并联值，泄漏电流实际上为流过电介质内部的泄漏电流与流过套管表面泄漏电流之和。

特征信息：①试验环境相对湿度较大，套管外绝缘表面存在受潮或脏污现象；②同温度下，各绕组绝缘电阻均呈明显下降趋势，泄漏电流均呈明显增大趋势；③在环境相对湿度较低的晴朗天气或清洁套管表面并采取套管屏蔽措施后，绝缘电阻和直流泄漏电流试验复测合格。

处置方法：因试验环境相对湿度较大，套管外绝缘表面受潮或脏污导致绝缘电阻或泄漏电流异常时，宜选择相对湿度较低且晴朗的天气进行复测，也可尝试使用无纺布对套管外表面清洁干燥（相对湿度大于80%时该方法无效），再采取屏蔽措施消除泄漏电流的影响再复测。其方法为：在被试变压器引出线套管上用细铜线紧扎数圈，使其和引出线套管外表面紧密接触，做成变压器出线套管屏蔽环，应在被试侧所有套管上加装屏蔽环，该屏蔽环应尽量靠近出线套管的接线端，将屏蔽环接到绝缘电阻仪的屏蔽端子，因屏蔽线有高压输出，所以屏蔽环应接在靠近绝缘电阻仪高压端所接的引出线套管端子，远离接地部分。

致因 3.1.2 变压器绕组绝缘整体受潮

解析：变压器绕组绝缘受潮常见情形有：①变压器制造期间器身干燥不彻底，绝缘中含水量较大；②变压器安装或检修期间，器身暴露环境中时间过长从而受潮；③变压器运行期间，因密封不严导致潮气或水分进入油箱内部，变压器绕组绝缘纤维材质由于毛细管作用吸收较多的水分后，其电导率增加，绝缘电阻值降低，泄漏电流值增大。

特征信息：①同温度下，各绕组绝缘电阻均呈明显下降趋势，最外侧绕组下降较为明显；②变压器油中含水量呈增大趋势，上一次绝缘电阻试验至本次试验期间存在器身暴露环境、注油滤油等检修工作，或变压器易形成负压的部位存在进水痕迹。

处置方法：首先应排除外部进水导致器身整体受潮的隐患，可通过本体加压试漏查看易形成负压的部位是否存在渗漏油现象，拆解该密封处并观察是否存在进水痕迹，当确定器身存在进水时，应通过本体撤油钻桶或吊罩等方式进行内部检查及处置，综合研判变压器是否具备再投运条件。

变压器器身受潮现场可通过抽真空和真空热油循环等方式进行干燥处置，要求110kV及以下变压器持续6h绝缘电阻并保持稳定，220kV及以上变压器持续12h绝缘电阻并保持稳定，且真空滤油机无凝结水产生时，可认为干燥完毕。如器身绝缘存在深度受潮（通常为新品变压器）无法通过以上方法干燥处理时，宜返厂对器身采用煤油气相真空干燥工艺，用此工艺处理绝缘深度受潮较为理想。

致因 3.1.3 变压器绕组绝缘整体老化

解析：变压器绝缘老化的判据主要有油中糠醛含量检测、油中 CO 和 CO_2 含量及产气速率检测和绝缘纸聚合度检测。

（1）油中糠醛。糠醛是纸绝缘（纤维）老化降解的产物，变压器内部非纤维素绝缘材料的老化不会产生糠醛，油的老化也不会产生糠醛，而新变压器油中要求不含有糠醛（糠醛含量低于 0.1mg/L）。

（2）油中 CO 和 CO_2 产气速率。用油中 CO 和 CO_2 含量判断绝缘老化的不确定性较多，这主要是由于从空气中吸收的 CO_2，绝缘纸老化及油的长期氧化形成 CO 和 CO_2 的基值过高造成的。无故障变压器在投运后的 1～2 年，CO 的产气速率是比较高的，然后逐年下降，多年后含量的增长曲线渐趋饱和。当绝缘发生局部或大面积深度老化时，CO 和 CO_2 产气速率就会剧增。

（3）聚合度。聚合度检测需取器身不同部位的绝缘纸样，检测难度较大不宜进行。新变压器纸绝缘的聚合度大多在 1000 左右。绝缘纸的抗张强度随聚合度下降而逐渐下降。聚合度降到 250 时，抗张强度出现突降，说明纸深度老化；聚合度约为 150 时，绝缘纸完全丧失机械强度。当聚合度降到 250 时应引起注意，如油中溶解气体分析存在局部过热时，表明部分绝缘有可能已碳化，此时油中糠醛含量也较高，则不宜再继续运行；而当聚合度降至 150 时应考虑该变压器退出运行。

特征信息：①同温度下，各绕组绝缘电阻均呈明显下降趋势，泄漏电流均呈明显增大趋势；②变压器运行年限较长，与同批次变压器相比，该变压器油中糠醛含量增长趋势明显且超注意值；③变压器运行年限较长且运行工况不良，长时间运行在高油温或重载工况下，甚至出现满载或过负载现象。

处置方法：变压器绝缘电阻下降数量级明显且绝缘老化严重时，应尽快更换变压器。变压器绝缘电阻下降不大时，可继续坚持运行，但应做好防止绝缘进一步老化的措施，具体为：①避免过温老化，油浸变压器 A 级绝缘耐热限值温度为 105℃，油温不宜高于 85℃；气体绝缘变压器绝缘耐热限值温度为 120℃，但垫块、撑条 A 级绝缘耐热限值温度为 105℃，气体温度不宜高于 95℃；②避免变压器长期负载率处于重载运行工况下，杜绝满载或过负载，防止因绝缘散热不良导致绝缘进一步劣化；③缩短本体油色谱化验分析，具备油色谱在线监测装置的，宜调整其采样周期为每 4h 一次，发现过热类或放电类故障特征气体增长时，应及时采取措施；④做好变压器中低压出口绝缘化措施及周边异物管控，避免变压器遭受出口短路故障，避免因绝缘抗拉强度下降造成绕组变形绝缘破坏而发生匝间短路故障。

致因 3.1.4　变压器油污染，油中溶解极性呈胶态的杂质

特征信息：①同温度下，各绕组绝缘电阻均呈明显下降趋势，泄漏电流均呈明显增大趋势，而吸收比和极化指数均合格；②本体油介质损耗呈较小增长趋势，可能并不超过注意值。

处置方法：变压器油被污染导致变压器整体绝缘电阻下降时，可参考【致因 2.1.7】所述，通常采用更换新合格油方式解决，具体检修步骤为：①变压器撤油前进行绝缘电阻和直流泄漏电流试验；②本体、散热器及储油柜等部位全部撤油（包括散热器汇流管等积存部位）；③对变压器充干燥空气并钻桶检查内部器身，重点检查油箱内壁油漆是否存在脱落现象；用无纺纸擦拭垫块等部位，是否存在脏污现象；箱体底部是否有异物等；无问题后

封人孔；④打开 10kV 套管安装手孔，使用 80℃热油在各安装手孔处喷淋冲洗器身（从上到下），将器身绝缘表面的污染油冲洗干净，然后再将油箱内的残油全部撤出；⑤变压器抽真空，抽真空时间应根据器身暴露时间及厂家规定执行，但不少于 24h，抽真空结束后，变压器真空注油（本体油质和油色谱化验合格方可注入），注满油静置一定时间后，进行绝缘电阻和直流泄漏电流试验；⑥变压器真空热油循环 24～48h，本体油温保持在 60℃左右，热油循环后再进行绕组绝缘电阻和直流泄漏电流试验，通过分析以上试验数值的变化趋势可以了解检修处置的工艺效果；⑦在本体气体继电器、10kV 套管等部位充分排气，调整本体储油柜油位，变压器静置时间满足要求后，进行工频耐压和局放试验，试验 24h 后，开展本体油质和油色谱化验分析，重点关注注油前和注油后油介质损耗的变化趋势。

致因 3.1.5 变压器绕组引出线触碰金属构件或绕组存在贯穿性金属短路

特征信息： ①这种现象一般出现在变压器新品或大修后的出厂或安装阶段，或变压器承受短路故障跳闸后；②同温度下，仅某电压等级侧绕组绝缘电阻呈明显下降趋势，泄漏电流均呈明显增大趋势，其他绕组绝缘电阻和泄漏电流值正常；③本体油中溶解气体存在过热或放电类故障特征气体。

处置方法： 在变压器新品或大修后的出厂或安装阶段，在安装变压器钻桶、吊罩或套管时，即可发现此现象，且多为绕组引出线触碰金属构件所致，当绕组引出线过长时，应调整引出线长度；引出线绝缘破损时，应重新包扎。

变压器绕组承受短路故障后，若绝缘电阻异常，应增加绕组直流电阻和绕组变形等诊断试验，开展本体油中溶解气体分析，综合判断变压器内部绕组故障，绕组存在贯穿性金属短路时，应更换备品变压器。

第二节 变压器铁芯或夹件绝缘电阻异常的研判和处置

一、变压器铁芯或夹件绝缘电阻概述

变压器铁芯或夹件绝缘仅通过绝缘电阻（R_{60}）进行考核，铁芯绝缘电阻异常主要涉及：①铁芯发生两点或多点接地；②铁芯与夹件绝缘低。夹件绝缘电阻异常主要涉及：①夹件与箱体绝缘降低；②夹件与铁芯绝缘降低。

二、变压器铁芯或夹件绝缘电阻的研判和处置

1. 变压器铁芯绝缘电阻异常的影响

通过铁芯及夹件绝缘电阻试验，可有效发现铁芯或夹件绝缘的缺陷或故障。

铁芯悬浮未接地时，铁芯与大地之间存在电容，带电绕组将通过电容耦合作用使铁芯产生悬浮电位，当铁芯与邻近部件电位差达到能够击穿两者间绝缘时，便产生火花放电，放电结束后产生电位差再放电，断续放电的结果使变压器油分解，长期下去逐渐使变压器固体绝缘损坏。

铁芯两点或多点接地时，其闭合环流交链的磁通数量最大可为总磁通，这个电压的数值相当于匝电压，考虑铁芯硅钢片阻值影响，铁芯形成环流最高可达数十安倍，该电流会引起铁芯局部过热，变压器油分解产生可燃气体，严重时可烧坏铁芯。

2. 变压器铁芯或夹件绝缘电阻异常的信息收集

（1）变压器运行年限，是否为新品或大修后设备，是否为投运后首次开展该试验。

（2）了解变压器铁芯与夹件固定及绝缘结构，铁芯稳钉固定方式，引出线布置方式，引出线是否具备固定措施，是否采用包扎绝缘纸等措施。

（3）查阅变压器出厂、交接及历史铁芯及夹件绝缘电阻值，铁芯及夹件接地电流检测历史记录并分析其发展趋势。

（4）梳理上一次正常铁芯及夹件绝缘电阻值至本次异常铁芯及夹件绝缘电阻值期间开展的相关检修工作，重点关注涉及器身暴露环境的检修工作。

3. 变压器铁芯或夹件绝缘电阻异常的诊断工作

（1）变压器运行期间增加铁芯接地电流检测，本体取油样进行油中溶解气体分析（排除分接开关接触不良和潜油泵故障引起裸金属过热）。

（2）怀疑变压器铁芯存在损伤时，可停电开展变压器空载试验，或变压器空载运行 24h 监测本体油中溶解气体的变化趋势。

（3）通过铁芯接地电阻值分析接地故障类型，判断是金属性接地还是非金属性接地，金属性接地属于低电阻值，一般只有几欧姆或几十欧姆，非金属性接地常常达到数千欧姆，对于非金属性接地，采用电容放电烧穿法效果较好，其中因油泥或导电颗粒毛絮等引起的铁芯多点接地效果最为明显，金属性接地时，采用电容放电烧穿法很难烧去短路点，除非是金属颗粒状的短路形式。

采用电容充放电方法对铁芯短接放电接线如图 3-2 所示，选择一台 10kV 电压等级、电容量为 2μF 的电容，采用 2500V 绝缘电阻表给电容充电，待电容充电完成后对铁芯短接放电。当电容高压极的引线靠近铁芯引出线套管接线柱时，没有出现任何响声，停止试验，重新复测铁芯绝缘电阻是否升高，如未变化，可怀疑电容放电电压偏低，可选择 5000V 绝缘电阻表对电容充电，重复上述步骤，当高压引线靠近铁芯引出线套管接线柱时，听到"啪"的一声放电声，停止试验，复测铁芯绝缘电阻是否升高，如绝缘电阻仍未恢复，可判断铁芯为固定性接地，该方法无效。

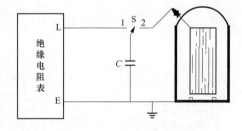

图 3-2 采用电容充放电方法对铁芯短接
放电接线图
1—充电开关；2—放电开关

（4）使用内窥镜对铁芯及夹件的绝缘部位进行检查，通过钻桶或吊罩方式进行内部检查和处理，可通过直流电压法或交流电流法查找铁芯接地点。

1）直流电压法。将铁芯和夹件接地打开，在铁轭两侧的硅钢片上通入 6V 直流，然后用直流电压表依次测量各级硅钢片间的电压，当电压等于零或表针指示反向时，则可认为该处是故障接地点，如图 3-3（a）所示。

2）交流电流法。将变压器低压绕组接入 220～380V 交流电压，此时铁芯中有磁通存在，如果有多点接地故障时，用毫安表测量会出现电流（铁芯和夹件接地应打开）。用毫安表沿铁轭各级逐点测量，当毫安表中电流为零时，则该处为故障点，这种交流电流法比直流电压法更准确直观，但应注意变压器各侧绕组带电，应做好安全措施，如图 3-3（b）所示。

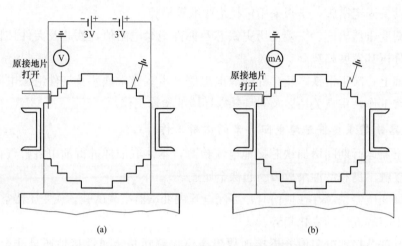

图 3-3　铁芯两点或多点接地检测方法

（a）直流电压法接线图；（b）交流电流法接线图

4. 变压器铁芯或夹件绝缘电阻异常的致因研判和处置

变压器铁芯或夹件绝缘电阻异常常见致因如图 3-4 所示。

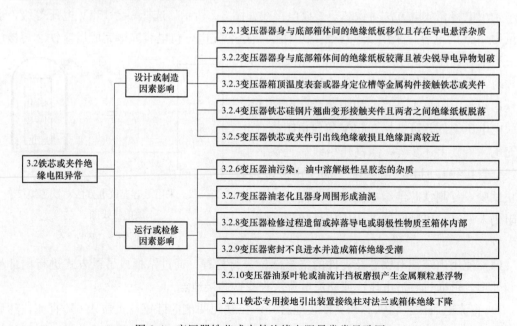

图 3-4　变压器铁芯或夹件绝缘电阻异常常见致因

致因 3.2.1　变压器器身与底部箱体间的绝缘纸板移位且存在导电悬浮杂质

解析： 变压器铁芯及下夹件与箱体底部间绝缘纸板移位多发生在变压器器身装配阶段，由于铁芯及夹件对油箱的爬电距离变小，当油箱底部有导电悬浮杂质时，绝缘电阻试验时易发生间歇性放电。

特征信息： ①变压器铁芯或夹件绝缘电阻试验数据存在下降式抖动，数据不稳定；②器身与箱体底部绝缘纸板存在移位，铁芯或夹件与箱体底部存在近距离无绝缘纸板现象；③器身与箱体底部存在导电悬浮杂质，绝缘电阻试验击穿悬浮杂质后恢复正常。

处置方法： 清洁油箱底部异物及残油，通过液压装置将变压器器身整体抬高 20mm，调整绝缘纸板位置，如绝缘纸板破坏时，应更换绝缘纸板，确保铁芯及夹件与箱体爬电距离满足设计要求。

致因 3.2.2　变压器器身与底部箱体间的绝缘纸板较薄且被尖锐导电异物划破

解析： 变压器器身通过绝缘纸板与箱体底部绝缘，若存在尖锐导电异物，因承压一定时间并伴随器身振动的影响，绝缘纸板破损并导致导电异物与夹件或铁芯近距离接触，由于尖锐导电物破坏绝缘纸板需要一定时间，为此，新品变压器验收时并不能及时发现。

特征信息： ①变压器铁芯或夹件绝缘电阻出厂试验合格，但交接试验或第一个周期性绝缘电阻试验发现夹件对地绝缘趋于零值，铁芯对地绝缘正常；②更换或加厚器身与底部箱体间的绝缘纸板后，绝缘电阻试验恢复正常。

处置方法： 通过液压装置将变压器器身整体抬高 20mm，在器身下部再加装一层绝缘纸板，或条件具备时清洁纸板下部异物，更换新绝缘纸板。

致因 3.2.3　变压器箱顶温度表套或器身定位槽等金属构件接触铁芯或夹件

解析： 对于箱顶温度表套，如深度过长，其距离上夹件或上铁轭的边缘较近时，容易出现铁芯或夹件绝缘电阻数值降低或抖动现象；器身定位槽若存在设计偏心，吊罩后未恢复绝缘或绝缘破损与箱体间距过小等，容易出现夹件绝缘电阻数值降低或抖动现象。

特征信息： ①变压器铁芯或夹件绝缘电阻在出厂或交接试验时，存在阻值较低或抖动现象；②查阅变压器器身与周围金属构件尺寸设计，温度表套距离上夹件或上铁轭较近；③变压器器身定位槽绝缘破损或未加装，与箱体触碰或间隙较小。

处置方法： 对变压器油箱顶部温度表套的位置或深度进行调整，确保与夹件或铁芯与周围接地体保持足够距离。检查器身定位装置周围绝缘是否破损触碰接地体，如发现此类现象，应考虑重新绝缘处理，如器身发生移位，应对器身重新调整，并考虑运输过程中是否发生冲撞，绕组是否发生变形等问题。

致因 3.2.4　变压器铁芯硅钢片翘曲变形接触夹件且两者之间绝缘纸板脱落

解析： 在变压器安装阶段，应做好铁芯与夹件间绝缘的检查，避免因夹持力不够，硅钢片翘曲变形，在变压器振动影响下发生绝缘件脱落，铁芯与夹件间爬电距离变小，进而导致两者之间绝缘电阻值下降。

特征信息：①变压器铁芯与夹件绝缘电阻值为零，而铁芯对地和夹件对地绝缘均良好；②变压器吊罩、内窥镜检查或钻桶检查发现铁轭与夹件绝缘脱落或硅钢片翘曲变形触及夹件。

处置方法：变压器撤油吊罩，通过直流法或交流法查找铁芯硅钢片具体接地部位，恢复硅钢片与夹件间绝缘（或采取加厚绝缘措施），调整变形硅钢片，确保绝缘夹持牢固，同时检查其他铁芯边缘硅钢片与夹件间绝缘的固定质量，避免因变压器振动再次发生此类问题。

致因 3.2.5 变压器铁芯或夹件引出线绝缘破损且绝缘距离较近

特征信息：①变压器铁芯或夹件对地绝缘、铁芯对夹件绝缘均存在下降趋势；②变压器铁芯及夹件引出线无固定措施，间距较近；③拆除铁芯及夹件接地套管，发现引出线绝缘破损、引出线过长而相互搭接、或引线触碰器身等其他接地体构件。

处置方法：新品变压器吊罩验收时，应检查铁芯及夹件引出线绝缘包扎情况，长度是否合适，固定是否良好，避免安装或油流冲击等原因导致引出线搭接，距离过近等导致绝缘电阻值下降。若前期未发现，运行中发现此类问题，应采取铁芯接地电流检测、本体油中溶解气体分析等综合判断，可临时加装铁芯限流装置，根本解决措施是，通过吊罩方式重新解决铁芯及夹件引出绝缘问题。

致因 3.2.7 变压器油老化且器身周围形成油泥

特征信息：①分析变压器油质，老化严重，油酸值增大、介质损耗存在增长趋势；②变压器铁芯或夹件对地绝缘电阻存在下降趋势。

处置方法：可首先尝试电容放电法可否恢复铁芯绝缘电阻，如无法恢复，可尝试清洗油泥。通过热油溶解、精密过滤和吸附除去变压器油中油泥，具体方法为：变压器停电转检修，将变压器油加热到80℃时就可以溶解变压器内沉积的油泥。利用热油冲洗变压器内的油泥，需将油的再生、清洗和油的溶解能力相结合。加热、吸附和真空过滤处理的具体实施是将再生设备和变压器组成闭路循环系统，被处理的油从变压器中流出，经过加热器将油加热到80℃，再通过过滤装置，除去油中的杂质和水分，最后经吸附过滤器去掉油中溶解的油泥，再经真空过滤和精密过滤后，纯净的油重新返回变压器中，油品通过变压器的循环次数取决于油泥含量的大小。

致因 3.2.8 变压器检修过程遗留或掉落导电或弱极性物质至箱体内部

特征信息：①铁芯及夹件绝缘电阻上一次试验至本次试验异常期间，曾进行变压器开仓、钻桶、吊罩等检修工作，高度怀疑存在掉落或遗留导电或弱极性异物的情况；②本体撤油、注油或油循环过程中，铁芯及夹件绝缘电阻值忽大忽小或始终保持较低值。

处置方法： 尽快安排变压器停电，通过本体撤油钻桶或吊罩等方式取出遗留或掉落异物，避免导电异物内部移动导致绝缘放电类故障的发生。

致因 3.2.10 变压器油泵叶轮或油流计挡板磨损产生金属颗粒悬浮物

特征信息： ①变压器运行时铁芯接地电流大于 100mA，停电测量铁芯及夹件绝缘电阻忽大忽小；②变压器为强迫油循环变压器，存在油泵叶轮或油流计挡板扫堂或异音缺陷，拆卸的部件存在金属磨损痕迹；③油中颗粒物和金属物检测显示含有少量金属粒子，明显高于站内其他同批次变压器。

处置方法： 变压器停电转检修，通过精密机械过滤（滤芯或板框压滤机）除去油中金属颗粒物，滤芯孔径不应大于 $0.5\mu m$，或通过本体及冷却器整体撤油，冲洗器身污染油，整体更换新合格油，最大限度去除油中金属颗粒，避免金属颗粒物在电磁场作用下形成导电小桥而放电。

致因 3.2.11 铁芯专用接地引出装置接线柱对法兰或箱体绝缘下降

特征信息： ①变压器铁芯接地线由底部铁芯专用接地引出装置引出，其接线柱对法兰或箱体绝缘存在老化或受潮问题；②铁芯接地电流检测小于 100mA，油中溶解气体无过热及放电类故障特征气体增长趋势；③铁芯对地绝缘电阻无明显吸收现象，绝缘电阻值存在降低趋势。

处置方法： 暂不影响变压器运行，具备条件时可通过撤油、内部拆解引出线接线端子，在该处测量铁芯接地电阻，如恢复可确定因该专用接地引出装置绝缘下降所致。

为避免此类问题的发生，对于使用专用铁芯引出装置的变压器，应在注油前测量其对外壳的绝缘电阻，避免在进行铁芯对地绝缘电阻试验时发生误判。

第三节　变压器绕组介质损耗因数和电容量异常的研判和处置

一、绕组连同套管介质损耗因数与电容量概述

介质损耗正比于介质损耗因数 $\tan\delta$，因此，介质损耗因数可以用来表征电介质的损耗特性，绝缘电阻数值远远大于等值电容数值，介质损耗因数很小，介质损耗因数反映绝缘电阻数值的变化有很高的灵敏度，而反映等值电容数值变化的灵敏度相对较低。对于分层绝缘介质等值电路，应为各分层绝缘介质等值电路的串联或并联回路，例如：正常情况下，变压器绕组电容等值电路为多个绝缘介质电容的并联；套管电容等值电路为多个绝缘介质电容的串联。

变压器绕组连同套管的电容包括套管电容和绕组电容，绕组电容又包括径向几何电容和轴向几何电容。径向几何电容指绕组与绕组间电容和绕组对地电容（铁芯、夹件、油箱等结构件），轴向几何电容指绕组匝间电容和绕组饼间电容，绕组连同套管介质损耗因数试

验时测量的电容为绕组径向几何电容，当变压器制造完成绕组电容已确定，它可以作为绕组是否变形的诊断方法之一，经验表明，变压器电容量分析对于低压绕组变形的诊断较为灵敏。

二、绕组连同套管介质损耗因数与电容量分析

1. 绕组连同套管介质损耗因数分析

在不同绝缘介质的串并联电路中，其总的介质损耗综合值大于其中的最小者，小于其中的最大者。由于绕组连同套管的电容远远大于套管电容，故其介质损耗取决于绕组对地的绝缘状况，而套管介质损耗对其影响甚微，当连接在绕组上的套管存在缺陷时，很难通过该试验检出。变压器绕组对地绝缘包括绝缘油和固体绝缘材料，绝缘油的介质损耗对变压器绕组介质损耗的影响主要由固体绝缘材料和绝缘油电容量的比值决定，变压器油污染或受潮时对绕组连同套管的介质损耗有一定影响。

绕组连同套管的介质损耗随着绝缘介质温度的升高而升高，但因缺少可信的温度影响修正依据，建议不进行温度换算，为此，该试验宜在绝缘介质温度为 $10\sim30℃$ 之间测量，尽量减少温度换算引起的误差。

2. 绕组连同套管电容量分析

绕组连同套管介质损耗试验测量的电容为绕组径向几何电容，根据同轴圆柱电容器公式，它与两电极不同电压等级绕组间介质的等值介电常数、绕组高度成正比，与不同电压等级绕组间距成反比。当绕组的相对位置改变（电极间距）、等值介电常数改变时，绕组的电容值也发生相应的改变。下面在变压器油纸及油的介电常数未发生改变前提下分析电容量的变化。

（1）双绕组变压器绕组等值电容如图 3-5（a）所示，其等值电容主要涉及：高压绕组对地电容 C_1、低压绕组对地电容 C_2、高压绕组和低压绕组之间电容 C_{12}，试验时可通过 3 项不同接线的电容试验获得相应组合的电容值，即高压绕组对低压绕组及地电容 C_{H-LT}、低压绕组对高压绕组及地电容 C_{L-HT}、高压绕组和低压绕组对地电容 C_{HL-T}，由于绝缘电阻远远大于容抗值，忽略绝缘电阻，仅电容串并联计算，总介质损耗按各介质损耗求和计算，绕组介质损耗与电容量的关系式可表述为

$$C_{H-LT}=C_1+C_{12} \qquad C_{H-LT}\tan\delta_{H-LT}=C_1\tan\delta_1+C_{12}\tan\delta_{12}$$
$$C_{L-HT}=C_2+C_{12} \qquad C_{L-HT}\tan\delta_{L-HT}=C_2\tan\delta_2+C_{12}\tan\delta_{12}$$
$$C_{HL-T}=C_1+C_2 \qquad C_{HL-T}\tan\delta_{HL-T}=C_1\tan\delta_1+C_2\tan\delta_2$$

根据以上试验数据分解计算电容量 C_1、C_2 和 C_{12}，若电容量与出厂值（或交接值）的变化量超过注意值，应根据数值变化趋势分析绕组变形或移位情况，具体如表 3-1 所示。

（2）三绕组变压器绕组等值电容如图 3-5（b）所示，因高压绕组与低压绕组距离较远且有中压绕组隔离，高压绕组与低压绕组之间的电容量实测接近零值，可以忽略，这样变压器等值电容主要涉及：高压绕组对地电容 C_1、中压绕组对地电容 C_2、低压绕组对地电容 C_3、高压绕组对中压绕组电容 C_{12}、中压绕组对低压绕组电容 C_{23}。试验时可通过 5 项不同

表 3-1

绕组变形或移位状态	电容量变化趋势		
	C_1	C_2	C_{12}
低压绕组向铁芯方向收缩变形	—	增大	减小
高压绕组远离低压绕组变形	增大	—	减小

接线的电容试验获得相应组合的电容值，即高压绕组对中压绕组、低压绕组及地电容 $C_{\text{H-MLT}}$，中压绕组对高压绕组、低压绕组及地电容 $C_{\text{M-HLT}}$，低压绕组对高压绕组、中压绕组及地电容 $C_{\text{L-HMT}}$，高压绕组、中压绕组、低压绕组对地电容 $C_{\text{HML-T}}$、高压绕组、中压绕组对低压绕组及地电容 $C_{\text{HM-LT}}$，那么，绕组介质损耗与电容量的关系式可表述为

$$C_{\text{H-MLT}}=C_1+C_{12} \qquad C_{\text{H-MLT}}\tan\delta_{\text{H-MLT}}=C_1\tan\delta_1+C_{12}\tan\delta_{12}$$

$$C_{\text{M-HLT}}=C_2+C_{12}+C_{23} \qquad C_{\text{M-HLT}}\tan\delta_{\text{M-HLT}}=C_1\tan\delta_2+C_{12}\tan\delta_{12}+C_{23}\tan\delta_{23}$$

$$C_{\text{L-HMT}}=C_3+C_{23} \qquad C_{\text{L-HMT}}\tan\delta_{\text{L-HMT}}=C_3\tan\delta_3+C_{23}\tan\delta_{23}$$

$$C_{\text{HML-T}}=C_1+C_2+C_3 \qquad C_{\text{HML-T}}\tan\delta_{\text{HML-T}}=C_1\tan\delta_1+C_2\tan\delta_2+C_3\tan\delta_3$$

$$C_{\text{HM-LT}}=C_1+C_2+C_{23} \qquad C_{\text{HM-LT}}\tan\delta_{\text{HM-LT}}=C_1\tan\delta_1+C_2\tan\delta_2+C_{23}\tan\delta_{23}$$

根据以上试验数据分解计算电容量 C_1、C_2、C_3、C_{12} 和 C_{23}，若电容量与出厂值（或交接值）的变化量超过注意值时，应根据数值变化趋势分析绕组变形或移位情况，具体如表 3-2 所示。

表 3-2　　　　　　　　　　　三绕组变压器绕组电容量变化与绕组变形趋势

绕组变形或移位状态	电容量变化趋势				
	C_1	C_2	C_3	C_{12}	C_{23}
低压绕组向铁芯方向收缩变形	—	—	增大	—	减小
中压绕组向低压绕组变形	—	—	—	减小	增大
中压绕组向高压绕组变形	—	—	—	增大	减小
高压绕组远离中压绕组变形	增大	—	—	减小	—

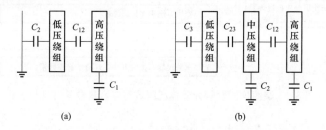

图 3-5　常见结构变压器绕组等值电容模型

（a）双绕组变压器绕组等值电容图；（b）三绕组变压器绕组等值电容图

三、绕组连同套管介质损耗因数与电容量异常的研判和处置

1. 绕组连同套管介质损耗因数与电容量异常的影响

绕组连同套管介质损耗呈增大趋势意味着绝缘存在整体受潮、油劣化等缺陷，绝缘介质产生的热量增大，介质损耗越大发热也越严重，这将加速绝缘介质的热分解与老化，同

时发热引起温度的升高促使绝缘介质电导和极化加强，于是造成介质损耗进一步增大，在这种恶性循环下，绝缘介质薄弱的地方将劣化丧失绝缘能力，最终导致绝缘介质热击穿。

绕组连同套管电容量异常意味着绕组存在位移或变形，应综合判断是否伤及绝缘，避免因绝缘破损导致绕组发生短路故障。

2. 绕组连同套管介质损耗因数与电容量异常的信息收集

（1）查阅变压器绕组布置方式、冷却循环方式（便于估算绕组温度趋于顶层油温的时间）、运行年限等参数，确认是否为变压器投运后首次开展此项试验。

（2）试验是否排除因试验仪器、试验接线、环境温湿度、电磁场干扰等因素的影响，试验前是否对绕组充分放电（残余电荷影响），排除以上影响因素后试验复测是否合格。

（3）记录变压器停电后至本次试验的间隔时间（时间越久，顶层油温替代绕组温度的准确度越高），记录顶层油温并尽量接近于历次介质损耗试验温度。

3. 绕组连同套管介质损耗因数与电容量异常的诊断工作

（1）绕组连同套管的介质损耗异常时，应结合变压器绕组绝缘电阻试验，分析与上一次试验数据相比的变化趋势；增加变压器油质化验，检查变压器油中含水量、油介质损耗等参数是否存在异常变化趋势。

（2）绕组连同套管的电容量异常时，应做好分解试验，了解各绕组之间及对地之间的介质损耗或电容值的变化，怀疑绕组变形时，应增加本体油中溶解气体分析、绕组频率响应试验、低电压短路阻抗试验，查阅近两次试验期间变压器承受短路冲击的信息。

4. 绕组连同套管介质损耗因数与电容量异常的致因研判和处置

变压器绕组连同套管介质损耗因数或电容量异常常见致因如图 3-6 所示。

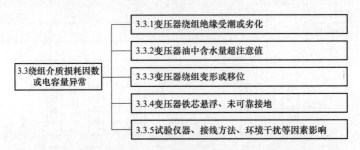

图 3-6　绕组连同套管介质损耗因数与电容量异常常见致因

致因 3.3.2　变压器油中含水量超注意值

解析： 介电常数 ε_r 是表征电介质在电场作用下极化程度的物理量（电介质的极化指电介质中带电质点在电场作用下沿电场方向作有限位移的现象），其物理意义表示金属极板间放入电介质后电容量比极板间为真空时的电容量增大的倍数。

介电常数 ε_r 由电介质的材料所决定，水电介质是强极性介质（$\varepsilon_r = 81$），变压器油电介质是弱极性介质（$\varepsilon_r = 2.2$）。当变压器油受潮后，油的介电常数 ε_r 将出现增长趋势，而电

容量 C 与介电常数呈正比，那么受潮的绝缘油将导致绕组电容量增大。变压器油受潮导致体积电阻率下降，电导损耗增加，进而导致介质损耗也增大，经验表明，当油中含水量大于 $60\mu L/L$ 时，介质损耗急剧上升。

特征信息：①变压器各绕组对其他绕组及地的电容量和介质损耗均存在一致性增大规律；②变压器油中含水量呈增长趋势或超注意值，油击穿电压值呈下降趋势。

处置方法：变压器真空热油循环降低油中含水量，同时将器身油纸绝缘中的表层水分析出，如变压器绝缘电阻仍不合格，应考虑绝缘深度受潮，具体可参考【致因3.1.2】所述。

致因3.3.3 变压器绕组变形或移位

特征信息：①与出厂试验时相比，某绕组对其他绕组及地电容量变化较大，尤其是靠近铁芯侧低压绕组电容变化量最大；②绕组电容分解计算，绕组与相邻绕组之间的电容也存在较大变化。

处置方法：当绕组电容量变化量超过注意值时，应借助绕组变形频率响应试验、低电压短路阻抗试验综合判断绕组变形情况，同时应增加绕组绝缘、绕组直流电阻、本体油中溶解气体等诊断性试验，确定绕组未出现绝缘异常时将变压器投入运行，但运行期间应缩短油中溶解气体跟踪分析。

致因3.3.4 变压器铁芯悬浮、未可靠接地

解析：变压器铁芯接地与否对各侧绕组电容量影响不同，其中远离铁芯的高压绕组对其他绕组及地、中压绕组对其他绕组及地，其介质损耗和电容量没有明显变化。铁芯未接地时，靠近铁芯的低压绕组对其他绕组及地的介质损耗因数明显增大，电容明显减小，这是因为，对于高、中压绕组而言，其与铁芯之间还存在其他绕组间隔，且与铁芯距离较远，与铁芯间的电容几乎为零，而低压绕组紧邻铁芯，当铁芯不接地时将串联铁芯对地电容，致使总电容减小，其测量回路电容性电流明显减小，而电阻性电流影响并不明显，根据介质损耗公式可知，其介质损耗呈增大趋势。

由于绕组变形频率响应、介质损耗及电容量试验受绕组电容分布影响较大，铁芯接地与否对试验结果同样存在影响，而直流电阻和低电压阻抗与主绝缘电容关系不大，铁芯接地与否对此类试验基本无影响。

特征信息：①低压绕组对其他绕组及地电容呈明显减小趋势，其他绕组对地电容基本无变化；②低压绕组对其他绕组及地介质损耗呈增大趋势；③铁芯绝缘电阻无穷大，测试完毕放电时无电荷放电现象。

处置方法：当铁芯通过顶部套管引出接地时，应本体撤部分油，拆除铁芯接地套管，检查内部引出线是否存在脱离问题，如无法处理时，应通过本体撤油钻桶或吊罩方式恢复铁芯接地，铁芯通过底部专用接地装置引出时，只能通过本体撤油钻桶或吊罩方式解决。

第四节　套管绝缘电阻异常的研判和处置

一、套管绝缘电阻概述

套管绝缘电阻包括套管主绝缘电阻和末屏绝缘电阻。通过套管主绝缘电阻试验，可以有效发现套管绝缘整体受潮、贯穿性绝缘击穿和过热老化等缺陷；通过套管末屏绝缘电阻试验，可有效发现套管末屏受潮或脏污等缺陷。

二、套管绝缘电阻异常的研判和处置

1. 套管绝缘电阻异常的影响

套管绝缘电阻呈劣化趋势时，在套管内部强场强区域（安装法兰周围）易引起沿面放电，导致套管油发热或产生放电类故障特征气体，发热产生绝缘损耗并导致绝缘劣化，最终导致局部绝缘热击穿，电容屏击穿等故障。

2. 套管绝缘电阻异常的信息收集

（1）统计变压器运行年限，是否为新投运设备，是否为变压器投运后首次开展此项试验。

（2）试验是否排除试验仪器、试验方法、环境温湿度、套管污秽受潮等因素的影响，排除以上影响因素后试验复测是否合格。

（3）查阅上一次套管绝缘电阻试验数据，分析与上一次试验数据相比的变化趋势，最近两次试验期间是否进行过套管取油或末屏更换等检修工作。

（4）套管型号参数（额定电压、额定电流、爬电距离等）、品号（或代号）及规格尺寸图纸（法兰尺寸、油中距离、空气中尺寸）、导杆结构（穿缆结构、导杆结构或拉杆结构）、套管引线头（磷铜焊接或冷压接）、投运年限等，做好备品查找及更换前期工作，确认是否涉及外部引线接线端子更换、绕组引线头更换等工作。

（5）检查套管油位是否正常，套管头部是否存在密封不良、进水痕迹，套管瓷套是否有开裂或渗漏油现象等。

3. 套管绝缘电阻异常的诊断工作

（1）套管主绝缘电阻异常时，应结合套管主绝缘介质损耗和电容量试验分析；套管末屏绝缘电阻异常时，应结合套管末屏介质损耗和电容量试验分析。

（2）增加套管油质和套管油中溶解气体分析，分析与上一次试验数据相比的变化趋势。

4. 套管绝缘电阻异常的致因研判和处置

变压器套管绝缘电阻异常常见致因如图3-7所示。

致因3.4.4　套管末屏受潮或脏污

解析： 引起套管末屏受潮的情形主要有：①因环境湿度较大或残留脏油等污染导致套管末屏外部受潮；②套管内部邻近末屏区域油受潮导致套管末屏受潮，根据这一现象可有效发现套管内部进水受潮隐患。

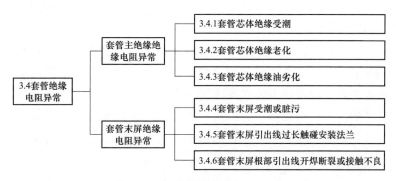

图 3-7　套管绝缘电阻异常常见致因

特征信息：①与历次试验相比，套管末屏绝缘电阻呈明显下降趋势，套管末屏介质损耗呈增长趋势；②对套管末屏进行干燥处理或释放内部部分油后，末屏绝缘电阻恢复正常。

处置方法：采用热吹风机或太阳暴晒等措施对套管末屏装置外部进行干燥处理。如套管末屏绝缘仍未恢复，可考虑拆除套管末屏，释放末屏装置内部一部分油后复测，如套管油中含水量超标导致内部受潮，应更换套管，如以上方法仍不见效，应更换末屏装置。

📖 致因 3.4.5　**套管末屏引出线过长触碰安装法兰**

特征信息：①与历次试验相比，套管末屏绝缘电阻呈明显下降趋势；②拆除套管末屏装置时，发现末屏引出线过长，存在触碰套管安装法兰现象。

处置方法：拆除套管末屏装置，调整末屏引出线位置、长度或增加绝缘包扎，重新锡焊末屏引出线与末屏装置的连接，无法处理时应更换套管。

📖 致因 3.4.6　**套管末屏根部引出线开焊断裂或接触不良**

特征信息：①套管末屏绝缘电阻试验时，没有电容充电现象或指针摆动异常，放电时未发生火花现象，或通过串接毫安指针式电流表未发生指针偏转；②套管主绝缘介质损耗及电容测量值存在异常，可能存在末屏放电现象。

处置方法：拆除套管末屏装置，检查连接情况，如无法处理，应更换新品套管。

第五节　套管介质损耗因数和电容量异常的研判和处置

一、套管介质损耗因数与电容量概述

套管介质损耗试验主要针对电容式套管，套管局部集中性缺陷所引起的损耗占总损耗比例相对较大，故能有效发现电容式套管局部集中性和整体分布性的缺陷。

二、套管介质损耗因数与电容量分析

1. 套管介质损耗因数

电容型套管介损不进行温度换算，这是根据电容芯特有性能规定的，各种类型绝缘的介质损耗有不同的温度系数，油纸电容型套管绝缘主要是电容屏间的油浸纸，介质损耗以油浸纸的极化损耗为主。含水量少的良好油浸纸，在 20～60℃ 范围内，因温度升高，油黏度下降，极性分子的运动摩擦损耗下降，所以介质损耗值随温度升高反而减小。当油浸纸含水量高时，以电导损耗为主，介质损耗随温度升高而上升，油浸纸含水越多，其介质损耗随温度升高而增大越明显，为此，宜在 40～50℃ 的变压器油温下测量套管介损。

套管主绝缘介质损耗试验包括套管低压介质损耗试验和套管高压介质损耗试验，对于新品套管或运行中套管，绝缘异常时应进行高压介质损耗试验。套管主绝缘低压介质损耗试验指外施试验交流电压为 10kV，而套管末屏介质损耗试验外施试验交流电压为 2kV；套管主绝缘高压介质损耗试验指外施交流试验电压从 10kV 到 $U_m/\sqrt{3}$（U_m 为系统最高电压）的介质损耗试验。常见套管主绝缘介质损耗与外施试验电压关系曲线如图 3-8 所示。

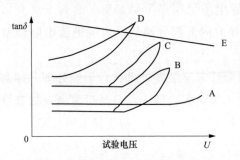

图 3-8 介质损耗与试验电压的关系曲线

曲线 A：绝缘性能良好，介质损耗与试验电压的关系曲线呈一水平直线，当施加电压超过某一极限时出现向上弯曲。

曲线 B：绝缘老化，低电压下的介质损耗可能比良好绝缘时小，在较低电压下就出现向上弯曲。应防止新品套管出厂前加热及干燥温度过高导致的绝缘老化、介质损耗超标问题。

曲线 C：绝缘中存在气隙（或气泡），介质损耗会比良好绝缘时大，介质损耗较早出现向上弯曲，且电压上升和下降曲线不重合。应防止新品套管出厂前卷绕及真空浇注制造工艺不良导致介质损耗超标问题。

曲线 D：绝缘受潮，介质损耗会随着电压的升高迅速增大，且电压上升和下降曲线不重合。应防止新品套管出厂前干燥不彻底或运行中套管进水受潮导致介质损耗超标问题。

曲线 E：绝缘中存在离子性杂质，对于含有膜纸的复合绝缘介质（例如胶浸纸 RIP 干式套管），在低电压下，杂质游离于介质空间，极化损耗较大导致总体介质损耗较大，在高电压下，杂质集中在两极两端，介质空间相对减少，极化损耗较小导致总体介质损耗较小，这种现象称为 Garton 效应。套管发生 Garton 效应不说明绝缘存在问题，因此套管仍可运行。

2. 套管电容量

套管主绝缘电容为套管导管（将军帽）与接地法兰（末屏）之间的电容，它主要由三部分组成：①套管芯体电容 C_1，通过一层层铝箔和浸渍绝缘纸形成 n 个等值电容串联而成；②套管油作为介质的电容 C_{r1}；③受潮或脏污套管外表面寄生电容 C_{r2}。三者为并联关系，末屏电容为C_2，当末屏未接地（S打开）时，套管主绝缘电容将串联末屏对地电容，它们的等值电路如图 3-9 所示。

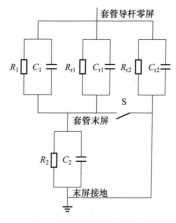

图 3-9　电容式套管等值电容电路

（1）套管芯体电容屏击穿引起电容测量值增大。根据电容串联原理，n 个等值电容 C 进行串联时的总电容为 C/n，那么当发生一个电容屏击穿时，此时的总电容将会增大为 $C/（n-1）$。根据同轴圆柱电容器公式 $C=2\pi\varepsilon L/\ln（r_2/r_1）$ 可知，电容屏间距增大将导致电容变小，进而导致两电容屏间分压增大，当电容屏达到击穿电压数值时将被击穿，后续将发生连锁反应，最终导致多电容屏击穿并发生套管爆炸。

（2）套管芯体绝缘或套管油受潮引起套管主绝缘电容测量值增大。套管各电容屏间绝缘介质变为油、水和油纸复合介质，因水的介电常数（$\varepsilon_r=81$）远远大于变压器油介电常数（$\varepsilon_r=2.2$）、油纸复合介质介电常数（$\varepsilon_r=3.5$），无论是套管受潮油的介电常数、还是套管受潮芯体的介电常数，局部电容介电常数都变大，由于电容量正比于介电常数，根据套管等值电容电路分析，其电容测量值将增大。

套管电容芯体在高压场强作用下，由于水分子的介电常数相当大，很容易沿着电场方向极化定向，形成小桥型放电通道，造成绝缘及电容屏击穿。

（3）套管外绝缘受潮引起电容测量值增大。套管外绝缘受潮时，套管主绝缘电容将并联一个附加电容 C_{r2}，根据电容并联理论，套管主绝缘总电容量将呈增大趋势。

（4）套管芯体电容屏存在气隙引起电容测量值减小，但电容屏击穿电容量又增大。当电容芯体卷绕工艺不良存在气隙、未按厂家要求存放或套管漏油缺油导致油纸绝缘形成气泡时，套管各电容屏间绝缘介质变为空气（气隙）和油纸复合介质，因空气的介电常数为 1，远小于变压器油的介电常数 2.25，进而导致电容测量值减小。虽然有些套管厂家对电容屏设计留有一定裕度值，但当套管运行后，在交变电场下，电场强度的分布反比于介电常数。如果在液体或固体介质中含有气泡，则气泡中的电场强度要比周围介质的高，气体的击穿场强比油纸小得多，所以气泡将首先产生局部放电，这又使气泡温度升高，气体体积膨胀，局部放电进一步加剧，逐步导致各电容屏损坏。

（5）套管大量缺油引起电容测量值减小。当套管油绝缘介质变为上层空气和下层油形态时，则该部分的电容值为油层电容 C_a 与空气层电容 C_b 的串联关系，则套管总电容量为 $1/(1/C_a+1/C_b)$，由介质理论可知电容量与介电常数成正比，与分层厚度成反比，那么套管的总电容量将明显变小。需要指出的是，如果套管油中以气泡形态悬浮时（发生在套管注油后或安装期间），该部分电容值为油电容 C_a 与气泡电容 C_c 的并联关系，则套管总电容量为 C_a+C_c，由于 $C_a \gg C_c$，那么套管总电容量基本无变化。

套管缺油会引起芯体受潮、空气的绝缘性能比套管油差，裸露的芯体与内瓷套表面有可能发生沿面放电，当芯体内部逐步析出油后，会在绝缘夹层间形成气隙，根据电场强度分压与电容成反比，同时气隙的击穿场强比油低得多，那么就会导致芯体气隙部位发生局部放电现象，这又使局部温度过高，气体体积膨胀，绝缘老化，最终导致局部电容击穿。

（6）套管将军帽与导电杆（零屏）、末屏与接地法兰等部位连接不良引起电容测量值减小。套管的两极分别为套管将军帽导电头与套管末屏。当套管将军帽未与导电杆可靠接触时，高压侧将军帽与套管导电杆之间存在间隙放电，此时相当于套管等值电阻和电容并联回路再串联一个附加电阻和电容并联回路，根据串联等值电路分析，电阻增大或间歇性放电导致套管主绝缘介质损耗增大，串联附加电容导致主绝缘电容值下降。

综上所述，从套管安全运行角度考虑，当电容式套管实测电容量与出厂试验值相比偏差达到±3%时，应缩短套管试验周期或增加套管在线监测装置，若具备备品套管，则建议及时更换。当电容式套管实测电容量与出厂试验值相比偏差达到±5%时，应立即更换。

三、套管介质损耗因数与电容量异常的研判和处置

1. 电容式套管介质损耗因数与电容量异常的影响

套管介质损耗变化值超注意值时，应引起注意，避免因套管内部过热导致芯体热击穿放电，具备套管时，应尽快更换；当套管电容量超注意值时，应立即安排更换，避免因电容屏击穿发生恶性循环，导致其他电容屏的击穿，最终使套管均压失效及内压过大而爆炸。

2. 套管介质损耗因数与电容量异常的信息收集

（1）统计变压器运行年限，是否为新投运设备，是否为变压器投运后首次开展此项试验。

（2）试验是否排除试验仪器、试验方法、环境温湿度、套管污秽受潮等因素的影响，排除以上影响因素后试验复测是否合格。

（3）查阅上一次套管损与电容量试验数据，分析与上一次试验数据相比的变化趋势，最近两次试验期间是否开展过套管取油或补油、套管油位计或末屏更换等检修工作。

（4）套管型号参数（额定电压、额定电流、爬电距离等）、品号（或代号）及规格尺寸图纸（法兰尺寸、油中距离、空气中尺寸）、导杆结构（穿缆结构、导杆结构或拉杆结构）、套管引线头（磷铜焊接或冷压接）、投运年限等，做好备品查找及更换前期工作，确保是否涉及外部引线接线端子更换、绕组引线头更换等工作。

（5）检查套管油位是否正常，套管头部是否存在密封不良、进水痕迹。

3. 套管介质损耗因数与电容量异常的诊断工作

（1）套管低压介质损耗试验异常时，应增加套管高压介质损耗试验，试验中，外施交流电压从 10kV 到 $U_m/\sqrt{3}$，并绘制介质损耗与电压的关系曲线；

（2）结合套管主绝缘电阻和末屏绝缘电阻试验分析，增加套管油质和套管油色谱化验分析，分析与上一次试验数据的变化趋势。

4. 套管介质损耗因数与电容量异常的致因研判和处置

变压器套管介质损耗或电容量异常常见致因如图 3-10 所示。

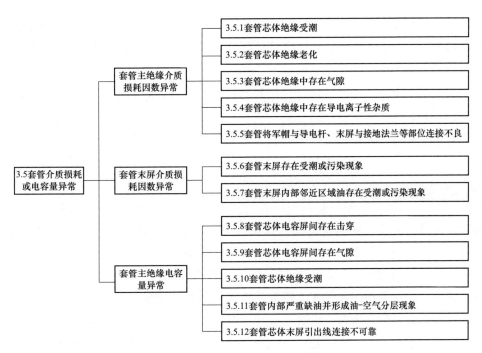

图 3-10 套管介质损耗或电容量异常常见致因

致因 3.5.1 套管芯体绝缘受潮

解析： 套管芯体绝缘受潮常见情形主要有：①安装新品干式油—油套电容式套管前，未做好防潮措施，导致吸附环境潮气；②变压器运行期间，油浸电容式空气套管因密封不良导致进水受潮；③变压器本体或电缆终端油室含水量超标，干式油—油电容式套管吸附油中水分受潮。

特征信息： ①套管主绝缘低压介质损耗和电容量均呈增大趋势或超注意值，绝缘电阻呈下降趋势；②套管高压介质损耗与试验电压的关系曲线较早出现向上弯曲，且电压上升和下降曲线不重合；③新品套管安装前未做好防潮措施，存在受潮现象，或套管取油堵密封不良存在进水受潮现象，油中含水量或氢气含量存在增大趋势。

处置方法： 增加套管油质分析和油色谱分析，本体加油压或气压，检查套管头部是否存在渗漏油情况，综合判断和查找受潮原因。若油浸电容式套管取油堵存在进水受潮痕迹，应立即安排更换，未更换时禁止将变压器投入运行；干式油—油电容式套管因绝缘外表面受潮时，可通过真空热油循环干燥工艺处理，如无法恢复，可拆除套管，在真空干燥炉内处理，或直接更换新品套管。运行中套管介质损耗增大，但是其他各项试验及油指标正常时，在无备品更换时可暂时投入运行，而套管电容量异常时，必须更换新品套管。

致因 3.5.2 套管芯体绝缘老化

解析： 引起套管芯体绝缘老化的因素主要有：①新品套管芯体干燥时温度过高导致绝缘老化，一般在出厂或交接试验时通过高压介损试验即可鉴别；②运行套管内部长时间存在局部过热故障导致绝缘老化。

特征信息： ①与历史数据相比，套管低压介质损耗略有降低；②套管高压介质损耗与试验电压的关系曲线中，电压较低时呈一水平直线，当超过某一电压值则呈上升趋势，且升压和降压曲线不重合；③套管运行年限较长，油中存在过热类故障特征气体，油中糠醛含量呈增长趋势。

处置方法： 套管绝缘老化时，应尽快安排更换，避免套管在热应力作用下发生绝缘击穿故障。

致因 3.5.3 套管芯体绝缘中存在气隙

解析： 引起套管芯体绝缘中形成气隙或气泡的因素主要有：①新品套管出厂前卷绕、真空浇注浸渍等制造工艺不良，导致绝缘层或铝箔层中存在褶皱气隙；②运行期间套管因内渗导致芯体长时间缺油，芯体绝缘油析出并形成气隙。

特征信息： ①安装新品套管或运行期间出现套管缺油现象；②与历史数据相比，套管主绝缘低压介质损耗略有增加，电容量呈减小趋势；③电压较低时，套管主绝缘高压介质损耗与电压的关系曲线呈一水平直线，当超过某一电压值时，曲线呈上升趋势，且升压和降压曲线不重合。

处置方法： 若在安装套管新品期间发现该问题，应返厂更换，并关注是否存在同批次问题；运行期间因套管缺油严重导致套管主绝缘介质损耗异常时，应立即更换。

致因 3.5.4 套管芯体绝缘中存在导电离子性杂质

特征信息： ①套管主绝缘低压介质损耗增长或超注意值，高压介质损耗随电压的升高逐步下降并趋于合格；②套管主绝缘绝缘电阻和电容量合格，未有发展趋势。

处置方法： 套管发生 Garton 效应并不说明绝缘存在问题，故仍可继续运行。

现场可通过两种方法判断是否发生 Garton 效应：①对被试品施加高电压（例如耐压试验），然后再做低电压介质损耗试验；②做高电压下介质损耗试验，然后再做低电压介质损耗试验，如果介质损耗下降到合格范围内，则可认为发生了 Garton 效应。

致因 3.5.5 套管将军帽与导电杆、末屏与接地法兰等部位连接不良

特征信息： ①套管主绝缘低压介质损耗呈增大趋势或超注意值，电容量呈减小趋势；②套管末屏介质损耗可能呈增大趋势且油中溶解气体存在过热或放电类故障特征气体。

处置方法： 拆除套管将军帽，夹持套管导电杆进行低压介质损耗试验，如介质损耗减小并恢复至正常值，说明因套管将军帽与导电杆接触不良所致，应分析其接触不可靠原因，例如某套管厂通过销子实现等电位接触的。另外，也可通过测量将军帽与其安装底座的接触电阻判断其接触可靠性。

如不存在以上问题，应考虑套管末屏内部根部及引出线接触可靠性问题，这里一般伴随末屏介损呈增长趋势问题，可采取套管油中溶解气体分析，拆解末屏装置内部检查等方

式进行佐证，如套管介质损耗仍无法恢复时，应更换套管。

致因 3.5.8 套管芯体电容屏间存在击穿

特征信息： ①套管主绝缘电容值呈增大趋势或超注意值，低压介质损耗值未有发展趋势；②套管油中溶解气体存在过热类或放电类故障特征气体，CO 和 CO_2 含量呈明显增长趋势。

处置方法： 变压器停电并更换套管。

致因 3.5.11 套管内部严重缺油并形成油—空气分层现象

特征信息： ①套管红外成像测温发现该套管热量分层，与其他套管红外图谱不一样，或停电检查发现套管内部严重缺油；②套管试验的介质损耗呈增大趋势，电容量呈减小趋势。

处置方法： 若套管严重缺油，怀疑内渗概率很大，同时芯体绝缘内部可能出现气隙问题，即使给套管补油，短时间也无法实现气隙的消失，运行中必然会引起气泡放电等问题，易造成沿面放电、电容层气隙放电、套管内压过大等问题，为可靠起见，套管严重缺油时，应立即将套管更换。

致因 3.5.12 套管芯体末屏引出线连接不可靠

特征信息： ①套管主绝缘电容测量值呈减小趋势；②套管末屏绝缘电阻试验时没有电容充电现象或指针摆动异常，放电时未发生火花现象，或通过串接毫安指针式电流表未发生指针偏转；③运行中红外测温检测发现该套管末屏温度与其他套管末屏温度存在 2K 及以上温差。

处置方法： 拆除套管末屏装置，检查内部末屏接线是否可靠，如涉及套管根部（内部）焊接问题，无法处理时，应更换新品套管。

第六节　变压器绕组直流电阻异常的研判和处置

一、绕组直流电阻试验概述

变压器绕组连同套管的直流电阻试验是在被测绕组中通以直流电流（非被测绕组开路），通过测量通过绕组的电流及绕组电阻上的压降，根据欧姆定律即可算出绕组的直流电阻，是变压器在交接、大修、有载检修、无载检修、套管接线端子与引线拆装、变压器出口短路之后不可缺少的试验项目。

二、绕组直流电阻的分析与计算

1. 绕组直流电阻分析基础

（1）绕组接线方式。单个绕组出线方式主要分为端部出线和中部出线，端部出线是绕组的出头在绕组的两端，而中部出线则是将绕组分为绕向相反的上下两部分，中间的两个头连在一起作为绕组的一个出头，上下两个头连在一起作为绕组的另一个出头。不同电压等级绕组间的连接方式上分为独立绕组式和自耦式，独立绕组式变压器各个电压系统对应各自独立的绕组，它们之间只有磁的链接而没有电路上的连接，自耦式变压器公共绕组供其中较低的电压系统使用，同时又和串联绕组联在一起供其中较高的电压系统使用，两个电压系统之间既有磁的链接又有电路上的连接。按三相绕组的连接方式可分为星形（Y）联结和三角形（D）联结，星形联结将三相绕组的中性点连接在一起，又分为中性点引出和不引出两种，三角形联结是将变压器三相绕组的头尾相连。

无励磁分接开关的调压方式主要分为中性点调压和绕组中部调压。中性点调压是将调压分区布置在 Y 联结绕组的中性点处，通常用于 35kV 及以下电压等级绕组，主要分为线性正接调压、线性反接调压和中性点正反调压。绕组中部调压主要用于 35kV 及以上电压等级绕组，主要分为单桥跨接调压、双桥跨接调压和绕组中部正反调压。电压等级为 110kV 及以上时，由于相间绝缘要求，无励磁分接开关常做成单相结构，220kV 及以上的高压绕组通常是中部出线，上部和下部并联，分接线并联后再接到开关。常见无励磁调压电路如图 3-11 所示。

有载调压变压器绕组连接方式基本采用 Y 型连接方式，其中三相 Y 型连接方式主要包括三相 Y 接中性点调压和三相 Y 接中部或线端调压，其中 Y 接中性点调压分为线性调压、正反调压（W）和粗细调压（G）三种调压方式，如图 3-12 所示。

（2）绕组型式选择。为满足绝缘强度、机械强度和散热等方面的要求，变压器绕组分为多种结构型式，对于某些纠结式绕组和内屏蔽绕组，因绕组绕制工艺要求涉及电磁线断点焊接问题，对于此类绕组结构型式，在变压器发生出口短路及绕组直阻数据异常时，应考虑绕组断点焊接发生脱焊的问题，这里不考虑绕组绕制过程中因电磁线长度过短需通过焊接（续接）电磁线的问题（同样存在断点焊接），这是因为此类焊触点并不是绕组结构型式绕制的必备工艺环节，严格意义上不允许出现此类问题。

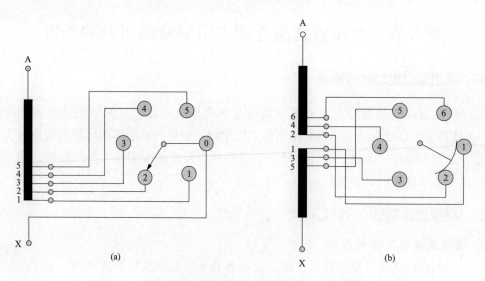

图 3-11　无励磁分接开关位置和调压电路（A 相为例）（一）

（a）线性正接调压电路；（b）单桥跨接调压电路

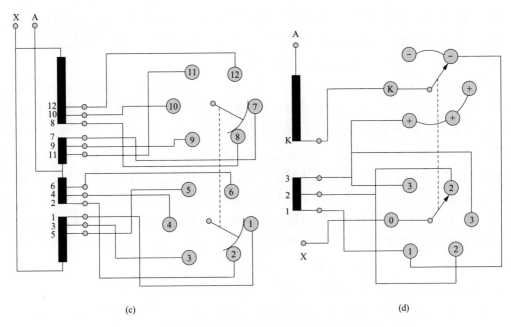

图 3-11 无励磁分接开关位置和调压电路（A 相为例）（二）

（c）双桥跨接调压电路；（d）中性点正反调压电路

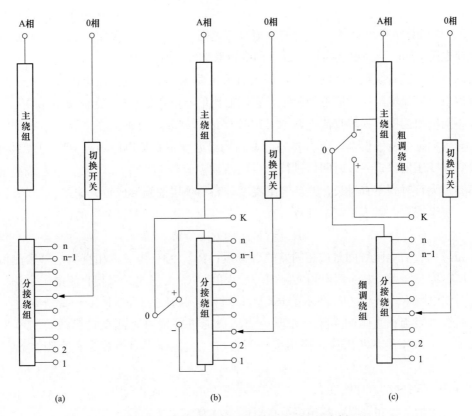

图 3-12 有载分接开关调压电路（A 相为例）

（a）线性调压；（b）正反调压；（c）粗细调压

变压器绕组从大的型式上可以分为螺旋式（也称作层式）绕组和饼式绕组两类。

螺旋式绕组是一根或几根导线并联像弹簧一样从一端绕到另一端，可以是一层也可以多层串、并联，一般低电压大电流绕组采取这种结构。

饼式绕组是将导线在水平方向上绕若干匝成为一饼然后进入下一饼绕制，一个绕组由若干饼串联而成，一般中、高压绕组采用这种结构。最普通的饼式绕组是由没有断开点的若干饼按照正饼、反饼交替串联而成，称作连续式绕组。为了改变雷电冲击电压在绕组中的分布，可以在绕组起头的若干匝插入屏蔽线以改变绕组的纵向电容分布，称作内屏蔽插入电容连续式绕组，大容量高电压变压器的高压绕组多采用这种结构。另外一种改变绕组纵向电容分布的方法是两根（或 2 的倍数）导线并联绕制通过断开两饼间连线再错位连接的方式实现导线在两饼间的穿插，这种结构称作纠结（四根导线时称作插花纠结）连续式，这种结构的绕组内会有很多焊触点。绕组绕制部分采用插入电容式或纠结式而另一部分采用普通连续式，这种称作组合式绕组。

2. 绕组直流电阻的换算与计算

（1）不同绕组温度下绕组直流电阻的换算。绕组直流电阻必须换算到同一温度下，与历次直阻试验值进行比较，测量值不应出现较大增长或下降趋势，换算公式为

$$R_{t2} = \frac{T + t_2}{T + t_1} R_{t1}$$

式中：R_{t2} 为换算至绕组温度在 t_2 时的绕组直流电阻，Ω；R_{t1} 为换算至绕组温度在 t_1 时的绕组直流电阻，Ω；T 为温度换算系数，铜绕组取 235，铝绕组取 225。

可以看出，随着绕组温度的升高，绕组直流电阻增大。绕组直流电阻试验的高、中及低压各侧绕组直流电阻比值应近似一致，它们的比值不需考虑每次试验的温度换算。

在不同绕组温度下换算直流电阻通常以顶层油温为准，为避免绕组温度与顶层油温偏差较大导致数据分析的误判，当需要进行不同绕组温度下直流电阻值换算时，绕组直流电阻试验宜在变压器停运一段时间后进行，变压器油温宜控制在 50℃以内，通入绕组的直流电流不宜过大且时间不宜过长，避免绕组温度升高与顶层油温形成较大偏差。

（2）绕组直流电阻不平衡率计算。直流电阻线间差或相间差百分数的计算可表示为

$$\Delta R_x = (R_{max} - R_{min}) / R_p$$

式中：ΔR_x 为直流电阻线间差或相间差的百分数；R_{max} 为三线或三相直流电阻实测值的最大值；R_{min} 为三线或三相直流电阻实测值的最小值；R_p 为三线或三相直流电阻实测值的平均值，对线电阻 $R_p = 1/3 (R_{AB} + R_{BC} + R_{AC})$；对相电阻 $R_p = 1/3 (R_{AN} + R_{BN} + R_{CN})$。

（3）线直阻与相直阻的换算。如现场测试仅能进行线直阻测试，当线直阻不平衡率不合格时，一般不能判断出具体哪相直阻不合格，应将线直阻换算为相直阻进行异常相的判别。

1）对于星形联结，如图 3-13（a）所示，应测量各相绕组电阻，无中性点引出线的星形联结，可测量各线间直阻，各相绕组直阻可表示为

$$R_A = \frac{R_{AB} + R_{CA} - R_{BC}}{2}$$

$$R_B = \frac{R_{BC} + R_{AB} - R_{CA}}{2}$$

$$R_C = \frac{R_{BC} + R_{CA} - R_{AB}}{2}$$

2）对于三角形联结，如图 3-13（b）所示，其各绕组首末端接线连接为 A-Y、B-Z、C-X 时，可测量各线间的直阻，各相绕组直阻可表示为

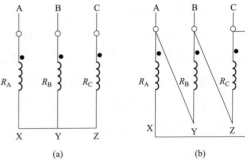

$$R_a = (R_{ac} - R_g) - \frac{R_{ab}R_{bc}}{R_{ac} - R_g}$$

$$R_b = (R_{ab} - R_g) - \frac{R_{ac}R_{bc}}{R_{ab} - R_g}$$

$$R_c = (R_{bc} - R_g) - \frac{R_{ab}R_{ac}}{R_{bc} - R_g}$$

$$R_g = (R_{ab} + R_{ac} + R_{bc})/2$$

图 3-13　变压器星形与三角形接线绕组

（a）星形接线；（b）三角形（A-Y，B-Z，C-X 连接）

3. 绕组直流电阻数据分析要点

变压器绕组直流电阻试验数据应从以下各要点逐一对比分析，避免仅考虑直流电阻不平衡率，而各相绕组直阻均增大或减小的缺陷未被发现。

要点 1：顶层油温接近情况下的绕组直阻与历次直阻试验数值不应存在较大偏差，否则应考虑顶层油温表测量的准确性、零相引出线及零相套管接触不良等问题。

要点 2：与历次直阻试验数值相比，直阻不平衡率或线直阻不平衡率不应存在较大偏差。在出厂试验、交接试验及例行试验中，各电压等级绕组直阻比值应近似一致，不应有较大偏差。

要点 3：带分接绕组变压器各相邻分接直阻差值（级电阻）应近似相等，因各分接级电压设计相同，其偏差主要受分接开关分接头接触电阻影响。

要点 4：对于正反调或粗细调接线方式调压绕组，正分接（上半区）与负分接（下半区）对应分接位置直阻数值应近似相等，其偏差主要受极性选择器触头接触电阻影响。

三、绕组直流电阻异常的研判和处置

1. 变压器绕组直流电阻异常的含义

变压器绕组直流电阻试验主要是检查绕组及所连接引出线导电回路连接部位的接触可靠性，以及鉴别变压器故障跳闸后绕组是否发生短路或断路故障，当绕组直阻异常时应引起注意。

2. 变压器绕组直流电阻异常的信息收集

（1）查阅历次变压器绕组直阻试验数据，分析历次直阻试验数据的变化趋势，对于新品变压器或绕组大修变压器，应查阅半成品直阻试验数据。

（2）了解以下内容：变压器绕组接线图、调压绕组布置走线图、半成品绕组套装位置，

绕组型式选择（是否存在焊点）、绕组引出引线连接方式（焊接或冷压接等）、套管载流导体结构（穿缆结构、导杆结构或拉杆结构）、套管引线头结构（磷铜焊接或冷压接），有载开关切换开关及分接选择器载流触头结构（重点关注切换开关是否具备主触头结构）、无载开关载流触头结构等。

（3）梳理近两次直阻试验期间发生的变压器出口短路故障跳闸事件，是否承受较大穿越性短路电流等；试验期间是否进行有载开关检修、套管检修或套管接线端子更换、无载开关检修或调节分接位置等工作；试验期间是否存在套管接头红外测温异常类缺陷（尤其是刚刚检修试验拆接套管头接线端子后的测温）。

3. 变压器绕组直流电阻异常的诊断工作

（1）分析绕组直阻数值时，应进行绕组直阻温度换算、直阻线值与相值换算、直阻不平衡率计算，各电压等级侧绕组直阻比值、相邻分接直阻级差电阻、上下半区对应分接位置直阻差值等数据分析。

（2）绕组直阻异常时，应进行分段绕组直阻试验分析，根据试验数据缩小范围并对接触不良部位定位。

（3）怀疑本体油中绕组导电连接不良导致直阻数据异常时，应增加本体油色谱化验分析；怀疑绕组发生变形时，应增加绕组频率响应、低电压短路阻抗和绕组电容量试验。

4. 变压器绕组直流电阻异常的致因研判和处置

变压器绕组直流电阻异常常见致因如图 3-14 所示。

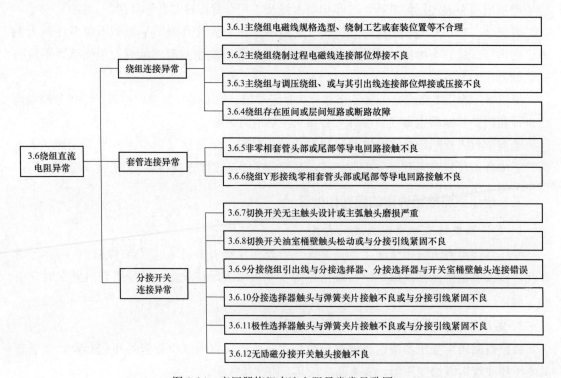

图 3-14　变压器绕组直流电阻异常常见致因

致因 3.6.1　主绕组电磁线规格选型、绕制工艺或套装位置等不合理

解析： 在电磁线规格选型及采购批次方面，当电磁线混用时，铜导线导电率、铜含量等偏差较大，绕组整体长度较长，绕组直阻将会产生一定偏差；在绕组绕制方面，由于绕组同心度不同，径向或幅向尺寸不同、绕紧度不同等，导致各相绕组长度不同（不包含分接引线和套管引出线），进而影响各相绕组直阻偏差；在绕组布置方面，由于变压器各绕组布置与分接开关距离长度不一致，距离由近及远分别为 A 相、B 相和 C 相，考虑分接引线长度对绕组直流电阻值的影响，最大直流电阻半成品绕组应套装靠近分接开关侧铁芯柱，这样便于引线的装配并满足绕组直阻不平衡率，制造厂家往往在满足载流和短路电流密度前提下，通过调整分接引出线截面积满足绕组直阻不平衡率，其中绕组绕制工艺、绕组布置等方面对绕组直阻不平衡率影响最大，这也是进行半成品绕组直阻试验的目的。

特征信息： ①变压器为新品或绕组大修后产品，在任何分接位置，某电压等级绕组直阻不平衡率较大或超注意值；②绕组半成品直阻不平衡率较大，绕组套装位置不合理，或引出线布置方式及截面积选型不合理。

处置方法： 查找绕组直阻异常的原因，若无法通过调整绕组套装位置、引出线布置方式或截面积选型满足绕组直阻要求时，需返厂重新制作绕组。

致因 3.6.2　主绕组绕制过程电磁线连接部位焊接不良

解析： 变压器绕组接头涉及焊接处理的结构型式主要为纠结式绕组和内屏蔽绕组。在绕组焊接后应检查连接质量，必要时应进行连接部位的接触电阻试验或 X 光探伤检测，将半成品直流电阻试验与绕组绕制理论电阻计算值进行比对，可判别绕组绕制整体直径、绕组松紧度、绕组线长度等是否偏差过大，这也是绕组绕制一致性的间接判别标准。

特征信息： ①变压器为新品或绕组大修后产品，在任何分接位置，某电压等级绕组直阻不平衡率较大或超注意值；②直阻异常侧绕组为纠结式或内屏蔽型式，绕组存在焊接接头工艺不良；③拆除主绕组与引线连接外包绝缘，在主绕组出线端子处测量直阻，结果不符合半成品绕组直阻数据；④本体油中溶解气体存在过热类故障特征气体。

处置方法： 变压器返厂检查并更换异常绕组。

致因 3.6.3　主绕组与调压绕组、或与其引出线连接部位焊接或压接不良

解析： 对主绕组与调压绕组的连接部位应考虑调压方式，例如正反调压方式下，主绕组与调压绕组的连接部位主要指 K 分接引出线的连接，不涉及调压绕组时，其绕组引出端直接与引出线实现连接。

特征信息： ①变压器为新品或绕组大修后产品，在任何分接位置，某电压等级绕组直阻不平衡率较大或超注意值；②拆除主绕组与引线连接外包绝缘，在主绕组出线端子处测量主绕组直阻，其结果不符合半成品绕组直阻数据；③测量异常相主绕组与引出线焊接或压接处接触电阻，结果不合格，X光检测发现某相绕组与引线焊接或压接不饱满，接触面存在间隙；④本体油中溶解气体存在过热类故障特征气体。

处置方法： 重新对主绕组与调压绕组、或与其引出线连接部位焊接或压接处理。

致因 3.6.4　绕组存在匝间或层间短路或断路故障

解析： 绕组存在短路故障时，往往会导致绕组直阻测量值偏小；绕组存在断路故障时，往往会导致绕组直阻数据无法测量。当绕组为星形（Y）连接方式时，某相断线，其对应的相直流电阻或线端直流电阻均无法测出，未发生断线的相别，其相直流电阻值正常；当绕组为角形（△）接线方式时，断线相线端电阻值为正常值的3倍，非断线相线端电阻值为正常值的1.5倍。

特征信息： ①监控系统发出本体重瓦斯动作跳闸信号或本体差动保护动作跳闸信号；②涉及故障相的绕组直阻数据异常，直阻不平衡率呈增大趋势；③本体油中溶解气体存在过热及放电类特征气体。

处置方法： 变压器绕组损坏无法使用时，需更换备品变压器。

致因 3.6.5　非零相套管头部或尾部等导电回路接触不良

解析： 套管头部接触不良可通过红外测温手段间接判断，多为套管头部螺纹引线头结构；套管尾部导电回路接触不良可通过本体油中溶解气体分析间接判断，多为导杆式套管结构，套管尾部需通过套管接线端子与绕组引出线螺栓连接，如处理后绕组直流直阻无法恢复正常，应怀疑套管本体内部导电回路的连接存在问题。

特征信息： ①在任何分接位置，某电压等级某相绕组直阻偏大，而其他相绕组直阻正常，直阻不平衡率较大或超注意值；②紧固该相套管头部或尾部导电连接结构后，该相绕组直阻及不平衡率恢复正常；③本体油中溶解气体可能存在过热类故障特征气体。

处置方法： 在处理前应根据套管头部红外成像测温历史记录和本体油中溶解气体分析数据综合判断。前者数据异常往往说明套管头部接触不良，仅需对套管头部导电回路大修即可；后者数据异常往往说明套管尾部接触不良，需本体撤油，通过手孔对连接部位进行检修。

致因 3.6.6　绕组Y形接线零相套管头部或尾部等导电回路接触不良

解析： 对于星形（Y）接绕制，不应采用三通道方式测量绕组直流电阻，应分别通过各相至零相回路测量各相绕组直流电阻，否则无法检测到零相套管导电回路接触不良问题。变压器运行期间零相套管并不载流，因此通过红外成像测温不能发现其接触不良问题。

特征信息： ①绕组为Y形联结，在任何分接位置，某电压等级三相绕组直阻均整体偏高，与历史数据相比，各电压等级侧绕组直阻比值存在较大变化；②在切换开关油室桶壁触头测量的各相绕组直阻数据正常。

处置方法：对于穿缆式套管，可通过重新拆装零相套管头部导电回路，检查是否存在接触不良问题；对于导杆式套管，应首先检修套管头部导电回路，如绕组直阻数据仍未恢复，应考虑检修零相套管油中接线端子。

致因 3.6.7　切换开关无主触头设计或主弧触头磨损严重

解析：根据切换开关切换过程分析，主通断触头会发生拉弧现象，其表面容易产生碳化物及烧灼点，触头间的接触电阻增大，进而影响绕组直阻数据，而主触头主要起载流作用，只转移电流不开断电流，因此，与主通断触头和过渡触头相比，主触头基本无碳化物及烧灼点，不会对绕组直阻试验产生影响。

特征信息：①绕组直阻数值不稳定，无规律可循，直阻不平衡率呈增大趋势或超注意值；②切换开关正常载流触头为主弧触头，无主触头设计；③打磨主弧触头，再频繁切换触头数次，或更换切换开关触头组后直阻数据稳定，直阻不平衡率恢复正常。

处置方法：通过切换开关油室内壁触头测量绕组直阻，确定绕组直阻数据异常为开关芯体触头接触电阻大所致。切换开关吊芯检修，使用百洁布擦拭主弧触头，手动多次切换开关芯体，复测接触电阻合格后，再测量绕组直阻试验，对于频繁出现主弧触头接触电阻过大的切换开关，应更换切换开关整组触头，必要时更换带主触头结构设计的切换开关。

为避免此类问题的发生，对新品变压器有载切换开关，应选择具有主触头设计结构，不应采用长期靠主通断触头载流的方式，例如 MⅢ350A 型切换开关即没有主触头设计，要避免运行一段时间后，重复发生绕组直阻平衡率超标问题。

致因 3.6.8　切换开关油室桶壁触头松动或与分接引线紧固不良

特征信息：①带调压绕组仅某相单数分接位置或双数分接位置的绕组直阻呈增大趋势、直阻不平衡率较大或超注意值；②切换开关各相触头组接触电阻均合格，测量切换开关油桶内壁触头处绕组直阻或直阻不平衡率，仍不合格。

处置方法：通过本体撤油钻桶开展切换开关桶壁触头检修工作。

致因 3.6.9　分接绕组引出线与分接选择器、分接选择器与开关室桶壁触头连接错误

解析：出现该异常的情况主要有：①未对新品变压器进行出厂绕组直阻试验或重新调整分接引线后未开展绕组直阻试验；②现场更换分接选择器后，分接选择器自身或与相关引线连接错误，在绕组直阻试验时发现。

特征信息：①变压器为新品、大修后产品或更换分接选择器后；②带调压绕组的某相绕组直阻数值异常（甚至可能出现无数值现象），各分接级差阻值异常，绕组直阻不平衡率超注意值。

处置方法：根据绕组直阻错误数据分析具体是哪个分接引出线与分接选择器连接存在问题，调整分接引出线与分接选择器连接后，重新进行绕组直流电阻试验。

致因 3.6.10 分接选择器触头与弹簧夹片接触不良或与分接引线紧固不良

特征信息：①带调压绕组的，仅上半区（正分接）某相某分接位置与其对应的下半区（负分接）分接位置存在直阻数值和直阻不平衡增大现象，而该相其他分接位置和其他两相所有分接位置直阻数据均正常；②本体油中溶解气体存在过热类特征气体。

处置方法：通过本体撤油钻桶开展分接选择器触头检修工作，同时做好触头相关备品备件的准备工作，处置完成后可通过夹持分接选择器内部触头进行绕组直阻试验，但应确保人员已撤出箱体，防止人员触电，同时检查其他触头是否存在同类型问题，发现问题一并处理。

致因 3.6.11 极性选择器触头与弹簧夹片接触不良或与分接引线紧固不良

解析：根据运行经验分析，正反调压或粗细调压的有载开关分接位置多停留在上半区（正分接）位置，即极性选择器夹片多停留接触某一触头（如 K＋触头），而另一触头基本不停留接触（如 K－触头），那么长期未接触的触头表面易形成氧化膜或附着油泥，这样即会导致下半区（负分接）位置直流电阻值整体偏高，且运行时容易发生过热问题，为此，停电时应对有载分接开关转换选择器反复操作，这样可以将触头表明的氧化膜、油泥及热解碳清洁干净。

特征信息：①带正反调压或粗细调压的绕组直阻不平衡率超标，与历史数据相比，上半区（正分接）或下半区（负分接）各分接位置绕组直阻均整体偏大，偏差数值一致；②本体油中溶解气体可能存在过热类故障特征气体。

处置方法：首先考虑极性选择器夹片氧化膜问题，往往在下半区负分接出现的概率较大，当频繁切换极性选择器时（分接位置在中间位置上下各 2 个分接位置来回切换），如无法解决，可通入直流电流进行尝试，例如直流电阻仪试验电流选择 20A 或 40A，如仍未解决问题，只能通过撤油钻桶检查与分接引线触头连接问题。

致因 3.6.12 无励磁分接开关触头接触不良

解析：无励磁分接开关接触不良导致直阻超标的因素主要有：①接触点压力不够（压紧弹簧疲劳、断裂或接触环各方向弹力不均匀）；②部分触头接触不上或接触面小，使触点烧伤；③接触表面有油泥及氧化膜；④定位指示与开关接触位置不对应，使动触头不到位；⑤穿越性故障电流烧伤开关触头接触面。

特征信息：①绕组直阻试验涉及无励磁分接开关导电回路；②长期未调整无励磁分接开关分接位置或在吊装检修、调整分接头位置后出现绕组直阻或绕组直阻不平衡率异常现象；③本体油中溶解气体存在过热类特征气体。

处置方法：变压器停电状态下频繁切换无励磁分接开关触头，绕组直阻数据仍无法恢复正常时，应进行无励磁分接开关吊检工作，对开关触头接触不良部位处置后，再调整至正常分接位置进行绕组直阻试验。

第七节 变压器绕组变比或联结组别试验异常的研判和处置

一、变压器绕组变比或联结组别试验概述

变压器变比及联结组别试验主要在以下情形下开展：①新品安装阶段，校验绕组匝数、绕组引出线与分接引线的连接、分接开关位置及各出线端子标志的正确性，与铭牌标志是否一致等；②变压器器身大修阶段，更换或拆装绕组内外连接线时；③变压器运行阶段，发生故障并怀疑绕组匝间短路或断路时（匝数发生改变）。

二、变压器绕组变比或联结组别异常的研判和处置

1. 变压器绕组变比或联结组别异常的影响

变压器联结组别不一致时，禁止并列运行，否则相当于变压器绕组短路。变压器变比差值较大将影响二次电压的准确性，同时并列运行变压器间形成环流，影响负荷分配。变压器故障诊断试验时，当变比试验与历史试验数据相比发生较大偏差时，应考虑绕组存在匝间短路或断路的情况。

2. 变压器绕组变比或联结组别异常的信息收集

（1）变压器是否为新品或大修后产品，是否涉及绕组或分接选择器更换、主绕组或分接绕组引出线拆装、位置变更等工作。

（2）核实绕组变比试验接线方式与上一次试验是否一致，对于无中性点引出和中性点引出的绕组，应注意零相引线是否接入变比试验仪器，避免不一致产生变比误差。

（3）核实变压器变比试验前是否开展易导致铁芯剩磁的直流类试验，变压器铁芯消磁试验后复测是否恢复正常。

（4）变压器上一次试验至本次试验期间，变压器是否发生过中低压侧出口短路故障，本体油中溶解气体是否存在过热类或放电类故障特征气体。

3. 变压器绕组变比或联结组别异常的诊断工作

增加变压器绕组直阻试验，本体油中溶解气体分析。

4. 变压器绕组变比或联结组别异常的致因研判和处置

变压器绕组变比或联结组别异常常见致因如图 3-15 所示。

致因 3.7.1 变压器绕组绕向或匝数绕制错误

特征信息：①变压器为新品或绕组大修后产品；②与设计值相比，变压器变比或联结组别存在较大偏差。

处置方法：重新绕制绕组并更换。

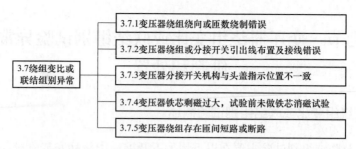

图 3-15 变压器绕组变比或联结组别异常常见致因

致因 3.7.2 变压器绕组或分接开关引出线布置及接线错误

特征信息： ①对变压器器身开展绕组或分接开关引出线拆装检修工作；②变压器变比误差率和绕组直阻数据不符合规程要求。

处置方法： 根据绕组直阻试验结果，核实变压器绕组或分接开关引出线布置及接线是否正确，更改连接线后，重新进行绕组直阻和变比试验。为避免此类问题的发生，变压器内外连接线发生变动后应进行变比及联结组别试验。

致因 3.7.3 变压器有载分接开关机构与头盖分接位置指示不一致

特征信息： ①变压器调压机构箱分接位置指示值与切换开关头盖分接位置指示值不一致；②变压器变比误差呈规律性整体偏大趋势。

处置方法： 与出厂试验直阻数值比对分析，确定正确分接位置对应的直阻数值，核对和调整调压机构分接位置指示值，确保调压机构与开关头盖分接位置指示一致。

致因 3.7.4 变压器铁芯剩磁过大，变比试验前未做铁芯消磁试验

特征信息： ①在变比试验前，对变压器开展过使铁芯产生剩磁（导致铁芯饱和）的直流类试验；②变比试验前未进行铁芯消磁试验，铁芯消磁试验后复测合格。

处置方法： 变压器铁芯消磁试验后再进行变比试验。

为避免此类问题的发生，应将变压器变比试验安排在所有直流试验项目之前，否则应先对变压器进行铁芯消磁试验，再开展变压器变比试验。

第八节 变压器低电压短路阻抗异常的研判和处置

一、变压器低电压短路阻抗试验概述

变压器绕组短路阻抗由电阻分量和漏电抗分量组成，其中漏电抗分量占比很高，它是角频率（$2\pi f$）和漏电感的乘积，而绕组漏电感是两侧绕组相对距离（同心圆的两个绕组的半径之差）的增函数（与漏磁等效面积成正比），且与两侧绕组高度的算术平均值近似成反比，两侧绕组中任何一个绕组发生变形必定会引起漏电感的变化，相应的会引起漏电抗、短路阻抗的变化。如果短路阻抗的变化量是正偏差，则两绕组间的漏磁空道宽变大，即两绕组之间的距离变大；如果短路阻抗的变化量是负偏差，则两绕组间的漏磁空道宽变小，即两绕组之间的距离变小。因此，通过测量绕组短路阻抗的变化可以判断变压器绕组的变形。

漏磁通回路中，油、纸、铜等非铁磁材料占磁路主要部分，非铁磁材料磁阻是线性的，磁导率仅为硅钢片的万分之五左右，亦即磁压的99.9%全部降落在线性的非铁磁材料上，绕组参数在电流从零至额定电流范围内都可以认为基本不变，因此，测量绕组参数可使用较低的电流、电压，而不会影响其测量数据。

仅在出厂试验、交接试验、故障跳闸或怀疑绕组存在变形时，才开展变压器低电压短路阻抗试验，出厂和交接试验的前期数据非常重要，它是后续低电压短路阻抗诊断试验的重要参考依据。

二、变压器低电压短路阻抗异常判据

对于变压器低电压短路阻抗，均应分析同一参数的三个单相值的互差（横比）、同一参数值与原始数据和上一次测试数据的相比之差（纵比），判断差值是否超过了注意值，分析纵、横比值的变化趋势，并分析相关绕组对参数变化与异常绕组对参数变化的对应性。

根据GB/T 1093—2018《电力变压器绕组变形的电抗法检测判断导则》6.2规定，容量100MVA及以下且电压220kV以下的电力变压器绕组参数的相对变化不应大于±2%，3个单相参数的最大相对互差不应大于2.5%；容量100MVA以上或电压220kV及以上的电力变压器绕组参数的相对变化不应大于±1.6%，3个单相参数的最大相对互差不应大于2%。

当不满足以上要求时，应结合测量绕组直流电阻、绕组间和绕组对地的等值电容、变压器空载电流、空载损耗、局部放电，进行绕组频率响应的分析、油中气体的色谱分析等结果综合分析，可使变压器绕组有无变形及其严重程度的判断更为准确可靠。

三、变压器低电压短路阻抗异常的研判和处置

1. 变压器低电压短路阻抗异常的影响

变压器低电压短路阻抗异常时往往意味着绕组可能存在变形，若变压器继续承受过大或频次较多的短路电流电动力影响，绕组变形加剧并造成绕组匝绝缘破坏时，变压器内部将发生绕组短路故障并烧损变压器。

2. 变压器低电压短路阻抗异常的信息收集

（1）变压器投运年限，是否为新品或大修返厂设备。

（2）查阅变压器历次低电压短路阻抗数据并做好比较分析，主要包括出厂试验、交接试验和诊断试验，了解变压器上一次试验至本体异常试验期间是否存在变压器运输颠簸、运行区域发生地震、变压器中低压侧出口短路等情况。

（3）试验是否排除因试验仪器（宜选用带滤波功能、稳压电源的仪器）、试验接线、试验电源（是否稳定存在谐波、频率是否存在偏差等）、环境电磁场干扰等因素的影响，排除

以上影响因素后试验复测是否合格。

3. 变压器低电压短路阻抗异常的诊断工作

怀疑变压器绕组发生变形时，应增加绕组频率响应试验、绕组电容量试验、本体油中溶解气体化验，综合判断绕组是否发生变形。

4. 变压器低电压短路阻抗异常的致因研判和处置

变压器低电压短路阻抗异常常见致因归纳如图 3-16 所示。

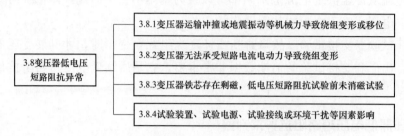

图 3-16　变压器低电压短路阻抗异常常见致因归纳

致因 3.8.1　变压器运输冲撞或地震振动等机械力导致绕组变形或移位

特征信息：①变压器低电压短路阻抗横向及纵向差值明显超标；②新品变压器或返厂大修变压器，在交接试验前存在运输冲撞情况，三维冲击仪记录超标，或变压器运行期间该区域发生地震，强度达到 8 级以上。

处置方法：新品或返厂大修变压器运输均安装三维冲击仪，当发现三维冲击仪记录接近或超 3g 注意值时，应了解运输过程是否存在颠簸等现象，应综合绕组频率响应、低电压短路阻抗和电容量试验判断绕组是否存在变形，确定绕组存在变形时应安排返厂整改。

变压器运行期间发生地震时，如伴随变压器本体重瓦斯跳闸，应考虑地震导致误动的问题，同时应考虑地震振动机械力对绕组变形的影响，当进行变压器绝缘、直阻、绕组变形及本体油中溶解气体试验合格后，方可投入变压器运行。如未伴随变压器本体重瓦斯跳闸，而在后续的例行试验中发现此问题，应根据绕组变形程度及本体油中溶解气体化验情况综合判断是否应尽快安排变压器更换。

致因 3.8.2　变压器无法承受短路电流电动力导致绕组变形

特征信息：①变压器低电压短路阻抗横向及纵向差值明显超标；②变压器上一次试验至本体异常试验期间发生过变压器中低压出口短路故障。

处置方法：首先判断变压器是否为本体瓦斯跳闸，增加本体油中溶解气体分析辅助判断，如存在放电类故障特征气体，证明变压器内部绕组已发生变形，绝缘破损并发生匝间短路故障，变压器无法投入运行。若非本体瓦斯动作跳闸，其油中溶解气体分析无放电类故障特征气体，证明绕组存在变形，但未伤及绝缘，应综合考虑变形程度，暂时可投入运行，具备备品变压器时，及时安排更换。

致因 3.8.3 变压器铁芯存在剩磁，低电压短路阻抗试验前未做铁芯消磁试验

解析： 短路阻抗试验是建立在励磁阻抗远远大于漏阻抗的前提下，而变压器铁芯剩磁会导致励磁电感测量值减小，直接造成变压器阻抗值减小，从而增加了低电压短路阻抗测试的误差，铁芯剩磁量越大，误差就越大。

特征信息： ①变压器低电压短路阻抗横向及纵向差值存在减小趋势；②变压器低电压短路阻抗试验前进行过绕组直阻试验等导致铁芯剩磁的试验；③变压器铁芯消磁试验后低电压短路阻抗复测合格。

处置方法： 低电压短路阻抗试验前应先开展变压器铁芯消磁试验。

第九节　变压器绕组幅频响应曲线异常的研判和处置

一、变压器绕组幅频响应试验概述

在较高频率电压作用下，变压器的每个绕组均可视为一个由线性电阻、电感（互感）、电容等分布参数构成的无源线性双口网络，连续改变外施正弦波激励源的频率，测量在不同频率下响应端电压和激励端电压信号幅值之比，获得指定激励端和响应端情况下绕组的幅频响应曲线。

在频率较低时，绕组的电容和电感都较小，导致容抗较大，感抗较小，等值电路呈感性，这时可忽略纵向电容的影响，即低频段（1～100kHz）电感起主要作用；随着频率的增加，感抗变大，容抗变小，这时应综合考虑电感和电容参数，即中频段（100～600kHz）电感和电容同时起作用；当频率继续增加时，感抗增大，容抗减小，电路呈容性，这时可忽略绕组的电感，即高频段（600～1000kHz）电容起主要作用。

当外施激励电源频率发生改变时，绕组的多个分布电容和电感组合电路可能在某频率下发生谐振现象，当绕组内部发生并联谐振时，频响曲线会出现波谷；当绕组内部出现串联谐振时，频响曲线会出现波峰。对于给定的某一绕组，它的幅频响应曲线是确定的，当绕组发生变形时，绕组内部的分布电感、电容等参数必然改变，最终导致谐振频率、谐振峰值发生改变。通过检测变压器各个绕组的幅频响应特性，并对检测结果进行纵向、横向或综合比较，根据幅频响应特性的差异，判断变压器可能发生的绕组变形。

二、变压器绕组幅频响应曲线异常判据

用频率响应分析判断变压器绕组变形，主要对相同电压等级的三相绕组频响数据曲线进行纵向和横向比较，纵向比较法是指对同一台变压器、同一绕组、同一分接开关位置、不同时期的幅频响应特性进行比较；横向比较法是指对变压器同一电压等级的三相绕组幅频响应特性进行比较，必要时借鉴同一制造厂在同一时期制造的同型号变压器的幅频响应特性。绕组幅频响应特性曲线分析判据具体如下：

（1）观察不同频段的波峰和波谷分布位置及分布数量，了解发生谐振的频率以及对应

的波峰值或波谷值，是否存在谐振频率偏移、相对应的波峰或波谷数量减小或增加、幅值发生增大或减小、波峰与波谷发生倒置等现象。

低频段幅频特性曲线的波峰或波谷位置发生明显变化，通常预示着绕组的电感改变，可能存在匝间或饼间短路的情况。中频段幅频特性曲线的波峰或波谷位置发生明显变化，通常预示着绕组发生扭曲和鼓包等局部变形现象。高频段幅频特性曲线的波峰或波谷位置发生明显变化，通常预示着绕组的对地电容改变，可能存在绕组整体移位或引线位移等情况。

（2）被测变压器三相绕组的初始频响数据（出厂或交接试验）较为一致时，横向比较时可通过相关系数辅助判断，否则该方法无效，如表3-3所示。

表3-3　　　　　　　　　相关系数与变压器绕组变形程度的关系

绕组变形程度	相关系数 R		
	低频段相关系数 （1～100kHz）	中频段 （100～600kHz）	高频段 （600～1000kHz）
严重变形	$R_{LF}<0.6$	—	—
明显变形	$0.6{\leqslant}R_{LF}<1$	或 $R_{MF}<0.6$	—
轻度变形	$1{\leqslant}R_{LF}<2$	或 $0.6{\leqslant}R_{MF}<1$	—
正常绕组	$R_{LF}{\geqslant}2$	或 $R_{MF}{\geqslant}1$	或 $R_{HF}{\geqslant}0.6$

（3）绕组幅频响应特性曲线异常时，应综合低电压短路阻抗试验、绕组电容量试验、直流电阻试验和本体油中溶解气体分析等相关检测，不能单独通过绕组幅频响应试验即确定绕组发生变形。

三、变压器绕组幅频响应曲线异常的研判和处置

1. 变压器绕组幅频响应曲线异常的影响

变压器绕组幅频响应曲线异常意味着绕组可能存在变形，当综合其他检测手段判断确已发生变形时，表明绕组的机械强度已下降，存在匝绝缘破坏的隐患，后续如再承受过大短路电流时，将进一步加剧绕组变形，甚至造成变压器匝绝缘破坏而发生内部烧毁故障。

2. 变压器绕组幅频响应曲线异常的信息收集

（1）变压器投运年限，是否为新品或大修返厂设备。

（2）查阅变压器历次绕组幅频响应曲线数据并做好比较分析，主要包括出厂试验、交接试验和诊断试验，了解变压器上一次试验至本体异常试验期间是否存在变压器运输颠簸、运行区域发生地震、变压器中低压侧出口短路等情况。

（3）试验是否排除因试验仪器、试验接线、试验电源、铁芯剩磁、环境电磁场干扰等因素的影响，排除以上影响因素后试验复测是否合格。

3. 变压器绕组幅频响应曲线异常的诊断工作

怀疑变压器绕组发生变形时应增加低电压短路阻抗试验、绕组电容量试验、本体油中溶解气体化验，综合判断绕组是否发生变形。

4. 变压器绕组幅频响应曲线异常的致因研判和处置

变压器绕组幅频响应曲线异常常见致因如图 3-17 所示。

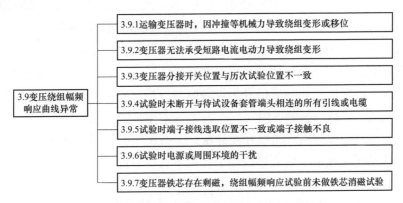

图 3-17　变压器绕组幅频响应曲线异常常见致因

致因 3.9.3 变压器分接开关位置与历次试验位置不一致

解析： 变压器绕组幅频响应特性与分接开关的位置有关，宜在最大分接位置下（带全部调压绕组，且与主绕组同方向励磁）检测，对于正反调压绕组，分接位置应该为1，此时主绕组和分接绕组均为同相励磁，且涵盖全部调压绕组。若历次试验分接位置不在规定位置时，应保证每次检测时分接开关均处于相同的分接位置。在交接试验时可增加在规定分接位置下的绕组幅频响应试验。

特征信息： ①绕组幅频响应曲线纵向分析存在异常，而横向分析基本正常；②本次试验的分接位置未调整至规定位置，与上一次试验分接位置不一致；③调整分接位置至规定位置后，复测绕组幅频响应曲线恢复正常。

处置方法： 调整变压器分接开关位置至规定位置，与历次试验分接开关位置一致，重新进行绕组幅频响应试验，应记录分接开关所在位置。

致因 3.9.4 试验时未断开与待试设备套管端头相连的所有引线或电缆

解析： 绕组幅频响应试验时，套管引出不应连接架空线或电缆，一是架空线或电缆存在自身电容或对地电容；二是架空线或电缆容易耦合外界干扰信号。

特征信息： ①绕组幅频响应曲线分析存在异常；②变压器绕组幅频响应试验前未完全断开架空线或电缆的连接；③拆除套管外接引线或电缆后，绕组幅频响应试验复测恢复正常。

处置方法： 绕组幅频响应试验前应断开与待试设备套管端头相连的所有引线，并使拆除的引线尽可能远离被测待试设备套管，以减少其杂散电容的影响。对于套管引线无法拆除的待试设备，可利用套管末屏抽头作为响应端进行检测，但应注明，并应与同样条件下的检测结果作比较。

致因 3.9.5 试验时端子接线选取位置不一致或端子接触不良

解析：绕组幅频响应试验一般从绕组一端进入，另一端引出，信号经同轴电缆传输，电缆的外屏蔽层与变压器外壳一起接地。对于测试信号激励端（输入端），应将信号注入端接到较短的绕组引线接头，尽量减少耦合外部的干扰信号；对于信号的响应端（输出端），因在测量探头内有 50Ω 的匹配电阻，可以吸收噪声信号，故一般可以接较长绕组引线接头。因测量信号较弱，激励信号和响应信号测量端应与待试设备绕组端头稳定、可靠联接，应使用专用接线夹具，以减小接触电阻。

特征信息：①绕组幅频响应曲线存在异常；②两次试验接线方式中，激励端与响应端与所接套管接线端子位置不一致或接线端子接触不良、不可靠；③重新检查调整接线方式或接线位置后，绕组幅频响应曲线恢复正常。

处置方法：本次试验和历次试验时，激励端和响应端分别连接套管引出端子应一致，同时应避免接线端子接触电阻过大对信号的影响，应保证测量阻抗的接线钳与套管线夹紧密接触，如果套管线夹上有导电硅脂或锈迹，必须使用砂布或干燥的棉布擦拭干净。

致因 3.9.6 试验时电源或周围环境的干扰

解析：变压器绕组幅频响应试验时，如果周围存在各种电磁干扰，施工产生的电弧干扰、开关操作拉合干扰等耦合到测试回路中时，将影响测试的准确性。其中这些干扰因素对高频杂散电容的影响较大，这也是高频段频响只作参考的原因。

特征信息：①绕组幅频响应曲线（主要指高频段）分析存在异常，反复测量重复性较差；②采取措施避免试验电源或周围环境的影响后，复测绕组幅频响应曲线恢复正常。

处置方法：检测现场应提供 220V 交流电源，当现场干扰严重时，宜通过隔离电源对检测设备供电；当周围电磁干扰较为严重时，可考虑避开其他电磁干扰时间段进行测试。

致因 3.9.7 变压器铁芯存在剩磁，绕组幅频响应试验前未做铁芯消磁试验

解析：对于绕组幅频响应试验而言，由于试验电源频率较高，变压器铁芯的影响可以忽略，可以将绕组看成空心绕组，电感不受铁芯剩磁影响，但低频段可能存在一定的影响，为此，建议绕组幅频响应试验安排在所有直流试验项目之前，必要时应先进行变压器铁芯消磁试验。

特征信息：①绕组幅频响应曲线（主要指低频段）分析存在异常，反复测量重复性较差；②绕组幅频响应试验前进行过绕组直阻试验等导致铁芯剩磁的试验；③变压器消磁试验后，复测绕组幅频响应曲线，恢复正常。

处置方法：对变压器铁芯进行消磁试验，试验后重新进行绕组幅频响应试验。对于新品变压器，在落位后应首先进行绕组幅频响应试验，避免因试验不合格造成后续安装工作的返工。

第四章

电力变压器运行缺陷的研判及处置

第一节 本体及组部件渗漏油的研判和处置

一、变压器本体及组部件渗漏油概述

变压器渗漏缺陷主要包括本体及组部件外渗漏、独立充油套管内渗漏和切换开关油室内渗漏，本节仅讲述本体及组部件的渗漏油缺陷，一般以滴油速度对其进行缺陷定性，一般缺陷指渗漏形成油污，严重缺陷指渗漏形成油滴且快于每分钟 5 滴，危急缺陷指渗漏已形成油流现象。

二、变压器本体及组部件密封理论

变压器与各组部件的连接密封多采用橡胶密封制品，借助密封件压缩变形后的橡胶弹力使密封件与接触面相互紧贴，是典型的挤压型密封。密封泄漏有两种方式，一种是穿透密封件的泄漏，另一种是通过密封接触面的泄漏，前者与橡胶材质有关，其泄漏量远远小于后者，可忽略不计，本节仅讲述密封接触面的泄漏。

1. 密封机理

密封接触面泄漏的原因主要是密封接触面出现间隙。以 O 形密封件为例分析，当 O 形密封件被压缩变形后，密封件的橡胶弹力 F 使密封件趋于靠近密封面，而设备内部的油压 P_0 在密封件上形成一个与密封面垂直的法向力 F_0'，F_0' 使 O 形密封件与密封面分离，则密封压力为 $F-F_0'$ 的差值，如图 4-1 所示。在内部密封介质压力不变的情况下，当 F 过小或由于某种原因降低时，O 形密封件的某点或某段出

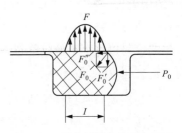

图 4-1 O 形密封件密封基本原理

现密封力为 0 甚至小于 0 的情形，此时 O 形密封件与密封接触面微观分离，进而出现泄漏。

从密封机理可以看出，解决密封泄漏最根本的问题是要增大橡胶弹力和密封接触面积，且密封件压缩永久变形量不应增大。影响密封橡胶弹力的因素主要有密封件邵氏硬度、压缩永久变形、运行时间、运行温度、装配接触面积、压缩量和拉伸量等，其中邵氏硬度、压缩永久变形、运行时间、运行温度是其性能参数，而装配接触面积、压缩量和拉伸量涉

及密封件与沟槽结构的设计。

（1）邵氏硬度。密封件在相同压缩量条件下，邵氏硬度较低的密封件弹力相对较低。邵氏硬度通常要求满足 70 ± 5。

（2）压缩永久变形。它是密封件长时间压缩状态下产生的永久性变形，是衡量密封件使用性能最直观的参数，也是评价其贮存老化性能的考核指标。在不同压缩量条件下，密封件压缩量过小时，密封件弹力过小无法起到密封；密封件压缩量过大时，密封件压缩应力增加但压缩永久变形增大，使密封件使用寿命缩短。压缩永久变形的计算式为

$$\varepsilon = \frac{d_0 - d_1}{d_0 - d_2}$$

式中：d_0 为自由状态下密封件的截面直径或厚度，mm；d_1 为撤出压缩力恢复规定时间后密封件的截面直径或厚度，mm；d_2 为施加压缩力，密封件被压缩的截面直径或厚度，mm。

压缩永久变形试验表明，橡胶截面直径或厚度越大，其压缩永久变形越小，初始压缩率设计越小，压缩永久变形值达到 100％ 所经历的时间就会越短，越易失去弹性。运行经验表明，丙烯酸酯橡胶的回弹性较差，应避免使用。

（3）密封接触面积。在相同压缩量条件下，密封件截面直径或厚度较小的密封弹力相对较低且与密封接触面积较小。

（4）运行时间。密封件在长期压缩状态下会产生压缩的应力松弛现象，随着时间增加，压缩量和拉伸量就会越小，使其丧失弹力，从而导致泄漏的发生，最直接的改变方法是增加密封件截面积，但这也会导致产品结构的增大。

（5）运行温度。高温工况会加快密封件的老化速度，使其慢慢失去弹性能力，从而造成密封失效；而在低温工况中，密封件的弹性能力会随温度的急剧下降而消失，当达到临界脆化温度时，密封件将失去弹性能力，从而造成密封失效。为此，在选用密封件时，应考虑运行温度，在环境温度不低于 $-25℃$ 时，变压器通常采用耐油性能良好的丁腈橡胶（适用温度 $-30\sim105℃$）；而在低温高海拔地区，宜选用低温丁腈橡胶（适用温度 $-45\sim105℃$）或氟硅橡胶（适用温度 $-60\sim200℃$），避免选用普通丁腈橡胶，这是因为较低的环境温度易造成丁腈橡胶龟裂。

2. 密封结构设计

为实现对密封件压缩量的控制，密封部位应采用沟槽倒角设计，变压器密封主要包括对接法兰密封和导杆轴向密封，前者应使用"平面＋凹槽"密封结构，后者应使用"平面＋斜槽"密封结构。

（1）对接法兰"平面＋凹槽"密封结构。采用对接法兰"平面＋凹槽"密封结构（凹槽指矩形槽）时，应做好平面和凹槽的机加工制造工艺。应注重平面和凹槽底面的平整度和粗糙度，平整度是第一位的，否则密封件会出现压缩量的不一致；粗糙度越大越不利于密封效果，但绝对光滑情况下，密封件在内部压力作用下宜发生位移，为此，应有一定的摩擦力，平面纹理宜与介质内部压力相垂直，这样可增加泄漏屏障。凹槽的槽口和槽底应

采用倒圆角工艺，槽口倒圆角可防止 O 形圈装配时出现割伤和刮伤，槽底倒圆角可防止应力集中导致密封件损坏。

选择合适规格及尺寸的密封件与"平面＋凹槽"密封结构的配合使用至关重要，目前较为常见的有两种密封思路，一是"弹性密封"，即密封槽有余量系统；二是"填料密封"，即密封件有余量系统。

1）弹性密封。该密封方式的密封槽截面比密封件大，密封槽只有 85%～90% 被填充，通常矩形密封件必须使用该密封方式。

2）填料密封。该密封方式仅适合于 O 形密封件，O 形密封件的截面比密封槽的截面大 15%～30%，密封槽的宽度比密封件的直径小 0.1～0.3mm，以便于垂直安装时，能将 O 形密封件固定在密封槽内，通常槽口的倒圆角比弹性密封方式应大一些，防止被挤出的密封件割伤。

（2）导杆轴向"平面＋斜槽"密封结构。导杆轴向密封应采用"平面＋斜槽"密封结构，不宜采用"平面＋凹槽"密封结构，这里的斜槽指三角形槽，通过密封件的受力分析（见图 4-2）可知，前者具有相对的优势，一是通过斜面实现密封件对导电杆轴产生支持力，提供密封件的压缩变形应力；二是密封件老化弹性减弱时，避免因内部介质压力过大造成密封件向低压力侧位移，进而发生轴向泄漏。

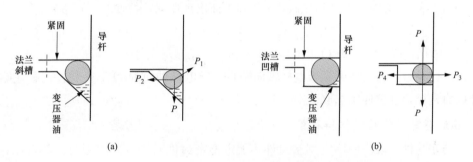

图 4-2　导杆轴向密封结构

（a）导杆轴向"平面＋斜槽"密封结构；（b）导杆轴向"平面＋凹槽"密封结构

导杆轴向采用"平面＋斜槽"密封结构时，其密封件压缩变形后的受力分析如图 4-2（a）所示，密封件产生的弹力 P 分解为斜槽的支持力 P_1 和导杆对密封件的反弹力。导杆轴向采用"平面＋凹槽"密封结构时，其密封件压缩变形后的受力分析如图 4-2（b）所示，密封件变形垂直方向的弹力 P 相互平衡，导杆的轴向反弹力 P_4 与密封件的摩擦力（或拉伸变形力）P_3 相互平衡，当密封件老化弹性减弱时，变压器油侧压力将大于密封应力，最终出现渗漏油现象。

导杆轴向"平面＋斜槽"密封结构通常采用 O 形密封件或算盘珠作为密封件，在满足密封件拉伸率许可范围内，其内径通常应略小于导杆截面直径，以确保通过密封件的拉伸形变牢牢抱住导杆轴。

3. 密封件与沟槽的配合

密封件选用规格主要指 O 形密封件的截面直径及内径、矩形垫的厚度及内外径、T 形密封件的厚度及内外径等，它们应符合凹槽或斜槽尺寸设计，满足密封件压缩率和拉伸率。当选用规格尺寸不匹配时，往往会出现密封弹力过小或密封件溢出损坏等现象，最终导致密封失效。

压缩率和拉伸率是密封设计的主要内容，O形圈有良好的密封效果，很大程度上取决于O形圈尺寸与沟槽尺寸的正确匹配，形成合理的密封压缩率与拉伸率。

选取压缩率 w 时，其计算式为

$$w=(d_0-h)/d_0$$

式中：d_0 为自由状态下密封件的截面直径或厚度，mm；h 为沟槽深度，即密封件压缩后的截面高度，mm。

增大密封件的压缩率，即增加橡胶的弹力 F，同时可获得大的接触面积，但是，密封件的压缩率不能太大，否则会导致压缩永久变形，使密封件使用寿命降低。根据 JBT 8448.1—2018《变压器类产品用密封制品技术条件 第1部分：橡胶密封制品》附录 A.8 规定，在可以保证密封的情况下，压缩率应尽量取最小值，其中丁腈基橡胶、氟橡胶、氟硅橡胶最大压缩率不宜超过35%，丙烯酸酯橡胶的最大压缩率不宜超过40%。压缩率过大会缩短密封制品的使用寿命，同时增加早期损坏的概率。由于变压器密封属于静密封，根据运行经验，综合考虑密封件的密封弹力以及老化寿命影响，规定密封件的压缩率应为15%～30%。

拉伸率的大小对密封性能和使用寿命也有很大的影响，这主要针对导电杆轴向密封、O形密封件。当拉伸率太小，装配时容易脱出；拉伸率过大，会导致密封截面积减小太多（每拉伸1%会使O形密封件截面积减小0.5%）而出现泄漏。拉伸率 α 可表示为

$$\alpha=(d+d_0)/(d_1+d_0)$$

式中：d 为轴径，mm；d_1 为O形圈内径，mm。

根据运行经验，为实现可靠导电杆轴向密封，导电杆轴向的O形密封件内径应略小于导电杆截面直径，且拉伸率选取范围一般为1%～5%。

4. 非定型密封件的制作和放置

变压器密封件一般应使用定型密封件，无定型密封件时，可采取密封件粘合制作，但仅限于丁腈橡胶密封材质，密封胶多采用406或395密封粘合剂，O形密封件粘合面可采取"直面对接"或"斜面对接"方式，其密封性能主要以制作工艺决定，推荐采用斜面对接方式。"斜面对接"应确保压紧法兰面与其斜面近似垂直，推荐斜面采用30°对接，既可增大粘合面积又可防止压力过大导致粘合面开裂。对于密封件有余量系统，采用"直面对接"方式时，需考虑密封件的补充长度，如表4-1所示，而对于密封槽有余量系统，由密封件的中位线长度确定，不需要补充长度。

表 4-1　　　　　　　　　　　　密封件有余量系统的密封件补充长度

O形密封件直径（mm）	密封件长度（mm）	补充长度（mm）
$\phi 8 \sim \phi 12$	500～1000	10
	1000～1500	15
	1500～2000	20
	≥2000	25

O形密封件直径（mm）	密封件长度（mm）	补充长度（mm）
$\phi 19$	≤5000	20
	5000～10000	30
	10000～15000	40
	15000～20000	50
	≥20000	60

密封件对接面粘合后，应检查其质量，合格后方可使用：①粘合区域不存在凸起或凹陷，必须去除接合面溢出的粘合剂，否则此处的密封件会出现较大的压缩率，可导致局部因压力过大而龟裂，进而导致密封失效；②密封胶粘合后应通过拉拽密封件检查粘合质量，避免密封胶失效导致粘合不良，发生断裂现象；③接头需放置在两个紧固螺栓中间，对于方形密封件，接头必须放置在其直边，不能放置在拐角或拐弯处。

三、变压器本体及组部件渗漏油的研判和处置

1. 变压器本体及组部件渗漏油的影响

主要关注变压器本体及组部件渗漏油的如下影响：①本体储油柜油量慢慢减少；②10～35kV低压套管表面缓慢渗漏油污会导致周围附着灰尘或毛絮等导电异物，当伴随潮湿天气时，宜发生套管沿面闪络故障；③变压器易形成负压区的渗漏会导致环境中气体和水分的进入，影响变压器器身绝缘性能；④变压器严重渗漏油并跑油，将很快导致本体储油柜，甚至本体油箱缺油，监控装置会相继发出本体油位异常报警信号、若本体轻瓦斯报警信号，若本体气体继电器具备低油位跳闸功能，当油位低于本体气体继电器管路时，本体重瓦斯保护动作跳闸。

2. 变压器本体及组部件渗漏油的信息收集

（1）变压器运行年限，是否为新投运或大修后产品。

（2）应检查变压器渗漏油部位以及渗漏速度（一般用每分钟渗漏的油滴数量表示），检查本体储油柜油位，初步排查渗漏油部位是否因为尖锐硬物砸伤、检修工作、工器具掉落砸伤所致。

（3）查阅上一次变压器检修工作至本次渗漏油时间间隔，期间是否开展该部位组部件或密封件更换工作，了解密封件选用的厂家规格型号、是否为定型密封件等信息。

3. 变压器本体及组部件渗漏油的诊断工作

核实渗漏部位时，一般采用观察法和停电加压试漏。

（1）观察法。在渗漏区域渗漏源附近的油迹比较新，用手擦拭可以沾上油迹，而距离渗漏源比较远的区域油迹相对比较旧，甚至已经干涸形成油泥。

（2）停电加压试漏。清洁渗漏区域残油并涂白土，若白土颜色变化，可确定该部位存在渗漏，通常新品变压器本体试漏压力为0.03MPa，考虑密封件老化影响，运行年限较长

的变压器本体试漏压力宜为 0.01～0.02MPa。

4. 变压器本体及组部件渗漏油的致因研判和处置

变压器本体及组部件渗漏油常见致因如图 4-3 所示。

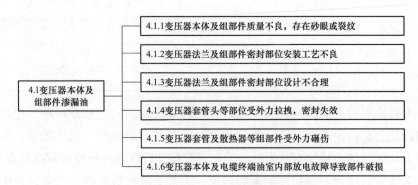

图 4-3 变压器本体及组部件渗漏油常见致因

致因 4.1.1 变压器本体及组部件质量不良，存在砂眼或裂纹

解析： 砂眼主要指变压器壳体、切换开关头盖、散热器或管道等金属构件因制造工艺不良形成的空气隙，裂纹主要指变压器套管瓷套表面、瓷套与法兰浇注部位、套管头部瓷套与金属固定部位、金属波纹管等因受外力或环境因素导致的开裂缝隙。

特征信息： ①渗漏部位不在法兰及组部件连接密封部位；②变压器本体及组部件外表面因铸造质量、焊接质量、材质质量或组装工艺不良等原因形成可见砂眼或裂纹。

处置方法： 因砂眼造成渗漏油时，通常采用外涂固化胶封堵或抽真空带油补焊堵漏。若采用外涂固化胶封堵措施，在承受持续性油箱内部较大油压力或者伴随外涂固化胶老化时，封堵处砂眼会再次出现漏油。抽真空带油补焊的基本原理即通过抽真空的方法使变压器油箱渗漏点内外压强相等，这样就能使渗漏暂时停止，此时再进行补焊则方便很多，而且能很好达到预期效果。变压器组部件因砂眼或裂纹存在渗漏时，宜更换渗漏组部件，可采取外涂固化剂封堵作为临时措施，但不建议采用带油补焊措施。

变压器本体裂缝带油补焊检修步骤：

（1）补焊前后均应取本体油样进行油色谱化验分析，以免误认为可燃性气体含量增高是变压器故障引起的。

（2）清除焊缝渗漏处表面的污物、油迹、水分、锈迹等，补焊点应在油面 100mm 以下，使变压器内油面处于箱顶以下 100～150mm；利用箱顶上的阀门接好真空管道进行抽真空，并维持真空度为 0.05MPa；在持续真空下，选用合适的焊条，以电弧焊方式进行补焊。

（3）补焊时应由上往下运焊，要在引弧后一次快速焊死漏处，焊接速度要快，一般控制点焊时间在 6s 以内。因加强筋盖住了下面的焊缝，处理时就要把部分加强筋挖孔进行焊缝、漏点补焊。准备好合适消防器材，施工场地附近地面不能有易燃物，用铁板挡好易溅进火花处，补焊完毕后仍需持续 0.05MPa 真空 30min。

（4）如渗漏点在油箱顶部，则在本体储油柜的吸湿器联管处抽真空，使油箱内真空度均匀提升到 0.035～0.04MPa，进行带油补焊，补焊完毕后仍需持续 0.035～0.04MPa 真空 30min。

散热器裂缝带油补焊检修步骤：

（1）将本体重瓦斯跳闸压板退出运行，关闭渗漏油散热器的上下阀门，使散热器中的油与油箱内的油隔断，从散热器下部的放油塞放出一部分油后关闭放油塞；

（2）利用散热器上部的放气塞抽真空，并维持真空度为 0.05MPa，在持续真空下，选用合适的焊条，以电弧焊方式进行补焊；

（3）补焊结束后，对散热器内部的油取样进行油色谱化验分析，无问题后打开散热器下部阀门（否则应清洗该散热器内部至油中无乙炔气体为止），使油箱内的油进入散热器，待散热器上部放气塞出油立即关闭放气塞，打开散热器上部阀门，使散热器可正常运行。

致因 4.1.2 变压器法兰及组部件密封部位安装工艺不良

解析： 变压器法兰及组部件密封部位安装工艺不良导致渗漏油的情形主要有：①法兰密封面或密封凹槽未采用机加工工艺，存在凹凸不平整、漆瘤、毛线等异物，安装前未检查处理；②密封件材质选型错误或材质质量较差，材质不适合当地环境温度或部件安装位置，材质存在压缩弹性回弹量小、龟裂、超使用年限等现象，安装前未进行密封件材质选型及质量检查工作；③密封件拼接处制作及粘合工艺不良，存在断裂或不平整现象，安装前未检查制作工艺质量即使用；④密封件选用与密封凹槽规格不匹配，存在压缩量过小或超过压缩比例现象，安装前未测量密封件截面直径与凹槽深度是否匹配；⑤安装过程导致密封件拉伤损坏或移出凹槽，或密封件未与平整面接触（禁止接触螺纹），或螺栓紧固不均衡导致局部密封压缩量过小或过大，且安装完成后未进行加压试漏工作。

特征信息： ①变压器法兰及组部件密封部位安装后在很短时间内即发生渗漏油现象；②拆卸密封部位，发现渗漏油因螺栓未紧固到位或密封件安装工艺不良所致。

处置方法： 可尝试采取临时紧固措施解决渗漏缺陷，当具备密封件时，应考虑更换密封件并查明原因，这是因为，变压器长时间运行密封件已经失去弹性量，重新紧固并不能保证后续的密封性能。法兰及组部件密封部位渗漏油处置的具体检修步骤如下：

（1）检查密封件是否压缩变形无回弹量，是否存在脆化、龟裂、割伤等现象，非定型密封件接口位置是否正确，粘合口工艺是否不良、存在断开现象等，根据这些现象排查是否由于密封件自身原因导致密封失效。

（2）检查密封面及密封槽是否存在锈迹、油漆、焊溜、线头等影响平面或凹槽平整光滑的异物，根据此现象排查是否由于平面或凹槽不平整度导致密封不良，检查凹槽槽口及底角是否均采取倒圆角措施，当密封件存在割伤现象时，应重点对此进行检查。如未发现问题，用蘸有少量丙酮的棉布对密封面或槽进行清洁。

（3）通过测量凹槽深度及宽度选择合适的密封件，密封件应在质保期内且无破损、龟裂现象，同时所选规格尺寸满足密封件压缩率和拉伸率性能要求，密封件的压缩率宜为

15%～30%。

（4）用密封胶把密封胶垫粘在密封面上或密封槽内，防止安装时胶垫脱离原位置。若密封胶垫有接口，应采用斜接口且搭接长度为直径或厚度的2～4倍，安装时应将接口面平放，并且保证接口处于两个紧固螺栓的中间位置。

（5）判断密封结构设计不合理时，应联系厂家制定合理密封结构，后续结合停电检修工作对同类型产品的结构部件进行更换。

（6）法兰紧固应采用对角方向、交替、逐步拧紧的方法进行紧固，同时观察密封胶垫，应无位移或拉伤现象，使密封胶垫受压力均匀，保证密封良好。采用盲孔结构的法兰，必须保证安装前和紧固时盲孔没有贯通。

为避免此类问题的发生，在密封件选用上应做好以下管控措施：

（1）丁腈橡胶表面有拉应力状态下，不宜长期暴露在外界环境之中，否则会发生龟裂现象。

（2）已在变压器上使用过的密封制品，拆卸后不应继续使用，否则会影响使用寿命，甚至可能由于密封制品表面的微观变形而导致渗漏油。

（3）密封制品应避免与尖锐部件、边沿接触，否则宜被割伤。

（4）与密封制品接触的表面应平整、光滑，不应存在毛刺、凹坑、贯穿性划痕等缺陷。

（5）需要粘结使用的密封条，粘结面不应与密封面垂直，搭接长度建议为直径的2～4倍。接头应避开拐角和螺栓紧固处。

（6）密封条在箱沿拐角处的曲率半径不宜小于密封条直径的5倍，否则密封条容易出现早期开裂。

（7）密封制品不宜随变压器类产品的部件一起进行高温干燥，否则会影响密封制品的使用寿命。如果工艺上要求必须带密封制品干燥，则干燥时密封制品的压缩量应小于5%。

（8）在可以保证密封的情况下，压缩率应尽量取较小值，其中丁腈基橡胶、氟硅橡胶最大压缩率不应超过35%。压缩率过大会缩短密封制品的使用寿命，同时增加早期损坏的概率。

（9）丁腈橡胶、低温丁腈橡胶贮存期一般不应超过1年，氢化丁腈橡胶和氟硅橡胶密封制品的贮存期一般不应超过5年，当超过贮存年限后不宜再使用。

致因 4.1.3 变压器法兰及组部件密封部位设计不合理

解析：法兰及组部件密封部位设计不合理常见情形有：①法兰密封面未采用"平面＋凹槽"密封结构，或凹槽深度不满足压缩量要求，凹槽宽度过大等；②套管导电杆轴向密封未采用"平面＋斜槽"密封结构，或斜槽坡度不满足压缩量要求等；③本体撒油球阀未采用一体结构，多部位采用对接平面密封。

特征信息：①法兰及组部件密封部位存在频繁渗漏油或家族性渗漏油现象；②法兰及组部件密封部位结构设计不合理，未起到可靠密封效果。

处置方法：重新对法兰及组部件密封部位的密封结构进行改造及更换。

致因 4.1.4 变压器套管头等部位受外力拉拽，密封失效

特征信息： ①变压器头部在正压情况下出现渗漏油现象；②套管头部引线受风摆拉拽、短路电动力等外力不断作用，导致导杆变形或密封件产生移位空隙；③拆装套管外部连接引线时用力过大，导致密封件移位，产生密封空隙。

处置方法： 判断架空线拉拽套管头部引起密封失效渗漏时，应重新调整架空引线长度及方位，或者增加引下支撑绝缘柱，避免引线金具重量对其的拉拽影响，同时应检查套管将军帽导电头及接线端子的垂直度（不应弯曲），在更换密封件时应检查密封部位是否存在进水痕迹，否则应考虑本体器身进水隐患的治理。

致因 4.1.5 变压器套管及散热器等组部件受外力砸伤

解析： 引起套管及散热器等组部件外力砸伤的情形主要有：①散热器间隔墙体瓷砖脱落砸伤散热器漏油；②变压器顶部架构或吊装器具掉落砸伤套管；③检修期间工器具掉落砸伤套管或散热器。

特征信息： ①套管及散热器等组部件因受外力砸伤导致渗漏油；②漏油区域存在坚硬异物，可查找到异物来源。

处置方法： 如散热器砸伤渗漏油，应立即关闭两侧阀门，避免一直漏油导致本体缺油，具备备品时，停电更换损坏的散热器，套管砸伤渗漏油时，应立即将变压器停电转检修，对损坏的套管进行更换检修。

致因 4.1.6 变压器本体及电缆终端油室内部放电故障导致部件破损

特征信息： ①变压器本体及电缆终端油室内部发生放电类故障；②内部压力过大导致壳体破损，套管爆炸等发生渗漏油。

处置方法： 立即将变压器停电转检修，对变压器进行故障诊断试验及渗漏油部位的修复检修，对内部损坏部位修复且试验合格后，方可将变压器投入运行。

第二节　变压器套管头部及接线端子发热的研判和处置

一、变压器套管头部及接线端子发热概述

套管按载流方式可分为穿缆式和导杆式，穿缆式套管不含贯穿套管的载流导体，它是将配置导电杆的绕组引出线穿过套管中心导管，并与套管头部出线结构连接。导杆式套管一般通过铜材质中心导管贯穿套管作为载流导体，套管尾部一般通过接线端子与绕组引出线接线端子螺栓连接，套管头部通过接线端子或将军帽与接线端子螺栓连接。

套管头部出线导电杆结构一般有光滑圆柱结构和螺纹圆柱结构两种，其中后者一般需要通过将军帽实现过渡连接。根据目前套管头部发热统计，引起发热的主要结构为螺纹连接结构。

套管头部导电杆采用螺纹连接结构时，应确保螺纹连接部位沿套管轴向有一定的紧固力，防止因松动导致接触电阻过大而发热。

由于螺纹连接结构存在固有的结合间隙，当制造公差配合不当时，间隙将会较大，这将严重影响导电接触性，而光滑的导杆连接并不存在此问题，通常10～35kV纯瓷充油套管穿缆引线导电头和220kV及以上导杆式套管均采用光滑导杆结构。而对于110～220kV穿缆套管，其绕组导电头多采用螺纹连接结构，例如绕组引出线导电头与将军帽连接结构，此时就要通过预紧力部件使绕组引出线导电头与将军帽接触并固定可靠。通常厂家会在绕组引线头与将军帽之间设计一种预紧力紧固部件，在沿套管轴向预紧力作用下，导电头的螺纹与将军帽的螺纹间隙的上部始终受力接触，这样就避免了因松动导致接触电阻过大而发热的问题。

二、变压器套管头部及接线端子发热处置流程

套管头部及接线端子存在发热缺陷时，应安排同电压等级三相套管均拆装检修，避免套管三相温差不满足要求，具体检修步骤如下。

步骤1：记录有载开关分接位置，检查套管头部接线端子（含抱箍线夹）是否开裂，紧固两平面的间距是否均匀一致（排查螺栓紧固是否到位）。

步骤2：在套管头拆卸前，若套管低于本体储油柜油位，应关闭本体储油柜至本体油箱的管路阀门，必要时可撤一定油量便于套管头的拆装检修工作。

步骤3：拆除架空线接线端子并做好防止晃动绑扎措施，拆除时应检查螺栓是否存在明显松动现象，套管接线端子与架空引线接线端子接触面是否存在氧化痕迹。带套管接线端子，开展第一次绕组直阻试验；拆除套管接线端子，带套管将军帽，开展第二次绕组直阻试验；拆除套管将军帽，夹绕组引出线导电杆，开展第三次绕组直阻试验。

步骤4：检查将军帽内螺纹及绕组引出线导电杆螺纹是否存在滑扣、氧化烧灼等现象，检查将军帽尺寸与绕组引出线导电杆规格是否匹配，内置组装部件安装位置是否正确，是否存在变形现象，如为非金属构件，应进行更换。对于将军帽配套的铝环和胶木环组装件结构，安装时应进行测量将军帽与绕组引线头的工作，如图4-4所示，具体步骤如下。

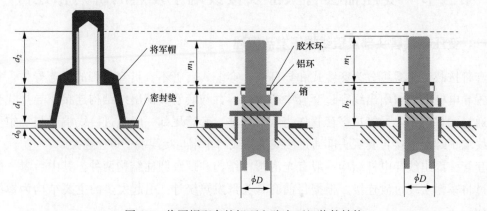

图4-4　将军帽配套的铝环和胶木环组装件结构

（1）绕组引出线导电杆轴向紧固措施尺寸测量。测量将军帽内部防水空间深度 d_1，测量将军帽基座密封件厚度 d_0；将铝环和胶木环依次套在绕组引线头上，测量胶木环至将军帽安装基座的距离 h_1，将引线头提起至销孔顶部，测量胶木环至将军帽安装基座的距离 h_2，实际上，$h_2 - h_1$ 即为销子孔活动的距离，应确保 $d_1 + d_0$ 在 $h_1 \sim h_2$ 活动范围内，否则应调整或更换铝环的厚度，这样即可使铝环和胶木环对将军帽及绕组引出线导电杆有轴向紧固力，确保绕组引出线导电杆不晃动，螺纹连接可靠。

（2）绕组引出线导电杆导电接触面积尺寸测量。测量将军帽内螺纹深度 d_2，测量胶木环至绕组引出线导电杆顶部距离 m_1，确保 $m_1 < d_2$，同时 m_1 应不小于导电杆直径的 $1/2$，这样即可确保绕组引出线导电杆与将军帽导电接触面积满足套管头载流要求。

步骤5：更换套管头部安装密封件，复装套管将军帽，开展第四次绕组直阻试验：带套管将军帽；安装套管接线端子，开展第五次绕组直阻试验：带套管接线端子。

步骤6：安装架空引出线接线端子，对同电压等级三相套管头部，按上述流程进行检修，最后完成三相绕组直阻试验数据比对分析。

步骤7：打开本体储油柜至本体油箱的管路阀门，在变压器顶部 10kV 套管头部、套管 TA 升高座和本体气体继电器等易积聚气体部位充分排气。

三、变压器套管头部及接线端子发热的致因研判和处置

1. 变压器套管头部及接线端子发热的影响

套管头部及接线端子发热超温升限值可能产生的影响：①套管头部密封件因过温老化发生变形导致密封不良，在套管中心导管负压状态下，存在雨水进入变压器器身的隐患；②绕组引出线导电杆与将军帽因过热发生熔接现象，导致绕组引线头无法拆装；③绕组引线头如采用锡焊工艺，容易因温度过高超过其熔点而脱焊（锡的熔点为 232℃），进而导致变压器发生断相故障；④套管接线端子抱箍开裂接触不良导致发热。

2. 变压器套管头部及接线端子发热的信息收集

（1）变压器负载率及变化趋势，是否存在异常方式导致变压器短时过载现象。

（2）应检查变压器套管导电结构是导杆式还是穿缆式结构，了解套管头部连接结构是否涉及螺纹连接。

（3）梳理变压器套管头部及接线端子历史红外成像测温记录，上一次停电检修工作时间，发热前是否进行套管头部及接线端子的拆装检修及试验工作。

3. 变压器套管头部及接线端子发热的诊断工作

（1）利用红外成像测温判别发热源位于套管将军帽内部还是套管外部的接线端子处。

（2）变压器套管头部拆装前后，应进行绕组直阻试验，并做好试验数据的比对分析。

4. 变压器套管头部及接线端子发热的致因研判和处置

变压器套管头部及接线端子发热的常见致因归纳如图4-5所示。

致因 4.2.1 **绕组引线头与套管将军帽内部组装件安装位置错误**

解析：套管将军帽内部组装件主要用于提供绕组引线头连接时形成轴向紧固力。

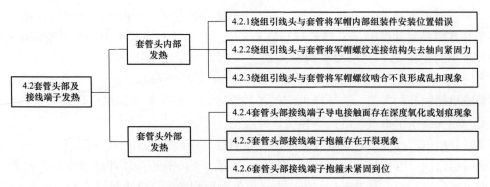

图4-5 变压器套管头部及接线端子发热常见致因归纳

特征信息： ①红外热成像测温最热点位于套管将军帽内部，且从该部位呈发散热图谱；②拆接套管将军帽发现内部组装件安装位置错误，调整后绕组直阻试验数据恢复正常。

处置方法： 根据套管厂家将军帽内部组件安装顺序进行安装。例如：对于胶木垫与铝环组件结构，应先套入铝环再套入胶木垫，即胶木垫应位于铝环的上面，否则胶木垫会与引线销孔金属构件接触并隔伤。对于旋转紧固组件结构，可使用扳手紧固的部位应位于下方，便于将军帽安装时使将军帽与引线头轴向形成紧固力，否则该部件形同虚设，失去其作用。

致因 4.2.2 绕组引线头与套管将军帽螺纹连接结构失去轴向紧固力

特征信息： ①红外热成像测温最热点位于套管将军帽内部，且从该部位呈发散热图谱；②拆接套管将军帽发现内部组装件存在变形或松动现象，检修后绕组直阻试验数据恢复正常。

处置方法： 每次拆装套管将军帽时，均应检查内部的组装件，对于橡胶垫等宜变形材质，必须安排更换。

致因 4.2.3 绕组引线头与套管将军帽螺纹啮合不良形成乱扣现象

特征信息： ①红外热成像测温最热点位于套管将军帽内部，且从该部位呈发散发热图谱；②套管将军帽内螺纹存在乱扣和金属粉末现象，更换引线头及将军帽后绕组直阻试验数据恢复正常。

处置方法： 重新制作绕组引线导电杆，更换匹配其螺纹设计的将军帽，尽量避免不同厂家、不同规格型号的互相调换使用。宜使用百洁布清擦将军帽内部螺纹氧化膜，清擦后应使用无纺布将金属铜屑清洁干净，避免铜屑掉入器身。

致因 4.2.4 套管头部接线端子导电接触面存在深度氧化或划痕现象

特征信息： ①红外热成像测温最热点位于套管接线端子部位，且从该部位呈发散热图谱；②套管接线端子表面存在热氧化痕迹；③在接线端子处测量三相直阻不平衡，拆除接线端子，在将军帽导电杆处测量绕组直阻，三相平衡。

处置方法： 接线端子存在热氧化现象多为接触不良所致，应检查接触面是否存在划痕或不平整现象，对于非紧固不良因素造成接触不良导致氧化膜问题，应考虑更换套管接线端子，由于接线端子表面多采用镀银层或镀锡层，不宜进行打磨，如需打磨，需重新喷涂镀银层或镀锡层。

致因 4.2.5　套管头部接线端子抱箍存在开裂现象

解析： 变压器套管接线端子含铜量较低时，存在一定的应力腐蚀（SCC）倾向，易产生断裂问题，例如目前套管接线端子（抱箍线夹）多采用 ZHPb59-1 黄铜材质，其中铜（Gu）含量为 $58\%\sim63\%$，锌（Zn）含量约为 40%，铅（Pb）含量为 $0.5\sim2.5\%$，T2 纯铜含铜量可达到 99.9% 左右，不存在应力腐蚀问题，它外观呈玫瑰红色，易氧化呈紫色，但考虑其机械强度，为避免发生应力腐蚀断裂问题，变压器套管接线端子（抱箍线夹）应采用含铜量不低于 80% 的材质热挤压成型产品，考虑接线端子耐受发热温度问题，要求接线端子接触面应镀锡或镀银。

特征信息： ①红外热成像测温最热点位于套管接线端子抱箍部位，且从该部位呈发散热图谱；②套管接线端子抱箍存在开裂现象，更换套管接线端子抱箍后，绕组直阻试验数据恢复正常。

处置方法： 更换套管头部接线端子并进行绕组直阻试验数据分析。

致因 4.2.6　套管头部接线端子抱箍未紧固到位

解析： 抱箍线夹螺栓紧固后应有一定的缝隙的原因主要有：①确保接线端子（抱箍线夹）与套管接线柱存在紧固余量，即抱箍线夹仍保留一定的机械紧固应力，如果紧固后无缝隙，说明抱箍线夹已失紧固量，需对其进行更换，或者接线端子抱箍直径与绕组引出线导电杆（或将军帽接线柱）外径尺寸相差较大；②紧固抱箍线夹过量易导致超过抱箍线夹根部的机械屈服强度，易导致其根部发生开裂；③通过缝隙可以检查其紧固质量，避免未紧固到位导致接触电阻过大而发热。

特征信息： ①红外热成像测温最热点位于套管接线端子抱箍部位，且从该部位呈发散热图谱；②套管接线端子抱箍无缝隙，与将军帽或绕组引线导电杆接触不牢固。

处置方法： 更换套管接线端子，接线端子抱箍与将军帽导电杆尺寸应匹配，确保螺栓紧固后，套管接线端子抱箍间仍应留有缝隙。

第三节　储油柜油位变化与油温-油位曲线不一致的研判和处置

一、储油柜额定补偿容积与油温-油位曲线概述

1. 储油柜额定补偿容积

变压器油的密度会随着油温变化而变化，进而体积膨胀或收缩，工程上常用热膨胀系数 β 来计算体积变化量。变压器油热膨胀系数 β 指单位体积温度每变化 1℃时体积的变化

量，根据 DL/T 1204—2013《矿物绝缘油热膨胀系数测定法》，变压器油热膨胀系数 β 为 0.073%/℃。变压器本体油体积的变化量补偿一般通过储油柜实现，它的容积应满足变压器在设计温度范围内变压器油最大膨胀量的需要，在变压器达到最低设计温度时，储油柜内的油不低于最低油位，在变压器达到最高设计温度时，储油柜内的油不高于最高油位。

变压器在平均温度下注入本体及储油柜一定的油量，当变压器油从平均油温降至最低设计温度时（变压器长期停运且环境最低时），储油柜油体积收缩量不应低于最低油位，若收缩体积为 A，可表示为

$$A = \beta(A + V_{\mathrm{T}})(T_{\mathrm{avg}} - T_{\mathrm{min}}) \tag{4-1}$$

当变压器油从平均油温升至最高设计温度时（变压器满载运行且环境温度最高时），储油柜油体积膨胀量不应高于最高油位，若膨胀体积为 B，可表示为

$$B = \beta(A + V_{\mathrm{T}})(T_{\mathrm{max}} - T_{\mathrm{avg}} + T_{\mathrm{y}}) \tag{4-2}$$

储油柜的有效容积 V_{CE} 应不低于油的收缩和膨胀体积之和，即

$$V_{\mathrm{CE}} = A + B \tag{4-3}$$

式中：A 为变压器油从平均油温至最低温时储油柜的收缩体积，L；B 为变压器油从平均油温至最高温时储油柜的膨胀体积，L；V_{T} 为变压器本体油的体积，L；V_{CE} 为储油柜的有效容积，L；T_{min} 为环境最低温度，℃；T_{max} 为环境最高温度，℃；T_{avg} 为环境平均温度，℃；T_{y} 为变压器温升，K。

根据 GB/T 1094.1—2013《电力变压器 第 1 部分：总则》4.2 规定，变压器通用使用条件为：环境平均温度 20℃，最高环境温度 40℃，最低环境温度 −25℃（若变压器及散热器均放置于室内，则最低环境温度为 −5℃），油浸变压器温升为 55K，那么变压器油温最低可达到 −25℃，最高可达到 95℃（40℃+55℃），即变压器油温的变化范围为 −25～95℃。

由式（4-1）～式（4-3）可以得出：$V_{\mathrm{CE}}/V_{\mathrm{T}} = 9\%$，$A/B = 3/5$，即储油柜有效容积占本体油体积的 9%，储油柜油收缩体积与膨胀体积之比为 3/5。可以看出，储油柜有效容积与本体容积之比、油膨胀与收缩体积之比仅与变压器环境温度条件（含变压器油温升）有关。

由于储油柜顶部和底部受油位表和胶囊影响，对储油柜应考虑一定的裕度容积 V_{CD}，否则仅考虑有效容积（储油柜容积＝有效容积）时，在满足油温-油位曲线前提下，未达到最低油温时即可能发出油位低报警信号，未达到最高油温时储油柜已满油。储油柜的裕度容积分为两部分：①储油柜底部空间容积，主要指油位表表杆轴心至储油柜底部的距离；②储油柜顶部空间容积，主要为胶囊压缩后的厚度和油位表浮球半径两者之和。

实践证明，对于储油柜额定补偿容积 V_{C}，一般选择本体油体积的 10% 即可满足储油柜有效容积和裕度容积的要求，储油柜额定补偿容积等效为储油柜的体积。另外，储油柜的体积不宜太大，因为：①增加储油柜成本；②不易处理储油柜与套管出线的带电安全距离；③油位表指示的油位刻度与储油柜截面直径高度不一致。

2. 储油柜油位表的摆杆长度

对于胶囊或隔膜式储油柜，一般采用磁力式指针式油位表来表示储油柜内部的油面位

置，可以通过浮球或固定在隔膜上的铰链上下移动看出储油柜内油面的变化，再通过摆杆传给齿轮转动机构，摆杆摆动角度为45°，从0°逐步增加至45°时，油位表指针转动从表刻度0转动至10。在设计安装油位表时，确保储油柜中的油位表在指示0刻度时，低油位报警触点应导通，但要求此时的油位高度应小于最低油温时的油位，允许储油柜有一定油面高度；油位表在指示10刻度时，高油位报警触点应导通，但要求此时的油位高度应高于最高油温时的油位，允许储油柜有一定剩余高度，如图4-6所示。

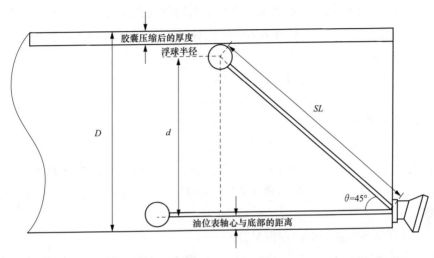

图 4-6 储油柜油位表摆杆长度

考虑储油柜顶部和底部存在的预留空间，油位表摆杆的直径可表示为

$$SL = d\sin\theta = \sqrt{2}\left(H_{95℃} - H_{low}\right) \tag{4-4}$$

$$D - H_{95℃} \geqslant H_{top} \tag{4-5}$$

式中：SL 为油位表摆杆的长度，mm；D 为储油柜截面直径，mm；θ 为油位表摆杆最大摆角，$\theta = 45°$；d 为有效活动距离，mm；H_{low} 为储油柜底部空间距离；H_{top} 为储油柜顶部空间距离；$H_{95℃}$ 为最高油温时的储油柜油位高度。H_{low} 和 H_{top} 一般根据储油柜的安装设计尺寸选取。

3. 储油柜油的体积、截面积与油面高度

储油柜规格尺寸主要有储油柜圆形截面直径（ΦD）和储油柜长度（L），单位均为 mm，例如 $\Phi1000mm \times 2600mm$。如图 4-7 所示，当储油柜油面高度为 H 时，其储油柜中油面截面积为扇形 AOB 的面积减去三角形 AOB 的面积，其油面体积为液面截面积乘以储油柜长度，其计算公式为

$$S_H = R^2 \arccos(1 - H/R) - (R - H)\sqrt{2HR - H^2} \tag{4-6}$$

$$V_H = S_H L \tag{4-7}$$

$$R = D/2$$

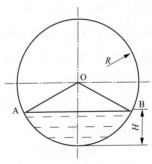

图 4-7 储油柜油面的
截面及高度

式中：S_H 为储油柜油面高度为 H 时的油截面积，mm^2；V_H

为储油柜油面高度为 H 时的油体积，mL；R 为储油柜半径，mm；H 为储油柜中油面的高度，mm；L 为储油柜长度，mm。

可以看出，在储油柜规格尺寸选型确定后，即储油柜长度 L 及截面半径 R 不变的情况下，变压器油体积的变化又体现在储油柜油截面高度 H 的变化。

4. 变压器油温-油位曲线绘制

变压器油温-油位曲线的横坐标为变压器油温，纵坐标为储油柜油位高度，通过不同油温下的油位高度即形成了曲线，油温-油位曲线绘制的前提条件为本体油体积。若变压器本体油重 m 为 17.9t，其油温为 20℃时本体油体积 $V_T=m/\rho_{20℃}=20000$L，那么储油柜额定补偿容积及油温-油位曲线绘制步骤如下。

步骤 1：计算平均油温下储油柜有效容积 V_{CE}。

根据式（4-1）～式（4-3）计算平均油温下的储油柜有效容积，其收缩容积 A 为 679.32L，油膨胀容积 B 为 1132.2L，那么有效容积 $V_{CE}=A+B=1811.5$L。

步骤 2：选取储油柜额定补偿容积 V_C 和截面直径 D。

储油柜额定补偿容积按本体油体积的 10% 选取，当储油柜截面直径 D 为 1000mm 时，其额定补偿容积 V_C 为 2000L，圆形截面积 $S_C=\pi D^2/4=785000$mm^2，长度 $L=V_C/S_C=2.55$m。

步骤 3：计算储油柜底部空间容积 V_{low}。

储油柜底部空间距离 H_{low} 选取 75mm 时，根据式（4-6）和式（4-7）计算的储油柜油截面积 S_{low} 为 26761.44mm^2，储油柜油体积 V_{low} 为 68.18L。

步骤 4：计算平均油温为 20℃时本体油体积 $V_{20℃}$、储油柜油截面积 $S_{C20℃}$ 及高度 $H_{C20℃}$。

平均油温为 20℃时，储油柜油体积 $V_{C20℃}$ 应为储油柜底部空间容积 V_{low} 和收缩体积 A 之和，即 $V_{C20℃}=V_{low}+A=747.5$L，储油柜油截面积 $S_{C20℃}=V_{C20℃}/L=320153.43$mm^2，变压器油总体积为本体油与储油柜油体积之和，即 $V_{20℃}=V_T+V_{C20℃}=20747.5$L，根据式（4-6）和式（4-7）计算，储油柜的油面高度 $H_{C20℃}=400$mm。

步骤 5：计算不同油温时本体油体积 V_T、储油柜油截面积 S_C 及高度 H_C。

以变压器油温在 20℃时的体积为基准，当油温发生变化时，其体积变化量可表示为

$$\Delta V=\beta V_{20℃}\Delta T \tag{4-8}$$

$$\Delta S=\Delta V/L \tag{4-9}$$

式中：ΔV 为变压器油温发生 ΔT 变化时，油体积的变化量，L；ΔT 为变压器油温的变化量，K；β 为变压器油热膨胀系数；$V_{20℃}$ 为变压器油温在 20℃时，油的总体积，L；ΔS 为变压器油温发生 ΔT 变化时，油面截面积变化量，m^2。

对于变压器油温-油位曲线，变压器环境温度条件（含变压器油温升）的不同会直接影响到储油柜油温-油位曲线的横坐标范围，横坐标温度的取值越多，曲线越准确，变压器油温的变化范围为 -25～95℃，以油温每变化 5℃ 为基准，即 $\Delta T=5$，可计算不同油温下，储油柜油体积变化量及截面积变化量，再根据式（4-6）计算出储油柜油面高度，具体为

$$V_{-25℃} = V_{20℃} - 9\Delta V, \quad S_{C-25℃} = S_{C20℃} - 9\Delta S$$

$$\cdots$$

$$V_{15℃} = V_{20℃} - \Delta V, \quad S_{C15℃} = S_{C20℃} - \Delta S$$

$$V_{20℃}, \quad S_{C-25℃}$$

$$V_{25℃} = V_{20℃} + \Delta V, \quad S_{C25℃} = S_{C20℃} + \Delta S \qquad (4\text{-}10)$$

$$\cdots$$

$$V_{95℃} = V_{20℃} + 15\Delta V, \quad S_{C95℃} = S_{C20℃} + 15\Delta S$$

第六步：选择油位表表杆长度 SL。

油温表指示的实际活动有效最大距离为 $H_{95℃} - H_{low}$，根据式（4-4）计算油位表杆长度 SL 为1449.35mm，那么储油柜顶部的剩余空间距离为 $D - H_{95℃} = 109$，通常 H_{top} 选取100mm，其值符合式（4-5）要求，否则应重新进行第二步相关参数选取并进行后续步骤。

第七步：绘制油温-油位曲线。

储油柜油位高度是通过油位表刻度显示的，油位高度应转化为油位表的指示刻度。那么油位表的表盘刻度计算式为

$$\text{Dial}_T = 10/\theta \cdot \arcsin[(H_T - H_{low})/SL] \qquad (4\text{-}11)$$

式中：Dial_T 为不同油温 T 时油位表指示刻度；H_T 为不同油温 T 时油面高度，mm；10为油位表表盘最大刻度。

那么，根据不同油温及油位表指示刻度即可绘制出变压器油温-油位曲线，此变压器的油温-油位曲线如图4-8所示。

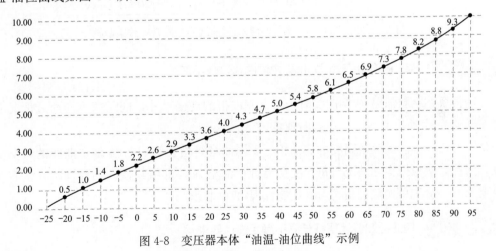

图4-8 变压器本体"油温-油位曲线"示例

二、储油柜油位变化与油温-油位曲线不一致的研判和处置

1. 储油柜油位变化与油温-油位曲线不一致的影响

变压器储油柜油位变化与油温-油位曲线不一致将影响运维检修人员对储油柜油位的误判断，尤其是在大负荷高温情况下，容易造成变压器内部满油压力过大而发生压力释放阀喷油，在低负荷低温情况下，容易造成变压器储油柜缺油，而且这种现象频繁发生，储油

柜按油温-油位曲线补油后，随着油温的变化，其油位总存在相当大的变化误差。

2. 储油柜油位变化与油温-油位曲线不一致的信息收集

（1）查阅变压器温升试验报告，在满负载情况下，变压器顶层油的油温值。

（2）查阅变压器铭牌资料及油温-油位曲线，了解变压器本体总重量，切换开关油室总油重量，查阅交接检修记录中注油量是否与铭牌资料相符。

（3）查阅储油柜结构尺寸，重点关注截面直径及长度等参数。

3. 储油柜油位变化与油温-油位曲线不一致的诊断工作

（1）变压器不停电，使用 $\phi 4$ 软管在本体取油堵处实测本体储油柜油位高度，或者可通过注撤油方式（掌握油量）观察本体油位表指示刻度的变化。

（2）根据变压器本体或切换开关油室总油重、储油柜截面直径及长度等参数进行储油柜容积校核，判断本体储油柜容积设计裕度是否满足 10% 本体总油重设计，开关储油柜容积设计裕度是否满足 20% 总切换开关室油重设计。

4. 储油柜油位变化与油温-油位曲线不一致的研判和处置

储油柜油位变化与油温-油位曲线不一致常见致因归纳如图 4-9 所示。

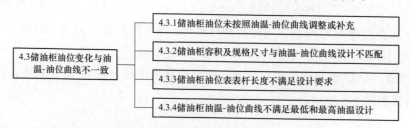

图 4-9　储油柜油位变化与油温-油位曲线不一致常见致因归纳

致因 4.3.2　储油柜规格尺寸与油温-油位曲线设计不匹配

特征信息： 绘制油温-油位曲线时未考虑储油柜的规格尺寸，同厂家不同油量情况下出现同一样的油温-油位曲线，存在套图现象。

处置方法： 不同长度或高度的储油柜、不同油量等均会影响油温-油位曲线的斜率及平滑度，为此，应根据实际情况对每台变压器进行油温-油位曲线绘制。当储油柜补偿容积不满足要求时，应先更换储油柜再对其绘制油温-油位曲线。

致因 4.3.3　储油柜油位计摆杆长度不满足设计要求

特征信息： ①变压器油温发生较大变化时，其油位变化严重不符合储油柜油温-油位曲线对应值；②实际测量储油柜油位与油位表指示严重不符。

处置方法： 结合停电开展储油柜内检，具体可参考【致因 1.1.4】所述。

致因 4.3.4　储油柜油温-油位曲线不满足最低和最高油温设计

特征信息： 储油柜油温-油位曲线温度变化范围未考虑最低油温和最高油温，满油位时并不是指最高油温，低油位时并不是最低环境温度。

处置方法： 重新绘制变压器储油柜油温-油位曲线。

第四节　变压器油面或绕组温度示值不一致的研判和处置

一、变压器油面及绕组测温装置概述

变压器测温装置主要包括油面测温装置和绕组测温装置，变压器油面测温要求使用两种不同检测原理实现油面温度的监测，即压力式测温和电阻式 Pt100 铂电阻测温；绕组测温装置主要通过套管 TA 电流配合间接测量和绕组植入式光纤直接测温两种方式实现绕组温度。

油面测温装置量程统一选用−20～140℃，而绕组测温装置量程统一选用 0～160℃，这是因为绕组带负载运行时温度是不会低于 0℃的。绕组温度表在油面温度表基础上配置电流匹配器和电热元件，电流匹配器为绕组温度表内嵌在波纹管内的电热元件提供电源，绕组温度表弹性元件带动指针的位移量由温包温度压力决定，而温包温度由变压器油温和电热元件发热（变压器负载电流）共同决定。变压器负载为零时，绕组温度表为变压器油面温度；变压器带负载时，电热元件发热使弹性元件位移量增大，其绕组温度 T_W 可等效为顶部油温 T_0 的基础上，叠加一个铜油温差 $K_i T_{wo}$（T_{wo} 为理论上的铜油温差，K_i 为与变压器冷却结构有关的系数），即

$$T_W = T_0 + K_i T_{wo}$$

常见的铜油温差模拟原理如图 4-10 所示，通过改变流经电热丝的加热电流 I_h 可以产生一个在数值上与铜油温差相等的附加温升，这种情况下，铜油温差可表示为

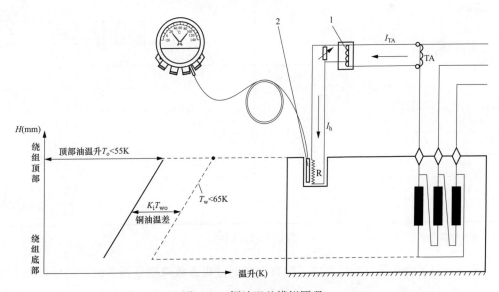

图 4-10　铜油温差模拟原理

1—可输入 0.5～5A 的独立变流器；2—温度传感器

$$K_i T_{wo} = \Delta T = I_h^2 R$$

式中：ΔT 为绕组温度表的热模拟附加温升，℃；I_h 为绕组温度表加热装置流经电热丝的加热电流，A；R 为绕组温度表加热装置电热丝电阻，Ω。

二、变压器油面及绕组测温装置存在偏差的处置流程

1. 变压器油面测温存在偏差的处置流程

变压器顶层油面温度检测时，应确保现场温度指示、控制室温度指示、监控系统的温度指示三者基本保持一致，误差一般不超过 5℃，对于偏差过大的温度指示，应查明原因并对故障部件进行检修或更换，其处置流程如下所示。

步骤 1：远方及当地顶层油温示值的比对分析。检查并记录变压器本体压力式温度表当地指示值和 Pt100 铂电阻温度装置的远方显示值（远方测控装置或监控系统），根据历史温度曲线变化情况可判断具体哪个测温部件存在问题，如两者温度偏差大于 5℃ 且无法准确判断异常测温装置时，应进行以下详细诊断分析。

步骤 2：实际顶层油温的测量。使用红外测温成像对变压器感温探头安装处进行测量，记录测温装置感温探头处温度，分析两种不同测温原理装置哪个存在偏差较大。

步骤 3：Pt100 铂电阻正确性判断。拆除 Pt100 铂电阻各接线端子接线并做好标记（排除端子引出线电缆电阻值的影响），测量 Pt100 铂电阻各触点电阻值，再根据表 4-2 查找对应温度值，当查找的温度值与实测温度不一致时，可判断 Pt100 铂电阻存在异常。

表 4-2 　　　　　　　　　　　　Pt100 铂电阻特殊温度与电阻对应关系

温度（℃）	Pt100 铂电阻值（Ω）	温度（℃）	Pt100 铂电阻值（Ω）
0	100.00	55	121.32
5	101.95	60	123.24
10	103.90	65	125.16
15	105.85	70	127.08
20	107.79	75	128.99
25	109.73	80	130.90
30	111.67	85	132.80
35	113.61	90	134.71
40	115.54	95	136.61
45	117.47	100	138.51
50	119.40	105	140.40

注　本表数据来源于 GB/T 30121《工业铂热电阻及铂感温元件》。

步骤 4：温度变送器准确性判断。检查变送器量程参数选型是否正确，当量程为 $-20\sim$ 140℃ 时，其 4mA 对应 -20℃，20mA 对应 140℃，每 1mA 温度变化 10℃，使用毫安档位直流钳形电流表测量变送器输出电流数值，其温度与变送器输出电流关系如图 4-11 所示，

如存在较小偏差，可通过变送器微调按钮进行调整至准确电流值。

步骤 5：测控装置后台接入正确性判断。检查测控装置后台"电流-温度"转换比例参数是否设置正确，原则上其上限值、下限值及换算系数公式是固定不变的，不宜通过测控装置后台调整系数以满足温度偏差的要求。

其温度与电流的关系式（输出 4～20mA 电流）为

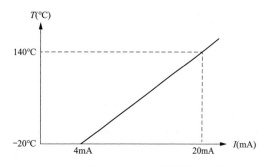

图 4-11　测量温度与变送器输出电流
对应曲线

$$I=(16T/\Delta T)+4$$

$$\Delta T=T_{bh}-T_{bl}$$

式中：T 为油的测量温度值，℃；ΔT 为变送器上限对应温度 T_{bh} 和变送器下限对应温度 T_{bl} 的差值；I 为与温度对应的电流值，mA。

步骤 6：更换测温装置相关异常部件。根据以上分析判断，更换测温装置存在测温不准确的部件，然后再核对远方及当地温度是否一致，是否满足 5℃温差范围。

2. 变压器绕组测温存在偏差的处置流程

绕组测温装置和油面测温装置的检测温度无可比性，这是因为绕组带负载时的温度明显高于油面温度，且负载率不一样时，其绕组温度与油面温度偏差也不一样。

变压器不带负载且绕组温度表波纹管配套的电阻丝冷却后，其绕组温度指示应与顶层油面温度基本一致，温差不应大于 5℃。变电站内相同厂家相同冷却结构的变压器，在变压器负载率和顶层油温基本一致的情况下，其绕组温度应近似一致，各变压器绕组温度表温差不应大于 5℃，对于偏差过大的温度指示，应查明原因并对故障部件进行检修或更换，其处置流程如下所示。

步骤 1：绕组温度表初步检查。检查套管 TA 至电流匹配器及绕组温度表电阻丝回路，无开路、异音及烧灼现象，红外测温无异常热点；检查绕组温度表历史记录，重点关注变压器停电期间绕组温度表指示值，其值应与顶层油面温度表基本一致。

步骤 2：电流匹配器选型检查。根据变压器变比 K_{Tr}、变压器额定一次电流 I_N 以及套管 TA 变比 K_{TA}，计算套管 TA 二次额定输出电流 I_p，即 $I_p=K_{Tr}I_N/K_{CT}$。查看电流匹配器厂家参数，套管 TA 电流应满足电流匹配器输入电流范围，否则应重新选型更换。

步骤 3：根据实测电流匹配器输入及输出电流，校核绕组温度表指示正确性。使用交流毫安钳形电流表测量电流匹配器输入电流，当电流匹配器输入电流与输出电流不符合其设置的分流比例时，应考虑电流匹配器存在故障。

使用交流毫安钳形电流表测量电流匹配器输出电流，根据表 4-3 推算其附加温升 ΔT，其绕组温升应为顶层油温值与附加温升 ΔT 之和，否则应考虑绕组温度表（内置电阻丝）存在故障。

步骤 4：根据变压器绕组温升试验报告，调整电流匹配器输出电流。根据变压器绕组温升试验报告或厂家同类型变压器温升型式试验报告，查找在额定负载条件下变压器铜油温升值 ΔT，再根据表 4-3 查找热模拟加热电流 I_h，使其对应的热模拟附加温升与变压器满负载下温升试验中的绕组温升 ΔT 一致，其中 I_h/I_p 即为电流匹配器的输出与输入电流分流比，可通过调整电流匹配器档位实现输出电流的调整。

表 4-3　　　　　　　　　　　绕组热模拟特性：温升-电流对应表

热模拟加热电流 I_h（mA）	740	800	860	920	980	1040	1090	1140	1190	1240	1280
热模拟附加温升 ΔT（K）	10	12	14	16	18	20	22	24	26	28	30

注　电流互感器的输出电流 I_{TA}、热模拟附加温升 ΔT 以及加热电流 I_h 都是基于变压器在额定负荷下给出的定义。I_{TA} 的大小与变压器铭牌额定负荷电流和电流互感器额定变比有关，I_{TA} 输出为 500～5000mA，加热电流 I_h 为 700～1300mA，需要配置变流器把 I_{TA} 转换成 I_h。

如电流匹配器选型及档位不正确，应重新调整，经过一段时间（45min）判断绕组温度指示是否恢复正常。

三、变压器油面或绕组温度示值不一致的研判和处置

1. 变压器油面或绕组温度示值不一致的影响

变压器油面温度示值不一致将影响对油温的正确判断，甚至无法远方进行监视，当偏差较大时，可能影响冷却系统的正常启停、油温异常报警功能。绕组温度一般仅作参考，但应关注因套管 TA 开路导致绕组温度不一致的隐患，当其微动开关触点接入冷却系统控制回路，油温异常过高报警回路时，同样影响上述功能。

2. 变压器油面或绕组温度示值不一致的信息收集

（1）检查当地变压器油面温度表、控制室油面温度显示器和监控系统后台油面温度指示数值，温度变送器量程参数选型，以及 4～20mA 电流接入测控装置后台对"电流-温度"变换参数设置是否正确；

（2）检查站内各变压器绕组温度表指示绕组温度是否偏差较大，并结合变压器生产厂家、负载率、冷却方式及环境温度等综合考虑。

3. 变压器油面或绕组温度示值不一致的诊断工作

（1）现场使用红外测温成像对变压器感温探头安装处进行测量，使用万用表测量 Pt100 铂电阻各触点电阻值、使用直流钳形表测量变送器出口 4～20mA 电流实际值；

（2）使用交流毫安钳形电流表测量绕组温度表电流匹配器输入电流和输出电流。

4. 变压器油面或绕组温度示值不一致的致因研判和处置

变压器油面或绕组温度示值不一致常见致因归纳如图 4-12 所示。

致因 4.4.1　压力式油温表及其感温探针损坏或安装不符合工艺要求

解析：引起压力式油温表及其感温探针故障损坏常见情形有：①感温探针灵敏度不足或老化损坏；②压力式油温表毛细管弯曲半径小于 50mm 发生折损而损坏；③压力式油温

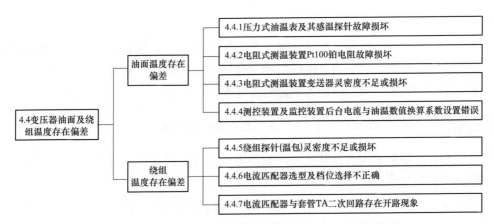

图 4-12　变压器油面或绕组温度示值不一致常见致因归纳

表感温探头（传感器）表座套内未装设变压器油，该现象对温差有影响但数值较小。

特征信息：①压力式油温表指示值与实测顶层油温相比存在较大偏差；②更换压力式油温表或表套内添加部分变压器油后，压力式油温表温度示值显示一致。

处置方法：更换压力式油温表或表套内添加部分变压器油。

致因4.4.2　电阻式测温装置Pt100铂电阻灵敏度不足或损坏

特征信息：①测量Pt100铂电阻的电阻值并换算至对应温度值，该温度值与实际油温偏差较大；②更换Pt100铂电阻后，油温数值显示恢复正常。

处置方法：更换Pt100铂电阻。

致因4.4.3　电阻式测温装置变送器灵敏度不足或损坏

特征信息：①测量Pt100铂电阻的电阻值并换算至对应温度值，该温度值与实际油温近似一致；②测量温度变送器输出电流与实际油温对应电流值不一致。

处置方法：更换温度变送器。

致因4.4.4　测控装置及监控装置后台电流与油温数值换算系数设置错误

特征信息：①测量变送器输出电流与实际油温对应电流值近似匹配一致；②测控装置及监控装置后台电流与油温数值换算系数设置不正确。

处置方法：调整测控装置及监控装置后台电流与油温数值换算系数设置。

致因4.4.5　绕组探针（温包）灵敏度不足或损坏

特征信息：①变压器停电期间，绕组温度表指示温度与油面温度表指示温度存在较大温差；②更换绕组温度表及探针（温包）后恢复正常。

处置方法：更换绕组温度表及探针（温包）。

致因4.4.6　电流匹配器选型或档位选择不正确

特征信息：电流匹配器选型参数中，输入电流与套管TA接入电流不匹配或电流匹配器档位选择不准确。

处置方法： 如电流匹配器选型错误或存在故障需更换时，应先将套管 TA 接入回路短接，避免发生 TA 开路，然后再更换经校验合格的电流匹配器，恢复电流匹配器 TA 接入回路，在安装电流匹配器前，应通入额定输入电流，测量输出电流符合热模拟电流。

致因 4.4.7　电流匹配器与套管 TA 二次回路存在开路现象

特征信息： ①绕组温度表及其电流匹配器等 TA 二次回路端子有烧灼打火痕迹；②变压器套管 TA 有明显异音。

处置方法： 在本体端子箱处将接入电流匹配器的 TA 回路短接，查找电流匹配器及绕组温度表 TA 接入回路开路点，处置完成后，恢复电流匹配器 TA 接入回路。

第五节　变压器绕组引出线穿缆导电杆与套管不匹配的研判和处置

一、穿缆套管引线截面积以及导电杆开孔

变压器连接绕组各引出端的导线称为引线，引线一般分为三种：绕组线端与套管连接的引出线、绕组端头间的连接引线以及分接绕组与分接选择器的连接引线，本节主要介绍绕组线端与套管连接的引出线。

引线最基本的参数即型式和截面直径，引线型式一般选用纸包电缆（软铜线）或纸包圆铜线，引线纸包绝缘可提高绝缘强度，绝缘距离易保证，可多根并联。可根据自身载流和各种状态下温升要求选择引线截面直径，引线截面直径不宜过小，当引线表面电荷密度大，电场强度高，易产生局部放电，且截面直径越小机械强度越小。在相同条件下，引线的冷却效果比绕组好，但穿缆式套管中通过的电缆引线，由于瓷套内散热条件较差，为满足其温升要求，其套管中电缆电流密度如表 4-4 所示。

表 4-4　　　　　　　　　　穿缆式套管中通过电缆引线的电流密度

电压等级（kV）	≤20	≤35	60~110	≥200
电流密度（A/mm²）	≤3	≤2.5	≤2.2	<2.2

对于 110kV 及以上电容式套管，由于本体储油柜油面高度的限制，使得套管上部有一段电缆不能浸入油中时，电缆的电流密度应在表 4-4 数值基础上稍作降低。

二、穿缆套管引出线与导电杆磷铜焊或冷压焊连接

穿缆套管引出线电缆与套管导电杆的连接方式常见有磷铜焊接和冷压接，在连接前应做好导电杆的选配工作，确保引线电缆截面直径与套管导电杆参数相匹配，具体可参考表 4-5 所示，然后再开展穿缆套管引出线电缆与套管导电杆的连接制作。

表 4-5

典型穿缆套管引线以及配套导电杆开孔尺寸

引线电缆面积（mm²）	引线电缆直径 ϕd（mm）	导电杆开孔内径（mm）	导电杆外径（mm）
50	10.5	11.5	21.5
70	13.0	14.0	24.0
95	14.5	15.5	25.5
120	16.0	17.0	27.0
185	20.0	21.0	31.0
240	23.0	24.0	34.0
300	26.0	27.0	37.0
400	30.0	31.0	41.0
500	34.0	35.0	45.0
630	38.0	39.0	49.0

注 导电杆开孔内径为 $\phi d+1$mm；导电杆外径为 $\phi d+11$mm，即开孔壁厚 5mm。

1. 绕组引出线长度测量

步骤 1：测量新套管和旧套管相关尺寸，重点关注法兰安装对角孔距、孔数及孔径，套管油中侧直径及长度，直径应小于 TA 内径，长度不应大于旧套管，否则套管尾部可能对周围接地及其他带电部位放电，套管空气侧高度不宜过高，否则需通过调整引线加长头。更换新套管时，若空气侧套管高度不一致，则需要调整绕组引出线的长度并更换导电杆，导电杆的长度应配合绕组引出线的长度，使得适应新套管空气侧的高度安装。下面以套管油中部分长度一致为前提分析。

步骤 2：测量旧套管定位销孔与套管法兰下端面的长度 L_1（mm），测量新套管定位销孔与套管法兰下端面的长度 L_2（mm），则绕组引出线需调整的长度 $L=L_2-L_1$。当 $L<0$ 时，需截短绕组引出线长度，新导电杆尺寸基本不需改变；当 $L>0$ 时，尽量不减小绕组引出线长度，但需采用加长型导电杆以满足新套管与旧套管空气部分的高度差。

步骤 3：根据经验，初步选择长度适宜的新导电杆，测量新导电杆顶部定位销孔至槽口边沿的长度 m，新导电杆焊接槽口的深度 n，再根据以上数据对绕组引出线截取点进行选定。

步骤 4：当 $L<0$ 时，从旧导电杆顶部定位销孔测量距离 $L+m-n$，考虑一定裕度（通常选取 20mm 裕度），则绕组引出线截断处应在 $L+m-n-20$mm 处（见图 4-13）；当 $L>0$ 时，从旧导电杆顶部定位销孔测量距离 $m-L-n$，考虑一定裕度，则绕组引出线截断处应在 $m-L-n-20$mm 处（见图 4-14）。

步骤 5：进行绕组引出线与导电杆槽口的磷铜焊接或冷压接工艺。

2. 绕组引出线与套管导电杆磷铜焊接

磷铜焊接焊剂材料为磷铜，即电解铜（纯铜）与磷的合金，焊剂含磷量为 7.5%～7.75%，含纯铜重量约为 92.5%，为使用方便起见，制成焊剂的长度应在 400mm 以下，宽度为 12mm，厚度为 1～4mm。磷铜焊接一般分为三种形式：铜焊机加热的焊接形式、气割枪加热的焊接形式、铜焊机与气焊相结合的磷铜焊接形式，对于套管导电杆与引出线的

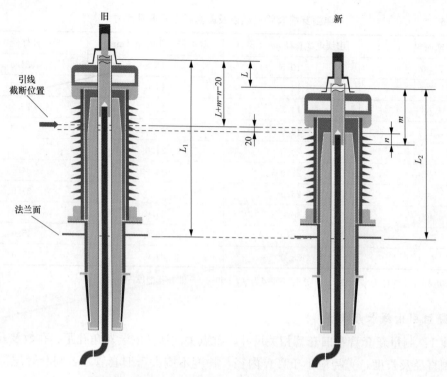

图 4-13　绕组引出线需调整的长度 $L<0$ 的截取图示

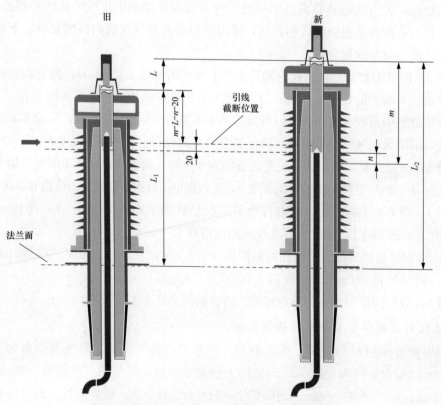

图 4-14　绕组引出线需调整的长度 $L>0$ 的截取图示

连接，现场通常采用气割枪的磷铜焊接方式，其检修步骤如下所示：

步骤 1：根据计算结果确定绕组引出线截断点，在断线位置使用胶带缠绕，防止断线时铜末掉落。清理周围易燃物品，将旧引线导电杆截掉或用气焊设备将旧引线从导电杆孔内烫下，断线完毕，断口位置使用胶带粘接，清理断口位置铜屑。

步骤 2：将新导电杆固定好，底部焊接槽口朝上，清理导电杆焊接孔，无毛刺、异物，铜绞线上的绝缘纸或白布带削掉距电缆头 150mm 以上。

步骤 3：用气焊枪反复均匀加热引线头底部，当引线头充分加热后，将用细铜丝捆绑的引线插入新引线头底部焊接槽口，继续加热，并加入磷铜焊条，直至焊料熔化填满焊接槽，焊口饱满，注意电缆头和铜绞线不得出现局部熔化。

步骤 4：焊接结束后，待引线头冷却下来，用毛刷或砂纸等清理焊口部位的焊渣和毛刺，焊口无尖角、焊渣，焊接牢固美观，注意不能使用锉刀锉，以免产生铜末。

步骤 5：将引线放在木垫块上，用木榔头敲打电缆头附近 150mm 内铜绞线，对引线内的氧化物进行清理。清理完成后，用干净的白布沾酒精将电缆头及焊口部分的引线擦拭干净，对引线裸露部分重新包绝缘纸，并在绝缘纸外包白布带，采取半叠包绕形式。用皱纹纸将电缆头螺纹部分包裹好，以免螺纹损伤。

3. 绕组引出线与套管六方导电杆冷压接

采用冷压接工艺，不需要动火高温火烤，可防止绝缘碳化，可避免由于打磨毛刺而产生铜屑散落于器身和引线绝缘上的情况，其检修步骤如下所示。

步骤 1：参考 GB/T 14315—2008《电力电缆导体用压接型铜、铝接线端子和连接管》，检查导电管（套管铜头）尾部盲孔内、外径尺寸，盲孔深度尺寸不小于 1/2 压接管长度。用皱纹纸预先对导电杆端部螺纹部分做好防护，避免损伤螺纹。根据引线截面积，确定冷压接头的型号，准备好添加线。

步骤 2：参考 GB/T 12970 电工铜绞线（或电缆厂家提供外形尺寸与截面积对照表），测量引线电缆外径尺寸，确认电缆标称截面积。清理电缆端部铜屑，并整理平整、紧实。用专用断线钳断线，根据导线进入冷压接头的尺寸用专用断线钳断线，如果是漆包线或换位导线，则用去漆剂去漆，去漆长度应比冷压接头内孔的深度长 20mm，要求每根扁线的所有表面去漆干净，没有遗留漆皮，再用干净白布擦净表面，将欲压引线电缆的端头整齐排列，在压接部位以下的部位用胶带绑扎固定。

步骤 3：根据压接工具供应商提供的截面积对照表，选择对应压接模具。检查液压站、软管、液压钳、模具等工装设备状态，达到压接使用条件。

步骤 4：根据导电杆盲孔深度，在电缆端部标记压接配合尺寸，将电缆端部插入导电杆盲孔，并确认电缆端部达到导电杆盲孔底部。把欲压接的引线插入冷压接头内，要插到限位尺寸。将添加线排列整齐，也插到冷压接头孔内，到限位尺寸，用胶带将原线和添加线一起绑扎固定，用记号笔在插好的接头端部画圆周记号线，作为冷压后引线与添加线是否外窜的记号。

步骤 5：按照由中间向边缘的顺序，依次压接导电杆与电缆的重合连接位置；圆周方向的压接面积大于电缆截面积，每次压接方向保持一致，最后一次压接保持压模与导电杆尾部平齐。

步骤6：检查压接方向的对边尺寸，符合 GB/T 14315—2008《电力电缆导体用压模型铜、铝接线端子和连接管》标准。在液压头上安装好与冷压接头配套的模具，打开压着头的上盖，将欲压接头嵌入模具内，先压"快进"杠杆，当压膜与接头似接非接时，停止压接。调整接头与模具的压接位置，使模具压在接头中间，两端所余长度对称，特别注意检查插入的原线和添加线是否窜出。

步骤7：检查和清理导电杆表面因压接产生的毛刺，对裸露部分重新包扎绝缘纸，并在绝缘纸外半叠包扎白布带。

三、变压器绕组引出线穿缆导电杆与套管不匹配的研判和处置

1. 变压器绕组引出线穿缆导电杆与套管不匹配的影响

变压器引出线穿缆导电杆与套管不匹配的影响主要有：①穿缆引出线过长导致电缆磕碰套管中心导电管，易形成环流，出现过热现象；若穿缆引出线过短，则无法与套管将军帽连接及安装；②导电杆与将军帽不匹配时将导致接触不良发热、直阻试验异常，严重时可导致引线头与将军帽熔接一体。

2. 变压器绕组引出线穿缆导电杆与套管不匹配的信息收集

（1）核对绕组引出线电缆截面积、长度以及配套的导电杆规格尺寸，导电杆与引出线连接方式（冷压导电杆还是磷铜焊导电杆），分析数据找到不匹配的部件并进行更换。

（2）核对套管头部结构及将军帽规格尺寸，是否存在导电杆外螺纹与将军帽内螺纹公差配合较差的情况。

3. 变压器绕组引出线穿缆导电杆与套管不匹配的诊断工作

对绕组引出线穿缆导电杆与套管将军帽装配进行尺寸校核，怀疑绕组引出线与导电杆不匹配时，应测量接头接触电阻试验。

4. 变压器绕组引出线穿缆导电杆与套管不匹配的致因研判和处置

变压器绕组引出线穿缆导电杆与套管不匹配常见致因如图 4-15 所示。

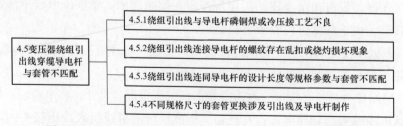

图 4-15　变压器绕组引出线穿缆导电杆与套管不匹配常见致因

致因 4.5.1　绕组引出线与导电杆磷铜焊或冷压接工艺不良

特征信息：①变压器为新品变压器或大修后产品，与出厂试验相比，绕组直阻试验中，

某相直阻或三相不平衡率呈增大趋势，对某相绕组引出线与导电杆连接部位接触电阻进行测量时，超过 $20\mu\Omega$；②拆解绕组引出线导电杆，发现制造工艺不良。

处置方法： 重新对绕组引出线与导电杆进行制作并对连接部位测量接触电阻。同时应与厂家一同检查和分析器身绕组出线端处冷压接工艺是否存在同类问题，发现问题一同处置，必要时返厂整改。

致因 4.5.2 绕组引出线连接导电杆的螺纹存在乱扣或烧灼损坏现象

特征信息： ①变压器运行期间，套管将军帽部位存在发热缺陷；②对将军帽导电头部进行解体检查，发现绕组引出线配套的导电杆存在乱扣或烧灼损坏现象，且将军帽内螺纹也同样存在此类问题。

处置方法： 重新选配导电杆和将军帽，确保螺纹匹配，重新对绕组引出线与导电杆进行制作，制作完成对连接部位测量接触电阻，对相关电压等级各相绕组开展绕组直阻试验。

致因 4.5.4 不同规格尺寸的套管更换涉及引出线及导电杆制作

特征信息： 原套管油样化验或电气试验不合格或存在家族性缺陷，需更换，且替代套管与原套管规格尺寸存在一定偏差。

处置方法： 更换套管并根据新套管尺寸重新制作绕组引出线与导电杆，测量连接部位接触电阻。

第六节　SF_6 气体变压器气室微水超注意值的研判和处置

一、SF_6 气体变压器气室微水

当一定体积的气体在恒定压力下均匀降温时，气体和气体中水分的分压保持不变，直至气体中的水分达到饱和状态，水蒸气会转化为露或霜，该状态下的温度就是气体的露点。一定的气体水分含量对应一个露点温度，同一个露点温度对应一定的气体水分含量，因此，测量气体露点温度就可以测定气体中的水分含量。它们的关系是：露点温度或水分体积分数越大，SF_6 气体微水含量越大。SF_6 气体微水含量主要通过水分露点温度或水分体积分数表示，其中水分露点温度单位为℃，水分体积分数单位为 $\mu L/L$。

露点温度与密闭气室的气体温度和气体压力存在一定关系，随着气体压力或气体温度的增大，气体的饱和水蒸气压增大，露点温度也增大（逐步趋于0℃），具体可参考 DL/T 580《用露点法测定变压器绝缘纸中平均含水量的方法》7.1规定。正常情况下，气体变压器绝缘件受温度影响，将释放内部的含水量，气室温度升高时，SF_6 气体中的含水量升高，当气室温度降低时，SF_6 气体中的含水量又被绝缘件吸附，如图 4-16 所示，通常这种平衡状态需要 $6\sim12h$，测量 SF_6 气体的含水量实际也是测量绝缘件中的含水量，这也是气室内检或补气后需静置24h后再进行气体露点检测的原因。

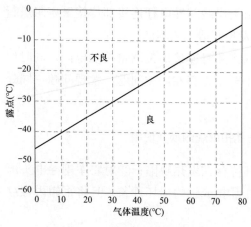

图 4-16 SF$_6$ 气体湿度测量对照表

在测量气室 SF$_6$ 气体露点时，流经露点仪的气体温度为相应气室气体的温度，其露点温度即为该气室气体温度下的露点温度，为便于与规程标准比对，需将其换算至+20℃的露点值，换算经验公式为：换算至+20℃的露点温度 K＝露点仪读数＋(20－气室气体温度)×0.75，可以根据露点温度进行比较，如需通过体积分数进行比较，可通过 GB/T 5832.2《气体分析 微量水分的测定 第2部分：露点法》附录 A，查找换算的露点值 K 与之对应的体积分数。

二、SF$_6$ 气体变压器气室微水标准依据

根据 DL/T 1810—2018《110（66）kV 六氟化硫气体绝缘电力变压器使用技术条件》6.12.2规定，SF$_6$ 气体变压器对 SF$_6$ 气体湿度（H$_2$O）（+20℃，101.3kPa）的交接标准值及运行注意值应满足表 4-6 和表 4-7 所示要求，它们的区别主要是前者以露点温度表示，后者以湿度体积比表示。

表 4-6　　　　SF$_6$ 气体变压器气体湿度（H$_2$O，+20℃，101.3kPa）要求（露点温度）

试验项目	气室位置	交接验收露点值	运行期间露点值
湿度（H$_2$O，+20℃，101.3kPa）	本体及开关气室	≤－40℃	≤－35℃
	电缆气室	≤－35℃	≤－30℃

表 4-7　　　　SF$_6$ 气体变压器气体湿度（H$_2$O，+20℃，101.3kPa）要求（湿度体积比）

试验项目	气室位置	新充气后标准	运行中标准（注意值）
湿度（H$_2$O，+20℃，101.3kPa）	本体及开关气室	≤125μL/L	≤220μL/L
	电缆气室	≤220μL/L	≤375μL/L

三、SF$_6$ 气体变压器气室微水超标的处理步骤

SF$_6$ 气体变压器本体气室、切换开关气室和电缆终端气室相互独立，本体气室、电缆终端气室、切换开关气室中的 SF$_6$ 气体质量依次减小，例如某气体变压器中本体气室、电缆气室、开关气室中 SF$_6$ 气体质量分别为 460kg、65kg、0.8kg。可以看出，电缆终端气室和切换开关气室容积较小，为避免气室微水频繁超标问题，应对气室加装吸附剂，本体气室绝缘件较多，当绝缘件中含水量较大时，易析出从而导致微水超标，其微水超标的处理的方法主要是抽真空和加装吸附剂。

SF$_6$ 气体变压器各气室抽真空工艺环节的注意事项：

（1）对变压器各气室抽真空前，应查阅设备说明书并咨询变压器厂家，了解抽真空的具体要求，未明确规定时，变压器气箱、管路及其冷却装置所有组部件的机械强度应不低于最高使用气体压力的1.25倍。

（2）正常气室运行压力下，电缆仓与本体仓具备各气室单独抽真空要求，不需考虑临仓减压措施。

（3）对开关气室抽真空时，应确保本体气室压力不应高于0.15MPa，否则应对其本体气室采取减压措施。这是因为，切换开关气室在真空状态下，切换开关气室绝缘筒的耐受机械压力不应超过0.25MPa（最高气体压力0.2×1.25倍），为此，本体气室压力不应高于0.15MPa。

SF_6 气体变各气室注气工艺环节的注意事项：

（1）开关气室注气压力禁止达到0.1MPa，防止真空泡因压差过大破裂损坏。

（2）其他气室压力应满足各气室"气体温度-压力"曲线值，防止压力过大导致箱体及其管路、组部件变形损坏漏气。

SF_6 气体变各气室微水超标时，需将变压器停电转检修处置，具体方法如下。

步骤1：确定 SF_6 气体变微水超标的具体气室，初步判断其致因，处理前应将变压器停电转检修，首先开展初步诊断，例如使用红外检漏仪再次检测气室是否存在泄漏问题。

步骤2：变压器停电后，对微水超标气室抽真空，如存在漏气问题，应首先更换相关密封件，如涉及电缆气室或开关气室，应考虑加装或更换吸附剂，可通过法兰端盖对电缆终端气室加装吸附剂。对微水超标气室抽真空时，真空度达到26.6Pa（以厂家说明书为准）后，其真空压力保持时间应根据微水含量而确定，但抽真空保持时间不应少于24h。

步骤3：关闭抽真空管路，对该气室充入经校验合格的 SF_6 气体，其压力值应满足"气体温度-压力"曲线对应值，通过红外检漏仪、包扎检漏等方式判断气室的各法兰接口、充气接口有无泄漏。

步骤4：变压器静置24h后再对该气室进行微水测量，对各包扎部位进行内部检漏，应无泄漏。

四、SF_6 气体变压器气室微水超注意值的研判和处置

1. SF_6 气体变压器气室微水超注意值的影响

SF_6 气体变压器气室微水超注意值并达到临界值时（由气态析出液体水），尤其是在气室温度下降及压力变化共同作用下，绕组绝缘表面更容易出现液态水，从而降低绝缘件表面电阻及绝缘性能，改变周围电磁场分布，易发生绕组绝缘沿面放电，严重时导致整个绕组烧毁。另外，液态水还容易导致硅钢片锈蚀，发生铁芯短路过热故障，在高温（高于200℃）情况下，水与 SF_6 气体产生化学反应，生成具有腐蚀性的亚硫酸和氢氟酸（HF），导致变压器内部器身腐蚀。

2. SF_6 气体变压器气室微水超注意值的信息收集

（1）变压器投运年限，是否为新投运或大修后产品，电缆终端气室和切换开关气室内

部是否配装吸附剂，吸附剂运行年限。

（2）查阅历史变压器气室微水测量值，两次测量期间是否开展过气室内部检修或气室补气等工作；查阅变压器各气室压力下降或补气记录，是否频繁补气，是否确定漏气点并处理。

3. SF₆气体变压器气室微水超注意值的诊断工作

通过红外检漏仪，24h包扎检漏等方式对相应气室各密封部位检查泄漏。

4. SF₆气体变压器气室微水超注意值的致因研判和处置

SF₆气体变压器气室微水超注意值常见致因如图 4-17 所示。

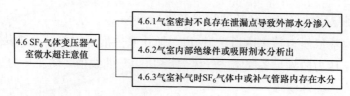

图 4-17　SF₆气体变压器气室微水超注意值常见致因

致因 4.6.1　气室密封不良存在泄漏点导致外部水分渗入

解析： 由于气室外部的水分压远大于气室内部的水分压，尤其是在外部环境湿度较大的情况下，在内外巨大水分压压差作用下，为求得水分压的平衡，在水分子渗透力前提下，它可通过密封件或泄漏点渗入气体变压器 SF₆气体中，进而导致气室内部含水量增大。

特征信息： ①室内气体变压器周围运行环境湿度长期处于较大的情形；②变压器存在泄漏缺陷，需定期开展气室补气工作。

处置方法： 首先应采取措施降低气体变压器周围运行环境湿度，避免湿度过大渗入气体变压器气室内部，导致微水进一步升高，当气室泄漏时，在考虑定期补气的前提下，应缩短微水检测周期，具备条件时，尽快安排相应气室微水超注意值及泄漏的治理工作。

致因 4.6.2　气室内部绝缘件或吸附剂水分析出

解析： SF₆气体变压器绝缘件含水量较大，主要是由于出厂阶段未干燥彻底，即使安装阶段抽真空，也无法解决深层受潮的问题；或在安装检修阶段绝缘件暴露时间过长，在后期气体变压器运行期间会出现绝缘件水分的析出。对于配置吸附剂的气室，当开仓检修未更换吸附剂，或者更换的吸附剂已受潮时，在后期气体变压器运行期间会出现吸附剂水分的析出。

特征信息： ①变压器为新投运或大修后产品，器身绝缘件出厂干燥不彻底，含水量较大；②上一次至本次微水测量期间，在该气室进行过内部检修工作且内部绝缘件暴露时间过长、未更换气室吸附剂或吸附剂本身已受潮未发现。

处置方法： 查阅检修历史，初步判断绝缘件存在深度受潮时，抽真空时间应依据含水量来确定，应考虑增加抽真空时间以解决绝缘件受潮问题，具备吸附剂的气室（主要指开关气室和电缆气室）微水超标时，一定要更换干燥吸附剂，禁止使用包装损坏的吸附剂，否则经一定年限仍存在微水频繁超标问题，这是因为，吸附剂中的水分很难通过抽真空彻底干燥。

致因 4.6.3　气室补气时 SF₆ 气体中或补气管路内存在水分

解析： 气室补充的 SF₆ 气体或管路内部存在水分的影响因素主要有：①未校验 SF₆ 新气气瓶，或校验时间已超年限（半年）；未经检验的 SF₆ 新气气瓶和已检验合格的气体气瓶混放，导致错误领用，在补气前未再次开展气瓶内 SF₆ 气体微水校验；②在补气前未对充气阀门及管路进行干燥处理，其阀门口及管路内部的水分进入相应气室内部。

特征信息： ①历史气室微水测量合格，上一次至本次微水测量期间曾对该气室补气；②补气工作 24h 后进行气室微水检测发现微水超注意值。

处置方法： 变压器停电，对微水超标的气室抽真空，再充入合格 SF₆ 气体。

为避免此类问题的频繁发生，SF₆ 新气应具有厂家名称、装灌日期、批号及质量检验单。新气到货后，应按有关规定进行复核、检验，合格后方可使用。存放半年以上的新气，使用前要检验其微水量和空气，符合标准后方准使用。SF₆ 气瓶放置在阴凉干燥、通风良好地方，防潮防晒，并不得有水分或油污粘在阀门上，未经检验合格的 SF₆ 新气气瓶和已检验合格的气体气瓶应分别存放，以免误用。为了保证 SF₆ 气体新气的质量和纯度，充气之前进行微水测试，并用干燥的气体对连接管路及气室注气阀门处干燥，避免管路内部存在水分。

第七节　油浸变压器油中含气量超注意值的研判和处置

一、油浸变压器油中含气量

变压器油中含气量指溶解在油中的所有气体的总量，包含烃类特征气体、H_2、O_2、N_2、CO 和 CO_2 等，用气体体积占油体积的百分数表示，油中各组分浓度之和的万分之一即油中含气量，如某设备油中各气体浓度之和为 $30000\mu L/L$，则含气量为 3%。根据 GB/T 14542《变压器油维护管理导则》相关规定，仅检测 330kV 及以上变压器的油中含气量，具体标准如表 4-8 所示。

表 4-8　　　　　　　　　变压器油中含气量投运前及运行中标准值

检测项目	电压等级	投入运行前的油	运行油
油中含气量（体积分数）	750～1000	≤1%	≤2%
	330～500		≤3%
	电抗器		≤5%

二、油浸变压器油中含气量超注意值处置流程

对于含气量超标的变压器油，应首先根据特征信息研判油中含气量超标致因，并根据现场检查情况进行研判处置，以下仅对胶囊或储油柜密封不良导致外部空气进入的处置步骤进行分析。

步骤 1：确定含气量超标是因为外部空气进入导致的。对变压器油进行油中含气量及油中溶解气体分析，排除因内部故障导致含气量超标，通过针管多次采油样化验，避免因接触外部空气或试验误差等因素导致油中含气量升高的误判，当油中含气量超注意值较多或增长速度较快时，应尽快安排变压器停电并进行含气量超标治理。

步骤 2：本体加气压，检查储油柜是否存在漏气现象。本体储油柜加气压 0.01～0.02MPa，30min 后检查气体压力表表压值是否下降，检查储油柜侧面人孔安装法兰、顶部排气阀（塞）、胶囊安装口、连通阀及其连接管路等部位是否存在漏气或漏油等现象，可通过在这些部位涂白土法（白土是否浸油变色）或起泡液（起泡液是否冒泡）等方法进行判别。无论何种泄漏，均会导致胶囊内部的空气或者环境中的空气进入胶囊油侧，进而导致变压器油与空气长时间接触。

步骤 3：检查胶囊油侧是否存在空气，是否为胶囊侧泄漏。打开储油柜顶部排气塞，检查内部是否存在空气，将空气排出至无空气为止，再关闭排气阀（塞），此时记录储油柜加压表指示值，本体储油柜加气压 0.01～0.02MPa，30min 后检查压力表指示值是否下降，然后重新打开储油柜顶部排气塞，检查内部是否存在空气。

步骤 4：检查胶囊及其安装口密封结构是否合理，密封是否良好。打开胶囊安装口，检查胶囊内侧是否浸油，胶囊安装口是否密封不良，其密封结构是否合理，改造更换密封结构不合理或损坏的胶囊。为可靠起见，本体储油柜顶部所有密封部位密封件均应更换。

胶囊安装口与储油柜密封影响因素主要涉及两点：

（1）密封接触面的影响。对老式的胶囊呼吸口，制作带安装螺孔的橡胶，通过单独的安装法兰将其与储油柜顶部法兰密封紧固，为带孔面密封方式；对新式的胶囊呼吸器口，制作带安装法兰的一体胶囊，使其与储油柜顶部通过密封槽和定型胶棒密封，为线密封方式，两者相比，"线密封"的效果好于"带孔面密封"。

（2）安装法兰结构的影响。胶囊呼吸口安装法兰制作形式有椭圆形、方形或圆形，通过紧固均衡受力分析得知，采用圆形安装法兰更便于处理密封胶垫平衡受力及压缩量问题，对于椭圆或方形结构，螺栓位置设计不合理、紧固力不均衡等均会导致密封胶垫错位、褶皱或不平整等现象。为此，胶囊安装口应采用圆形法兰一体结构，为提高密封可靠性，法兰对接面宜采用"平面＋凹槽"密封结构。

步骤 5：本体再次加气压试漏。检查压力表示值，无下降趋势，储油柜及胶囊密封可靠，无漏气及漏油现象，必要时在储油柜外部各连接密封处涂密封胶。

步骤 6：变压器油真空热油循环脱气处理。真空滤油机能够有效地脱除绝缘油中的气体

和水分，真空滤油是一个连续的过程，除了脱水还可以脱去油中的气体和挥发性酸，真空脱水无法脱除非挥发性酸，油品的整体酸值无法得到大的改善。不间断地对变压器油进行真空热油循环脱气处理，每日检测油的含气量，观察含气量减小趋势，在确保含气量满足运行注意值的前提下，尽量将其降低至最小值，根据检修经验，500kV 变压器油的真空热油脱气一般需要 4 天时间。

步骤 7：变压器静置排气。变压器的电压等级不同，变压器油的静置时间也不同：110kV 及以下变压器静置时间不得少于 24h；220（330）kV 变压器静置时间不得少于 48h；550 kV 及以上变压器静置时间不得少于 72h。变压器静置完毕后，应从变压器套管、升高座、冷却装置、气体继电器及压力释放阀等宜集聚气体的部位多次排气，直至残余气体排尽。

步骤 8：变压器储油柜顶油排气，通过储油柜顶部排气塞将胶囊油侧空气排尽，确保本体油与空气无接触，最后将本体储油柜油位调整至本体"油温-油位"曲线对应值。

三、油浸变压器油中含气量超注意值的研判和处置

1. 油浸变压器油中含气量超注意值的影响

变压器油溶解空气的能力很强，若油中空气含量过高，当温度、压力等外界条件改变时，溶解在油中的气体可能析出，成为自由状态的小气泡，容易导致局部放电，即使溶解的空气不产生气泡，其中的氧气会加速油纸绝缘老化，也会使油的耐电强度有较大的降低，因此，对于高电压等级的变压器，油中含气量应控制在较低的范围内。

2. 油浸变压器油中含气量超注意值的信息收集

（1）变压器投运年限，是否为新投运或大修后产品，变压器储油柜与胶囊密封结构是否合理，胶囊运行年限等。

（2）梳理历次变压器检修工作是否涉及器身或变压器油暴露环境的情形，是否曾进行过滤油脱气处理，是否存在大量储油柜补油工作。

（3）检查变压器油泵、储油柜等易形成负压的部位是否存在渗漏油现象，本体呼吸器硅胶是否存在自上而下浸油现象。

（4）了解变压器取油样过程是否正确，取油样装置是否密封良好，排除影响因素后复采油样是否化验合格。

3. 油浸变压器油中含气量超注意值的诊断工作

变压器停电，对本体加压试漏，检查储油柜及胶囊的密封性能，怀疑胶囊存在破损时，应开展储油柜内检工作。

4. 油浸变压器油中含气量超注意值的致因研判和处置

变压器油中含气量超注意值常见致因如图 4-18 所示。

致因 4.7.2 变压器本体储油柜或胶囊密封不良，存在进气现象

解析：空气进入储油柜油侧的影响因素主要有：①胶囊安装口密封不良；②胶囊发生

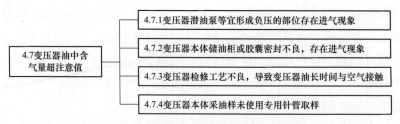

图 4-18　变压器油中含气量超注意值常见致因

破损；③储油柜顶部排气口密封不良；④呼吸管路蝶阀关闭不严或者管路密封不良；⑤储油柜人孔安装法兰上边缘密封不良；⑥储油柜壳体顶部存在沙眼。

特征信息：①变压器停电检修，对储油柜胶囊加气压试漏时发现压力下降，经检查发现储油柜或胶囊与油侧密封不良，存在漏气现象；②检查储油柜内部，发现胶囊破损或与储油柜密封失效；③本体呼吸器硅胶频繁出现自上而下浸油现象。

处置方法：查找具体渗漏点、储油柜与胶囊密封不良部位，并对其进行处置。如油中含气量过高，需将变压器停电，对变压器油进行真空热油循环脱气处理。

致因 4.7.3　变压器检修工艺不良，导致变压器油长时间与空气接触

解析：变压器检修工艺不良导致变压器油中含气量异常的情形主要有：①安装变压器过程变压器油未真空注油及真空热油循环，未对油做好储备密封措施，变压器油接触空气时间较长；②变压器检修后，未将储油柜油侧空气排出，变压器油与大量空气接触；③进行补油工作时，变压器油中含气量较大，未提前对补充油化验及处理。

特征信息：①变压器油中含气量年度呈逐年增长趋势；②涉及变压器器身或变压器油与空气长时间接触的检修工作。

处置方法：变压器停电，通过真空热油循环降低油中含气量。

致因 4.7.4　变压器本体采油样未使用专用针管取样

特征信息：①变压器油中含气量检测值呈增长趋势，且同时其他变压器采样油中含气量化验均呈增长趋势；②采变压器油时未使用专用密封针管采变压器油，存在油样与空气接触现象。

处置方法：使用针管取本体油样进行化验，在取油前应检查针管的密封性能。

第五章

电力变压器故障跳闸的研判和处置

第一节　变压器非电量保护跳闸的研判和处置

一、本体重瓦斯跳闸信号

1. 本体重瓦斯跳闸信号概述

本体重瓦斯跳闸信号主要反映油浸变压器本体油室内部的故障，有时也可反映电缆终端油室内部的故障。该信号通过本体气体继电器重瓦斯干簧触点实现跳闸信号的上送。为提高本体气体继电器重瓦斯保护动作的可靠性，一般应选用两对重瓦斯干簧触点并采取并联方式上送，避免干簧触点拒动。而对于特高压变压器和换流变压器，为避免误动，本体气体继电器多采用三对重瓦斯干簧触点，它们分别接入一套非电量保护装置，采取"三取二"动作逻辑，即至少两套重瓦斯干簧触点动作于非电量保护时才动作出口跳变压器。

伴随本体重瓦斯跳闸信号发出的同时，非电量保护装置将动作于变压器各侧断路器跳闸，变压器将被迫停运，其所带负载出现短暂时性失电，变电站转入 N-1 运行方式，当母联自投成功后，该负载将由站内其他变压器供电，从而造成站内其他变压器负载率增加，存在重载或过载的风险，需安排对运行变压器负载率监视，同时开展 N-1 方式下其他变压器及其间隔设备的状态检测工作，避免站内其他变压器及间隔设备发生异常或故障。

本体重瓦斯跳闸信号意味着变压器本体油室内部存在放电类故障或本体油室缺油，但也不排除本体气体继电器或非电量保护装置误动的影响，若监控系统同时伴随发出本体轻瓦斯报警信号、本体压力释放动作报警信号且发生喷油或变压器差动保护动作跳闸信号时，判断变压器内部故障的置信度将大大提高，但仍需停电开展变压器相关诊断试验、本体取油样和本体气体继电器取气样化验分析，在未查明原因并处理前禁止将变压器投入运行。

2. 本体重瓦斯跳闸信号的信息收集

（1）梳理变压器跳闸时刻监控系统发出的相关伴随信号，重点关注变压器本体轻瓦斯报警信号、本体压力释放动作报警信号、变压器差动保护动作跳闸信号、线路或站内 10～

35kV 设备保护跳闸信号等，了解变电站内、站外（输配电线路）或对端变电站是否存在短路故障或系统过电压等。

（2）在保护室检查变压器非电量保护装置以及相关馈线路保护装置的异常灯或跳闸灯状态，异常报文等，涉及电气量保护时，应提取故障录波数据进行分析，计算变压器承受的冲击短路电流（峰值）及时间、周期性短路电流（有效值）及时间、暂态及稳态过电压数值及时间等。

（3）在设备区，应检查变压器本体及附件外观是否存在异物或放电痕迹、本体气体继电器内部是否积聚气体，是否存在明显油气分割线，浮球或开口杯是否在视窗内，检查本体气体继电器是否安装防雨罩，是否存在密封不良进水受潮痕迹，本体压力释放阀是否动作喷油，如涉及差动保护动作跳闸信号时，还应重点检查变压器差动保护 TA 范围内是否存在短路故障。

（4）梳理变压器上一次开展的变压器例行试验、检修、状态检测（本体油化验、高频局放检测、红外测温等工作）时间，例行试验或状态检测是否超周期，是否遗留相关隐患或缺陷未处理，期间检修内容是否涉及器身大修、套管更换、本体油箱或电缆终端油室开仓、本体补油等工作。

（5）梳理变压器历史承受中（低）压侧出口短路以及穿越性短路电流的故障，重点关注流经变压器套管短路电流、短路持续时间、短路类型、短路点距离、短路次数、重合闸动作等信息。

（6）查看变压器本体及套管 TA 等部件铭牌参数，查找备品库存变压器以备应急更换，重点关注变压器绕组型式、额定电压比、额定电流比、额定容量比、短路阻抗（涉及短路电流计算、变压器并列运行等）、零序阻抗、套管 TA 配置数量及参数（影响变压器相关保护接线）、各电压等级套管出线方式（架空出线还是电缆出线）、变压器安装基础尺寸、变压器重量（变压器油重量和油箱重量）等。

3. 本体重瓦斯跳闸信号的诊断工作

变压器停电，开展绕组绝缘、绕组直阻及绕组变形等诊断试验，开展本体取油样化验和本体气体继电器取气样分析，并比较本体油中溶解气体与本体气体继电器中游离气体的含量（区分是潜伏性故障还是突发性故障），对比历史本体油中溶解气体含量变化趋势，具备油色谱在线监测装置的，应提取故障前期的各时段的油色谱数据。

4. 本体重瓦斯跳闸信号的致因研判和处置

本体重瓦斯跳闸信号常见致因如图 5-1 所示。

本体重瓦斯动作跳闸后，在无法确认为误动因素所致时，应开展变压器本体取油样和本体气体继电器取气样化验分析，还应开展变压器绕组绝缘、绕组直阻和绕组变形等诊断试验，当综合判断变压器内部器身故障损坏且无法现场修复时，应查找备品变压器更换，具体致因研判可通过现场吊罩检修或返厂解体进一步确认。当现场可明确本体重瓦斯动作跳闸原因为误动所致时，查明原因并处理后可试投运变压器，时间允许时，宜等待本体取油样化验合格后再试投运变压器。

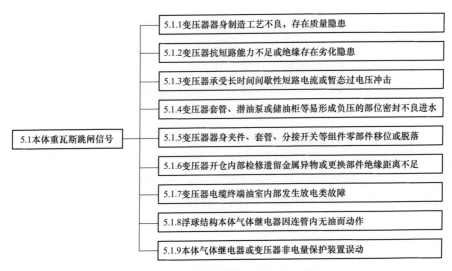

图 5-1　本体重瓦斯跳闸信号常见致因

致因 5.1.1　变压器器身制造工艺不良，存在质量隐患

解析： 变压器器身制造工艺不良常见情形有：①层式绕组间距差别较大，上下绕制不整齐且存在倾倒趋势，绕组换位处垫块未绑扎牢固或垫块棱角部位未倒角；②绕组匝绝缘半叠包扎松弛或电缆纸厚度较薄，小于设计要求；③绕组电磁线、绕组出线端与引出线断点焊接不平滑不饱满，内部存在虚焊现象；④器身上下压板压紧强度不足，铁芯夹件或分接开关螺母松动，未采取锁紧螺母措施等，在正常运行电流电动力作用下，绕组匝间绝缘不断摩擦裸露，在短路电流电动力作用下，绝缘进一步损坏而发生短路故障，当焊接处无法承受短路力时将发生脱焊，此时将出现匝间断路过热性故障，严重时绝缘烧损发生匝间短路故障。

特征信息： ①监控系统发出本体重瓦斯跳闸信号和本体轻瓦斯报警信号，本体气体继电器内部积聚气体，有明显油气分割线、浮球或开口杯位于视窗内；②变压器为新品安装或绕组大修后产品，运行年限较短，故障变压器解体检查，发现绕组故障区域制造工艺不良，存在质量隐患。

处置方法： 拆除故障变压器，查找备品变压器更换。为避免此类问题的发生，应与变压器厂家沟通，确认该故障变压器制造工艺是否为通用规范要求，还是因制作工艺不良形成的个例，不涉及其他产品，当涉及家族类制造工艺不良质量隐患时，应对此类变压器排查及更换，变压器故障应急抢修更换的步骤如下。

步骤 1：根据故障变压器相关参数查找备品变压器。主要核对内容：①掌握故障变压器及套管 TA 等部件的铭牌参数，梳理现有公司备品及退运再利用变压器台账明细，备品变压器必须满足故障变压器的相关参数，主要涉及变压器绕组型式、额定电压比、额定电流比、额定容量比、短路阻抗（涉及短路电流计算、变压器并列运行等）、零序阻抗、套管 TA 配置数量及参数（影响变压器相关保护接线）、各电压等级套管出线方式（架空出线还是电缆出线)、变压器重量(变压器油重和油箱重量),变压器外型结构布置,如无备品变压器,需采购新品变压器(影响故障变压器的恢复时间);②现场勘查备品变压器附件是否齐全,变压器基座尺寸是否与原故障变压器一致,备品变压器是否便于拆除运输,满足以上条件后开展变压器例行试验、变压器本体油质和油色谱化验等工作,均满足运行标准时方可使用。

步骤2:做好故障变压器拆除及更换的现场勘查工作。主要核对内容为:①核对变压器安装基础尺寸是否与备品变压器基座尺寸相符,是否需要基础加固或重新制作等工作,本工作会影响变压器的安装进度;②联合大件运输单位一同制定备品变压器进站的运输路线,掌握运输途径是否存在遮挡物(门牌楼、路牌、路灯、架空线及桥梁涵洞等)或限高要求,运输途径是否便于车辆转向(主要位于非主公路区域,临近变电站进门道路),运输途径是否存在电缆沟道等影响其载重的限值(尤其是变电站内的运输路径,必要时铺设钢板)的设施;③制定故障变压器拆除及备品变压器运输安装计划方案。

步骤3:做好故障变压器拆除及备品变压器更换工作。拆除及安装变压器时,主要考虑变压器上台工作,根据变电站变压器的位置及重量核算研判是否可直接通过大型吊车进行整体吊装(可考虑拆除散热器和储油柜等部件满足要求),否则需通过枕木及钢轨等措施逐步下车并在液压设备下推进变压器上台。拆除故障变压器后,应将其运输至指定位置,便于后期的吊罩钻桶检修或返厂解体分析等工作,安装备品变压器时,应严格落实变压器安装工艺要求,做好变压器修前、修中和修后期间的变压器试验工作。

步骤4:变压器安装验收合格后投运。变压器投运时需考虑的内容:①当变压器套管TA用于变压器差动保护时,在投运期间应做好差动保护测量工作;②变压器外部连接线发生变动时,在投运前应进行定相工作,变压器带电后需进行核相工作,确保变压器并网带负荷前各相电压相位与电网一致;③考虑变压器冲击次数,通常新品变压器冲击5次,器身大修变压器冲击3次,退运再利用变压器直接空载合闸投运。

致因 5.1.2 变压器抗短路能力不足或绝缘存在劣化隐患

解析:若变压器为薄绝缘变压器、铝绕组变压器,或抗短路能力评估不足、绝缘存在严重劣化隐患时,在高温重载不良工况、承受出口短路电流冲击、系统过电压和绕组累计变形绝缘破损的综合影响下,变压器绝缘强度逐步下降并在某一时刻突发绝缘放电类故障。

薄绝缘变压器指20世纪60～80年代生产的变压器,此类变压器绕组匝间绝缘厚度明显低于后期生产的变压器;铝绕组变压器[变压器型号中用字母L(铝)标识]的绕组未采用半硬铜导线,其抗拉伸屈服强度较低,在短路电流冲击下极易发生绕组变形而损坏绝缘;绝缘存在严重劣化的变压器多通过油色谱(二氧化碳)和油质(糠醛、酸值等参数)分析进行鉴别,多发生在运行25年及以上的变压器。

特征信息:①监控系统发出本体重瓦斯跳闸信号和本体轻瓦斯报警信号,现场检查本体气体继电器内部积聚气体,有明显油气分割线,浮球或开口杯位于视窗内;②变压器抗短路能力校核评估不足,例如薄绝缘变压器、铝线圈变压器;③变压器存在局部过热类缺陷，本体油色谱和油质等绝缘劣化类指标呈增长趋势，绝缘存在严重劣化或老化隐患。

处置方法：拆除故障变压器，查找合格备品变压器更换。为避免此类问题的发生，应梳理现有薄绝缘变压器、铝线圈变压器以及其他抗短路能力评估不足的变压器并制定运行管控措施及更换计划，对运行时间较长的变压器，重点关注是否存在局部过热缺陷，本体油色谱和油质等绝缘劣化类指标是否异常，当无法通过现场检修手段解决时，应纳入更换计划。

致因 5.1.3 变压器承受长时间间歇性短路电流或暂态过电压冲击

解析：当变压器中低压侧线路发生间歇性短路故障时，变压器将承受间歇性短路电流或暂态过电压冲击，线路保护装置启动元件频繁启动和返回无法将故障切除，超出变压器热稳定和动稳定要求，最终导致变压器内部发生故障。

特征信息：①监控系统发出本体重瓦斯跳闸信号和本体轻瓦斯报警信号，现场检查本体气体继电器内部积聚气体，有明显油气分割线，浮球或开口杯位于视窗内；②变压器中低压侧线路发生间歇性短路故障（每次故障时间较短并无法启动保护装置跳闸），根据故障录波数据分析，变压器承受间歇性短路电流或过电压冲击频次较高，累积时间较长。

处置方法：拆除故障变压器，查找合格备品变压器更换，对故障线路停电处置，排查其他出线路是否存在同类型故障隐患点，避免再次出现间歇性接地故障。

致因 5.1.4 变压器套管、潜油泵或储油柜等易形成负压的部位密封不良进水

特征信息：①监控系统发出本体重瓦斯跳闸信号和本体轻瓦斯报警信号，现场检查本体气体继电器内部积聚气体，有明显油气分割线，浮球或开口杯位于视窗内；②变压器故障跳闸发生在雨雪天气期间或之后，变压器跳闸时未伴随出口短路故障现象；③对变压器本体储油柜加气压试漏时发现套管、潜油泵或储油柜等负压部位存在密封不良渗漏油现象。

处置方法：拆除故障变压器，查找合格备品变压器更换。为避免此类问题的发生，在室外安装变压器或停电检修时，应加强此类部件负压区密封渗漏的检查，尤其是存在家族性隐患或缺陷的部件。

致因 5.1.5 变压器器身夹件、套管、分接开关等组件零部件移位或脱落

解析：根据运行经验分析，因零部件移位或脱落导致变压器故障的主要原因是器身振动力较大，尤其是直流偏磁较为严重的变压器和电抗器，常见零部件移位或脱落部位有：①未对夹件紧固螺母设计备用螺母，或在新品安装时并未对其进行紧固力校核；②安装分接开关及夹件螺母均压帽时存在裂纹隐患，运行中发生断裂掉落至器身；③套管均压罩采用弹簧压紧紧固方式，弹簧松弛时有移位或脱落隐患。

特征信息：①监控系统发出本体重瓦斯跳闸信号和本体轻瓦斯报警信号，现场检查本体气体继电器内部积聚气体，有明显油气分割线，浮球或开口杯位于视窗内；②变压器跳闸时未伴随出口短路故障现象；③检查故障变压器钻桶及吊罩，发现器身夹件、套管、分

接开关等组件零部件移位或脱落，且周围有明显放电痕迹。

处置方法： 综合评估变压器器身绕组未发生故障时，可对损坏的部件进行处理更换，待变压器各项电气试验合格后，可试发变压器，但考虑此类型故障诊断及处置时间较长，为考虑及时恢复送电，宜先查找备品变压器更换。

致因 5.1.6 变压器开仓内部检修遗留金属异物或更换部件绝缘距离不足

特征信息： ①监控系统发出本体重瓦斯跳闸信号和本体轻瓦斯报警信号，现场检查本体气体继电器内部积聚气体，有明显油气分割线，浮球或开口杯位于视窗内；②变压器故障时未伴随出现短路故障现象；③近期开展过变压器暴露环境的检修工作，或更换过套管、分接开关等部件，更换完成未进行局放试验，变压器投运后不久即发生故障跳闸。

处置方法： 拆卸检查近期更换的部件，通过吊罩或钻桶方式进行内部放电点的检查及处置，当无法查明放电部位或无法修复放电部位时，应查找备品变压器更换，故障变压器可通过返厂维修再利用。

致因 5.1.7 变压器电缆终端油室内部发生放电类故障

特征信息： ①监控系统发出本体重瓦斯跳闸信号、电缆终端油室压力释放动作信号、变压器差动保护跳闸信号，可能伴随发出本体轻瓦斯报警信号；②变压器电缆终端油室存在变形、漏油或跑油现象。

处置方法： 更换电缆终端油室及其内部损坏部件，变压器经电气诊断试验，本体取油样和本体继电器取气样化验分析，无问题后可试发变压器。

致因 5.1.8 浮球结构本体气体继电器因连管内无油而动作

特征信息： ①本体气体继电器重瓦斯跳闸触点为浮球结构，非挡板结构；②监控系统相继发出本体油位异常报警信号、本体轻瓦斯报警信号；③本体储油柜无油位，本体气体继电器连管内无油，可能本体油箱存在严重缺油现象。

处置方法： 查找本体气体继电器及其连接管路无油的致因并开展检修处置，然后根据本体油箱缺油量开展补油工作，缺油量较大时，应通过本体油箱抽真空注油方式进行补油，避免器身绝缘残留气泡影响运行。

致因 5.1.9 本体气体继电器或变压器非电量保护装置误动

解析： 本体气体继电器或变压器非电量保护装置误动影响因素：①本体气体继电器接线端子盒（含电缆进线口）密封不良、二次电缆及其护套未设计滴水湾及滴水孔，在雨雪天气或者消防水喷淋试验期间进水受潮；②本体呼吸器堵塞，胶囊内部压力增大，本体呼吸器突然呼吸畅通时发生油流涌动，这种情况多发生在炎热的夏季；③对变压器开展本体补油、更换油泵或油流计、开闭油路阀门等涉及油路的检修工作时，未将本体重瓦斯跳闸压板退出（避免因未按照检修工艺步骤执行发生误操作误碰而动作跳闸），或在恢复压板前未核实非电量保护装置信号、未测量本体重瓦斯跳闸压板电压；④本体气体继电器流速未按冷却循环方式整定，整定值过小，当强迫油循环冷却系统油泵全部启动或间隔时间较短陆续启动时，发生误动；⑤保护装置及直流二次回路存在异常，开展保护装置缺陷处理或拆相关二次回路接线等工作时，发生误碰误操作；⑥本体气体继电器轻瓦斯报警和重瓦斯跳闸端子接线与非电量保护装置接入不一致（相反），本体轻瓦斯动作导致变压器跳闸。

特征信息：①监控系统仅发出本体重瓦斯跳闸信号，未发出本体轻瓦斯报警信号，可能伴随直流接地报警信号或本体压力释放阀动作报警信号；②现场检查本体气体继电器内部，无积聚气体，无明显油气分割线，浮球或开口杯不在视窗内；③变压器跳闸时未伴随出口短路故障现象。

处置方法：根据本体气体继电器或变压器非电量保护装置误动影响因素逐一排查，确定致因后进行处置，并采取管控措施避免类似问题发生。在考虑区域供电负荷影响或站内其他变压器已接近满载运行时，当明确本体重瓦斯跳闸信号为误动所致且缺陷已消除时，可试发变压器，不必再进行电气类诊断试验，但时间允许时，宜等本体取油化验合格无问题后再试发变压器。

二、有载重瓦斯跳闸信号

1. 有载重瓦斯跳闸信号概述

有载重瓦斯跳闸信号主要用于反映油浸变压器有载切换开关（油浸灭弧型切换开关和油浸真空灭弧型切换开关）油室的内部故障，该信号通过有载气体继电器（或油流速动继电器）重瓦斯干簧触点实现跳闸信号的上送。

2. 有载重瓦斯跳闸信号的信息收集

（1）梳理变压器跳闸时刻监控系统发出的相关伴随信号，重点关注有载压力释放动作报警信号和 AVC 调节变压器分接头告知类信号（变压器跳闸时刻是否存在有载调压操作），对油浸真空灭弧型切换开关，还应关注是否伴随发出有载轻瓦斯报警信号。

（2）在设备区检查有载切换开关灭弧型式（油浸真空灭弧型或油浸灭弧型），检查切换开关油室头盖防爆膜或切换开关压力释放阀是否动作喷油，检查有载气体继电器（或油流速动继电器）挡板位置指示是否在动作位置（手动复归型），视窗是否附着黑色碳素（油浸灭弧型开关），检查继电器是否安装防雨罩，接线盒内部是否存在密封不良进水受潮痕迹，检查继电器铭牌与校验报告中流速整定值是否与有载开关型式相符；

（3）梳理上一次变压器停电检修日期，是否涉及有载切换开关吊检、更换切换开关、更换有载气体继电器、有载储油柜补油换油或储油柜更换大修等检修工作，统计上次检修至变压器跳闸期间调压次数，变压器跳闸距离上次检修工作时间间隔。

（4）查找备品切换开关，核实切换开关厂家、型式及型号、最大额定通过电流、额定电压、过渡电阻值等参数是否与原切换开关一致，过渡电阻数值偏差不满足要求时，应经变压器厂家校核计算方可使用。

3. 有载重瓦斯跳闸信号的诊断工作

（1）对油浸真空灭弧型切换开关，应增加切换开关油室油质和油色谱分析；对油浸灭弧型切换开关，应增加切换开关油室油质分析，同时梳理历史切换开关油室油质和油色谱数据，必要时增加有载气体继电器（或油流速动继电器）流速整定值校验工作。

（2）怀疑切换开关内部存在故障时，应增加变压器绕组绝缘、绕组直阻和绕组变形诊断试验、切换开关吊检试验工作，重点做好芯体外观检查、芯体调试及试验、油室内部检查等工作。

4. 有载重瓦斯跳闸信号的致因研判和处置

本体重瓦斯跳闸信号常见致因如图 5-2 所示。

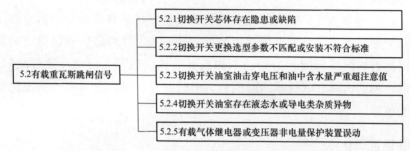

图 5-2　有载重瓦斯跳闸信号常见致因

变压器有载重瓦斯跳闸后，若现场有明确迹象表明为误动所致，查明原因并处理缺陷后，可试投变压器，否则应在分接位置不改变的情况下进行变压器绕组绝缘电阻和绕组直阻等试验（鉴别分接绕组引线变形损坏），然后开展切换开关撤油吊检试验工作，重点做好芯体外观检查（是否存在螺栓松动脱落、编织铜线硬化断裂，放电间隙是否存在击穿现象，过渡电阻或弧形板等部位是否存在放电痕迹等）、芯体调试（切换开关单双位置切换是否顺畅）及试验 [切换开关触头接触电阻、过渡电阻、切换程序与时间、真空泡绝缘电阻及耐压试验（真空度检测）] 等、油室内部检查（是否存在导电类异物），在未查明原因并处理前禁止将变压器投入运行。

致因 5.2.1　切换开关芯体存在隐患或缺陷

解析： 切换开关芯体的隐患或缺陷常见有：①运行年限较长或材质老化问题，触头磨损程度较大导致接触电阻过大，切换过程中无法熄弧，触头机构脱落接触不良、弧形板软导线移位导致卡断、螺丝松动脱落等；②切换开关存在批次质量问题，在切换过程中发生结构件断裂，切换开关卡涩拒动；③油浸真空灭弧型真空管因泄漏导致真空度下降，在切换过程中无法灭弧，氧化锌避雷器受潮，无法耐受级间出现的过电压而爆炸；④过渡电阻烧损，焊接部位或与辅助触头连接编织铜线发生断裂，切换过程出现断路故障。

特征信息： ①油流速动继电器挡板位置位于动作位置（手动复归型），可能存在头盖防爆膜、头盖压力释放阀或有载呼吸器喷油现象；②变压器跳闸时刻伴随变压器有载调压操

186

作；③切换开关吊检发现芯体存在机械类故障及放电痕迹。

处置方法：更换切换开关，其选型应与原切换开关参数、规格尺寸等保持一致，如切换开关油桶也存在因故障损坏漏油时，宜连同分接选择器整体更换。

致因 5.2.2 切换开关更换选型参数不匹配或安装不符合标准

解析：切换开关更换选型参数不匹配主要指规格尺寸（芯体整体高度、弧形板触头相对位置与油桶静触头位置不对应等）、过渡电阻、耐压等级等参数与原开关设计不相符。切换开关安装不符合标准主要指未按照厂家说明书回装，未进行动作顺序校核，绕组直阻试验等工作。

特征信息：①油流速动继电器挡板位置位于动作位置（手动复归型），可能存在头盖防爆膜、头盖压力释放阀或有载呼吸器喷油现象；②切换开关新品更换或吊检复装后，变压器带电运行或投运后，首次有载调压操作即发生故障。

处置方法：更换切换开关。为避免以上问题的发生，单独更换切换开关时，其规格尺寸及参数应与原开关一致，现场应进行尺寸和参数校核。安装时应落实厂家说明书注意事项及安装调试要求，动作顺序校核应合格，有载开关检修后，应测量全分接的绕组直阻和变比试验，在调节分接头位置过程中，应观察绕组直阻仪电流显示值，不应出现跳变或归零等现象。

致因 5.2.3 切换开关油室油击穿电压和油中含水量严重超注意值

解析：开关油室油的击穿电压太低，影响切换开关或选择开关主通断触头和过渡触头在分接变换中的熄弧，电弧重燃不熄导致级间短路，即损坏变压器级间绝缘，又有可能造成开关烧毁或油室爆炸的重大事故。影响开关油室油击穿电压降低的主要因素是油中水分和颗粒杂质，当油中水分含量达到 $40\mu l/L$ 时，油击穿电压会降至 $25kV$。油中碳素等颗粒度一般沉在油室底部，切换开关连续切换时，会导致碳颗粒上扬，降低切换开关触头区域油的击穿电压值。

特征信息：①油流速动继电器挡板位于动作位置（手动复归型），可能存在头盖防爆膜、头盖压力释放阀或有载呼吸器喷油现象；②切换开关检修超周期且调压次数较多，在连续有载调压操作期间发生故障；③切换开关油室油质化验显示油击穿电压和油中含水量不满足有载调压操作要求。

处置方法：切换开关吊检并更换切换开关油室油，做好切换开关外观检查和相关诊断试验以确定是否可继续运行使用，不合格时应更换新品切换开关。为避免以上问题的发生，根据运行检修经验，切换开关检修出现超周期且周期内调压次数超 5000 次，变压器近期又无法停电时，应开展开关油室内油的击穿电压和含水量检测，击穿电压小于 $30kV$ 或含水量大于 $40\mu L/L$ 时，应禁止有载调压操作，并尽快安排吊检和更换开关油室变压器油。

致因 5.2.4 切换开关油室存在液态水或导电类杂质异物

解析：变压器有载储油柜缺油且伴随开关头盖或有载气体继电器等部位漏油，在雨雪天气或水喷淋变压器时，渗漏部位在负压状态下发生进水现象。切换开关油室导电异物的常见来源：①开关油室至有载储油柜及其管路的内表面漆皮掉落，并混入开关油室（选用不锈钢管路可避此隐患）；②切换开关安装或复装前未清洁油室，掉落或遗留导电类异物，常见密封橡胶、或螺母、垫片等金属件；③有载储油柜及其联管密封不严，在负压状态下导致雨水进入。

特征信息：①油流速动继电器挡板位于动作位置（手动复归型），可能存在头盖防爆膜、头盖压力释放阀或有载呼吸器喷油现象；②切换开关吊检发现撤出的开关油或油室底部存在导电类异物或液态水。

处置方法：查找开关油室液态水或导电类异物进入的途径并治理，采取相关管控措施避免此类问题的发生，同时，应做好切换开关外观检查及相关诊断试验工作，不合格时应更换切换开关。

致因 5.2.5 有载气体继电器或变压器非电量保护装置误动

解析：有载气体继电器（或油流速动继电器）或变压器非电量保护装置误动影响因素：①变压器承受穿越性短路电流产生振动力，从而导致有载气体继电器（或油流速动继电器）挡板误动；②切换开关配置的气体继电器或油流速动继电器动作流速响应值小于开关厂家要求，在开关连续切换操作时发生误动；③有载气体继电器（或油流速动继电器）接线端子盒密封不良，在雨雪天气或者消防水喷淋试验期间发生进水受潮；④有载呼吸器堵塞，有载储油柜内部压力增大，有载呼吸器突然畅通时发生油流涌动，这种情况多发生在炎热的夏季；⑤对变压器进行有载补油时，未将有载重瓦斯跳闸压板退出（避免因未按照检修工艺步骤执行发生误操作误碰而动作跳闸），或在恢复压板前未核实非电量保护装置信号、未测量有载重瓦斯跳闸压板电压；⑥保护装置及直流二次回路存在异常，或在开展保护装置缺陷处理或相关二次回路拆接线等工作时发生误碰误操作；⑦变压器切换开关承受的过电压达到放电间隙放电电压值时发生放电，对于±8级或±9级粗细调或正反调压分接开关，当分接位置在9b、9c或10、11位置时，其单双触头间将承受整个分接范围的过电压，并不是相邻分接的级电压，在过电压情况下放电间隙极易发生击穿放电。

特征信息：①油流速动继电器挡板位置位于复位位置（手动复归型），头盖防爆膜、头盖压力释放阀或有载呼吸器无喷油现象；②发出有载重瓦斯跳闸信号时，未伴随变压器有载调压操作；③切换开关吊检检查及诊断试验合格，未发现异常。

处置方法：根据有载气体继电器（或油流速动继电器）或变压器非电量保护装置误动影响因素进行研判，确定致因后进行处置，并采取专项措施避免发生类似问题。当考虑区域供电负荷影响或防止站内其他变压器过载时，消除以上问题后可试发变压器，不必再进行切换开关吊检及试验等工作。

三、气室低压跳闸信号

1. 气室低压跳闸信号概述

气室低压跳闸信号主要针对 SF_6 气体变压器本体气室和电缆终端气室，主要用于反映

各自气室 SF_6 气体密度下降的保护措施，避免气体绝缘强度下降发生绝缘放电类故障，该信号通过 SF_6 气体密度继电器微动开关的气室低压跳闸触点实现跳闸信号的上送。

切换开关气室不设计气室低压跳闸信号，这是因为在变压器不超过额定电压及额定电流情况下，切换开关具备在零表压下的调压操作，但为可靠起见，当气室低压报警时，应采取措施停止有载调压操作。

2. 气室低压跳闸信号的信息收集

（1）梳理变压器跳闸时刻监控系统发出的相关伴随信号，是否提前发出气室低压报警信号；

（2）在设备区，核实 SF_6 气体密度继电器压力指示值是否符合相应气室"气温-压力跳闸曲线"，是否与跳闸信号所述气室一致，检查气室 SF_6 气体密度继电器两侧阀门开闭位置是否正确、温度补偿探头是否安装正确。

（3）梳理近期或当天是否开展过相应气室测露点、补气、更换 SF_6 气体密度继电器及其相关二次回路的检修工作，查看该气室压力表历史指示值，是否存在气室漏气缺陷，是否有该气室的补气记录。

3. 气室低压跳闸信号的诊断工作

（1）增加相应气室红外成像定性检漏、开展各密封部位及部件 24h 包扎检漏等工作，准确定位漏气部位。

（2）使用万用表在本体端子箱测量气体密度继电器触点状态是否正常，怀疑其绝缘受潮时，可使用绝缘电阻仪对微动开关触点及其二次线进行绝缘电阻测量。

4. 气室低压跳闸信号的致因研判和处置

气室低压跳闸信号常见致因如图 5-3 所示。

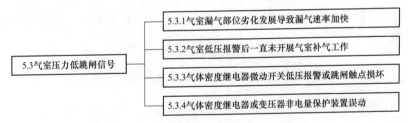

图 5-3　气室低压跳闸信号常见致因

> **致因 5.3.1**　气室漏气部位劣化发展导致漏气速率加快

特征信息：①监控系统相继发出某气室低压报警信号和气室低压跳闸信号，现场检查该气室 SF_6 气体密度继电器压力表，指示值低于相应气室气温-低压跳闸曲线值；②若该气室存在漏气缺陷，需定期补气（时间间隔较为稳定），但本次跳闸至上次补气时间间隔缩短。

处置方法：变压器停电转检修后对漏气部位处理，方法为：①首先应根据红外检漏或包扎检漏等方式确定所有漏气部位，通过漏气部位各侧阀门及抽真空阀位置综合判断是采取局部撤气还是整气室撤气解决此问题；②减压后开展漏气部位治理，对于箱体表面或管路漏气部位，应在气室无压力的情况下开展电焊处理，组部件或 DN25 连管等部件漏气时，可采取组部件整体更换；法兰密封部位漏气时，可采取更换密封垫处理；③处理完成应按工艺复装，对隔离间隔进行抽真空并可通过真空值检查密封状态，压力达到 26Pa 真空压力（以厂家说明书为准），保持抽真空至少 24h（抽真空时间应根据器身暴露时间以及原器身含水量综合判断），抽真空结束后开始补充合格 SF$_6$ 气体，其压力值应与管道阀门各侧气体压力值一致；④对该检修间隔注入的气体静置 24h 后开展微水和成分检测，无问题后检查阀门两侧压力近似一致时，将阀门开启。

为避免此类问题的发生，应评估气室存在漏气的部位，当涉及密封垫部位的漏气缺陷或包扎检漏短时间气体浓度即超注意值的漏气缺陷时，应及时安排停电处理，不宜再定期开展补气工作，避免漏气部位劣化发展加重并导致漏气速率加快，变压器被迫跳闸停运。

致因 5.3.2　气室低压报警后一直未开展气室补气工作

解析：通常情况下气室漏气多表现为缓慢漏气、漏气速率基本维持不变，只要及时补气就不会达到气室低压跳闸值（此处不考虑突然漏气部位的劣化），往往是搁置时间较长才会导致气室低压跳闸。

特征信息：①监控系统发出某气室低压跳闸信号之前存在该气室低压报警信号，现场检查该气室 SF$_6$ 气体密度继电器压力表，指示值低于气温-低压跳闸曲线值；②因遗忘等原因一直未开展该气室补气等处置工作。

处置方法：条件具备时，应开展漏气部位的处置，若考虑负载供电及时性，漏气量较小时，可对相应气室补气至"气体温度-正常压力"曲线值。

为避免此类问题发生，变压器气室低压报警后应立即开展补气工作，同时做好相应气室的检漏工作，具备条件时，应及时停电，对漏气部位治理。

致因 5.3.3　气体密度继电器微动开关低压报警或跳闸触点损坏

解析：气体密度继电器微动开关低压报警或跳闸触点损坏的情形主要有：①气体低压报警信号触点损坏，导致气室漏气至报警值时未报警，巡检人员也未及时发现压力下降问题，待气室继续漏气至气室低压跳闸值时，导致变压器跳闸；②继电器微动开关低压跳闸触点移位，其跳闸压力值高于气体温度-低压跳闸曲线值，在较高气室压力情况下即导致变压器跳闸。

特征信息：①监控系统发出某气室低压跳闸信号，现场检查该气室 SF$_6$ 气体密度继电器压力表，指示压力未达到气体温度-低压跳闸曲线值；②使用万用表对该气室 SF$_6$ 气体密度继电器微动开关触点测量位于导通状态。

处置方法：SF$_6$ 气体密度继电器更换宜在变压器停电转检修后开展，更换前应对 SF$_6$ 气体密度继电器校验合格，更换后应通过注撤气对其微动开关触点的动作可靠性进行传动，其传动步骤如下。

(1) 低压报警及跳闸触点传动。首先关闭 SF_6 气体密度继电器气室侧阀门，缓慢打开排气阀门，此时压力表指针指示压力逐步下降，此时可校验继电器微动开关动作值（监测表压值）是否符合"气体温度-正常压力曲线"所对应的报警或跳闸压力，否则不合格。

(2) 高压报警触点传动。首先关闭 SF_6 气体密度继电器气室侧阀门，通过排气阀门缓慢注入 SF_6 气体，压力表指针逐步上升，此时可校验压力表微动开关动作值（监测表压值）是否符合气体温度-压力曲线所对应的最高报警压力，若不符合，则不合格。

恢复时应确保 SF_6 气体密度继电器至排气阀之间的管路中的空气已排出，关闭排气阀门，通常打开 SF_6 气体密度继电器气室侧阀门，通过较大的 SF_6 气流将管路中的空气排出。

致因 5.3.4　气体密度继电器或变压器非电量保护装置误动

解析： 气体密度继电器或变压器非电量保护装置误动影响因素：①气体密度继电器受外力撞击或环境振动因素影响导致低压跳闸触点闭合；②气体密度继电器气室侧阀门未开启（气体密度继电器未实测气室密度压力值），当补气阀门漏气时，相继发生低压报警和低压跳闸信号；③对变压器开展本体补撤气、更换气体密度继电器等涉及相应气室气路的检修工作时，未将相应气室低压跳闸压板退出（避免因未按照检修工艺步骤执行发生误操作误碰而动作跳闸），或在恢复压板前未核实非电量保护装置信号、未测量相应气室低压跳闸压板电压；④保护装置及直流二次回路存在异常，开展保护装置缺陷处理或相关二次回路拆接线等工作时发生误碰误操作；⑤气体密度继电器低压报警和低压跳闸端子接线与非电量保护装置接入不一致（相反），气室低压报警时导致变压器跳闸。

特征信息： ①监控系统发出某气室低压跳闸信号，未伴随气室低压报警信号；②现场检查该气室 SF_6 气体密度继电器压力表，指示值满足气体温度-压力曲线值。

处置方法： 根据气体密度继电器或变压器非电量保护装置误动影响因素进行研判，确定致因后进行处置，并采取专项措施避免发生类似问题。

四、气室压力突变跳闸信号

1. 气室压力突变跳闸信号概述

气室压力突变跳闸信号主要用于反映本体气室、有载开关气室和电缆终端气室内部故障，监视气室 SF_6 气体压力是否存在急速突变升高，该信号通过各自气室的气体压力突变继电器微动开关触点实现跳闸信号的上送。

2. 气室压力突变跳闸信号的信息收集

(1) 梳理变压器跳闸时刻监控系统发出的相关伴随信号，重点关注 SF_6 气体泄漏报警信号（避免气室内部爆炸有毒气体泄漏至室内）、变压器差动保护动作跳闸信号、线路或站内 10～35kV 设备保护跳闸信号等，了解变电站内、站外（输配电线路）或对端变电站是否存在短路故障，系统过电压现象等。

(2) 在保护室检查变压器非电量保护装置以及相关馈线保护装置的异常灯或跳闸灯状

态、异常报文等，涉及电气量保护时，应提取故障录波数据进行分析，计算变压器承受的冲击短路电流（峰值）及时间、周期性短路电流（有效值）及时间、暂态及稳态过电压数值及时间等。

（3）在检查设备区前，应提前通风 15min，查看室内有毒气体和含氧量数值，无问题后进入室内检查变压器本体及附件外观是否存在异物或放电痕迹、如涉及差动保护动作跳闸信号时，还应重点检查变压器差动 TA 范围内是否存在故障现象。

（4）梳理上一次开展变压器例行试验、检修、状态检测（气室含水量、高频局放检测、红外测温等工作）时间，是否存在例行试验或状态检测超周期，是否遗留相关隐患或缺陷未处理，至本次变压器跳闸期间检修内容是否涉及相应气室测露点、补气、气室压力突变、继电器更换及其相关二次回路的检修工作。

（5）梳理变压器历史承受中（低）压侧出口短路以及穿越性短路电流的故障，重点关注流经变压器套管短路电流、短路持续时间、短路类型、短路点距离、短路次数、重合闸动作等信息。

（6）查看发生气体压力突变的继电器的生产厂家及型号，变压器本体及套管 TA 等部件铭牌参数，查找备品库存变压器以备应急更换，重点关注变压器绕组型式、额定电压比、额定电流比、额定容量比、短路阻抗（涉及短路电流计算、变压器并列运行等）、零序阻抗、套管 TA 配置数量及参数（影响变压器相关保护接线）、各电压等级套管出线方式（架空出线还是电缆出线）、变压器安装基础尺寸、变压器重量、各气室 SF_6 气体重量等。

3. 气室压力突变跳闸信号的诊断工作

（1）使用万用表在本体端子箱测量气体压力突变继电器触点状态是否正常，怀疑其绝缘受潮时，可使用绝缘电阻仪对微动开关触点及其二次线进行绝缘电阻测量。

（2）变压器停电，开展绕组绝缘、绕组直阻及绕组变形等诊断试验，增加相应气室 SF_6 气体成分和含水量检测，对比气室含水量历史变化趋势。

4. 气室压力突变跳闸信号的致因研判和处置

气室压力突变跳闸信号常见致因如图 5-4 所示。

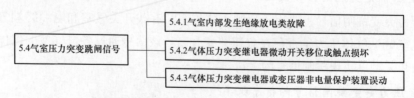

图 5-4　气室压力突变跳闸信号常见致因

气室压力突变跳闸后，在无法确认为误动因素所致时，应开展变压器气室气体成分、微水含量检测，还应开展变压器绕组绝缘、绕组直阻和绕组变形等诊断试验，当综合判断变压器内部器身故障损坏且无法现场修复时，应查找备品变压器进行更换，具体致因研判可通过现场检修或返厂解体分析进一步确认。当现场可明确气室压力突变跳闸原因为误动所致时，查明原因并处理后可试投运变压器，时间允许时，宜等待气室气体成分、微水含量检测合格后再试投运变压器。

致因 5.4.1 气室内部发生绝缘放电类故障

解析： 气室内部发生绝缘放电类故障常见情形有：①变压器承受出口短路电流超标（短时间累积超 2s 或电流数值超标）导致变压器绕组变形，绝缘破损烧损；②变压器绝缘老化或承受间歇性过电压，导致绕组绝缘放电；③变压器相应气室内部微水超标或严重漏气，SF_6 气体绝缘强度下降发生绝缘放电；④电缆终端气室绝缘夹持件松动，三相一体电缆气室电缆间距缩短放电或电缆终端头自身故障；⑤变压器本体器身紧固件及内部导电组部件脱落（如套管均压罩、分接开关均压帽、夹件紧固螺栓等）或检修时遗留金属构件。

特征信息： ①监控系统发出相应气室压力突变跳闸信号，可能伴随变压器差动保护动作跳闸信号；②变压器相应气室气体成分检测存在异常。

处置方法： 变压器停电，开展绕组绝缘、绕组直阻及绕组变形诊断试验，开展相应气室微水含量、成分的检测工作，未查明原因并将故障消除前，禁止将变压器投入运行。如涉及本体气室时，需更换变压器处置，对于电缆终端气室和开关气室，宜开仓检查处置，更换损坏部件，各项试验合格后可试投运变压器。

致因 5.4.3 气体压力突变继电器或变压器非电量保护装置误动

解析： 气体压力突变继电器或变压器非电量保护装置误动影响因素：①气体压力突变继电器误动测试按钮；②开展变压器本体补气、压力突变继电器侧阀门开闭等涉及相应气室气路的检修工作时，未将相应气室压力突变跳闸压板退出（避免因未按照检修工艺步骤执行发生误操作误碰而动作跳闸），或在恢复压板前未核实非电量保护装置信号、未测量相应气室低压跳闸压板电压；③保护装置及直流二次回路存在异常，开展保护装置缺陷处理或相关二次回路拆接线等工作时发生误碰误操作。

特征信息： 监控系统发出某气室压力突变跳闸信号，未伴随变压器差动保护动作跳闸信号，站内及出线路无短路故障。

处置方法： 根据气体压力突变继电器或变压器非电量保护装置误动影响因素进行研判，确定致因后进行处置，并采取专项措施避免发生类似问题。

五、冷却器全停跳闸信号

1. 冷却器全停跳闸信号概述

冷却器全停跳闸信号主要针对强迫油循环风冷，强迫油循环水冷和强迫气体循环风冷变压器。当冷却器全停时，冷却系统先发出冷却器全停瞬时告警信号并同时启动冷却器全停跳闸回路，待保护装置延时到达整定时间后，发出冷却器全停延时跳闸信号。

冷却器全停跳闸信号意味着变压器一次冷却器或二次冷却系统出现故障，未在延时跳闸时间内及时采取恢复措施，致使变压器各侧断路器跳闸。

2. 冷却器全停跳闸信号的信息收集

（1）查看监控系统后台异常报警及跳闸类信号，根据信号上报时间顺序分析冷却器全停跳闸原因，了解在冷却器全停跳闸前是否存在频繁动作复归信号，系统短路故障导致0.4kV电源系统电压瞬时跌落、站用电及0.4kV配电系统故障、变压器冷却系统方式调整等，当天是否正开展变压器一次冷却器或二次冷气系统相关检修工作；

（2）在设备区，应检查变压器冷却器系统各冷却器组部件（一次部分）和冷却系统控制箱内部元器件及其二次回路（二次部分）是否存在电机烧灼异味、端子盒进水痕迹、冷控箱内部元器件烧损放电痕迹等；检查冷控箱双路电源电压是否正常，试传动各冷却器组，观察各指示元件运转现象，根据冷却器全停跳闸启动二次回路分析其回路元器件微动开关触点发生不正确动作故障；

（3）在保护室，应检查变压器非电量保护装置以及相关馈线保护装置的异常灯或跳闸报警灯状态，异常报文等，检查冷却器全停启动二次回路是否接入保护装置的非自保持开入位置。

3. 强迫油/气循环变压器冷却器全停跳闸信号的诊断工作

使用万用表测量冷却器全停跳闸回路涉及的各元器件触点电压，判断其触点通断是否正常。

4. 强迫油/气循环变压器冷却器全停跳闸信号的致因研判和处置

冷却器全停跳闸信号常见致因如图5-5所示。

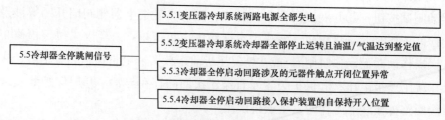

图5-5　冷却器全停跳闸信号常见致因

致因5.5.4　冷却器全停启动回路接入保护装置的自保持开入位置

解析：冷却器全停启动回路应接入保护装置非自保持开入触点，当系统发生瞬时扰动又恢复正常时，或冷却器全停启动后在冷却器全停跳闸延时时间内又恢复正常时，变压器冷却器全停跳闸命令应解除，这就是冷却器全停启动回路应接入保护装置的非自保持开入位置的原因，否则，变压器非电量保护装置接收到冷却器全停启动命令后，无论任何情况经保护整定延时一到变压器将立即跳闸。

特征信息：①在保护室，检查冷却器全停跳闸启动回路接入保护装置自保持开入位置；②在设备区，检查各冷却器组部件（一次部分）和冷却系统控制箱内部元器件及其二次回路（二次部分），外观及接触紧固良好，传动各冷却器组运转正常。

处置方法： 将冷却器全停跳闸启动回路接入保护装置非自保持开入位置，并对其改动部分二次回路传动验收，无问题后将变压器投入运行。

第二节　变压器电气量保护跳闸的研判和处置

一、变压器差动保护动作跳闸信号

1. 变压器差动保护动作跳闸信号概述

变压器差动保护是变压器的电气量主保护，其保护范围为变压器各侧差动保护电流互感器 TA 所包围的部分，为避免励磁涌流导致变压器纵差保护误动，均配置了励磁涌流判别元件，若差流判断为励磁涌流时，将闭锁差动保护，但由于变压器内部严重短路故障时，差动保护 TA 严重饱和而使交流暂态传变严重恶化，TA 二次电流的波形将发生畸变且含有大量的高次谐波分量。若采用涌流判据来判断此时差流产生的原因，一是需要时间，使差动保护延缓动作而不能迅速切除故障；二是若涌流判别元件误判成差流是励磁涌流产生的，闭锁差动保护，将造成变压器严重损坏。变压器差动保护都配置了差动速断元件，差动速断保护没有制动量，只反映差流的有效值，不管差流的波形是否畸变及谐波分量的大小，只要差流的有效值超过整定值，将迅速动作跳开变压器各侧断路器。

变压器差动保护动作跳闸信号意味着差动保护 TA 范围内一次设备（变压器、出口母线、限流电抗器等）存在故障，但也不排除保护装置误动的影响，若同时伴随本体重瓦斯跳闸信号、本体轻瓦斯报警信号或气室压力突变跳闸信号，往往变压器内部发生故障的概率更大。

2. 变压器差动保护动作跳闸信号的信息收集

（1）梳理变压器跳闸时刻监控系统发出的相关伴随信号，重点关注变压器是否存在本体重瓦斯跳闸信号、本体轻瓦斯报警信号和本体压力释放动作报警信号，变电站出线及站内设备是否发生短路故障类信号、系统电压是否存在瞬时跌落现象等。

（2）在设备区检查变压器差动保护各侧 TA 范围内一次设备是否存在明显短路故障放电点，是否存在异物（小动物、树木、房屋建筑、金属板材等）掉落设备或导线，瓷套烧损破裂等现象，通过工业电视摄像头回放查看变压器跳闸时刻差动保护 TA 范围内一次设备是否存在冒烟及放电现象。

（3）在保护室检查变压器保护装置以及相关馈线保护装置的异常灯或跳闸灯状态，异常报文等，查看差动保护整定值是否与保护定值单一致，查看故障录波装置数据，检查变压器各侧电流及母线电压情况，并检查保护动作时序情况。

（4）变压器投运前是否开展变压器差动保护 TA 更换及其二次回路的相关工作，变压器差动保护回路变动在变压器带负荷投运前，是否将变压器差动保护停用，测量变压器差动保护各侧二次电缆相量和差动保护不平衡电流；投运前是否开展变压器直流类试验、变压器消磁试验，变压器差动保护装置校验及整定值设定等工作。

（5）变压器运行期间是否进行变压器有载调压操作（连调至不平衡电流过大）、变压器保护装置及相关二次回路的检修工作等。

3. 变压器差动保护动作跳闸信号的诊断工作

（1）提取故障录波数据，分析保护是否正确动作，重点关注是否为励磁涌流等不平衡电流所致，同时计算变压器承受冲击短路电流（峰值）及时间、周期性短路电流（有效值）及时间、暂态及稳态过电压数值及时间等数据对变压器的影响；

（2）根据故障录波数据分析判断变压器承受短路电流时应开展绕组绝缘、绕组直阻及绕组变形等诊断试验，增加本体取油样化验，对比历史本体油中溶解气体含量变化趋势，具备油色谱在线监测装置的，应提取变压器跳闸前期油色谱数据。

4. 变压器差动保护动作跳闸信号的致因研判和处置

变压器差动保护动作跳闸信号常见致因如图 5-6 所示。

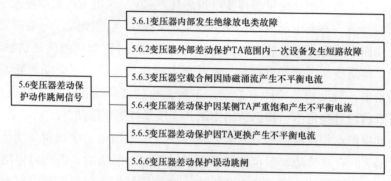

图 5-6　变压器差动保护动作跳闸信号常见致因

致因 5.6.1　变压器内部发生绝缘放电类故障

解析： 变压器差动保护对变压器匝间短路故障并不能可靠灵敏的识别，只有故障进一步发展并使差动 TA 差流达到整定值时方可动作，相比较而言，变压器本体重瓦斯保护较为灵敏，匝间短路产生的油压膨胀使得油流冲击本体气体继电器挡板（达到流速整定值）而动作。

特征信息： ①监控系统发出变压器差动保护动作跳闸信号，同时伴随本体重瓦斯动作跳闸信号、本体轻瓦斯报警信号或本体压力释放动作报警信号；②变压器外部差动保护 TA 范围内一次设备未发现明显故障放电痕迹；③变压器本体取油样和本体气体继电器取气样分析均存在乙炔等放电类特征气体。

处置方法： 拆除故障变压器，查找合格备品变压器更换。

致因 5.6.2　变压器外部差动保护 TA 范围内一次设备发生短路故障

特征信息： ①监控系统发出变压器差动保护动作跳闸信号，未发出本体重瓦斯动作跳闸信号；②变压器外部差动保护 TA 范围内发现一次设备存在短路故障放电痕迹。

处置方法： 对变压器外部差动保护 TA 范围内一次设备进行全面检查（避免遗漏可能

存在的放电区域，例如：10kV 套管及其出口母线桥、10kV 开关柜内部电缆及 TA 等部位），对发生的故障位置进行停电隔离处置，并对变压器进行诊断试验以确定其内部未发生放电类故障，具备投运条件。

致因 5.6.3 变压器空载合闸因励磁涌流产生不平衡电流

解析： 变压器空载合闸和外部短路故障切除后电压恢复时，因铁芯严重饱和产生较大的励磁涌流（数值可达到额定电流的 6~8 倍，变压器剩磁越大，产生的励磁涌流越大），对三相变压器而言，至少有一相是存在励磁涌流的。励磁涌流波形的特点：①涌流波形偏于时间轴的一侧，含有大量的非周期分量；②含有大量的高次谐波，二次谐波分量较大；③涌流波形之间至少有一相存在间断角；④涌流在初始阶段数值较大，以后逐渐衰减；⑤电压不会发生变化。

特征信息： ①变压器在空载合闸时因变压器差动保护动作跳闸，未发出变压器其他相关伴随信号；②根据故障录波数据分析判断变压器差动保护动作跳闸原因为励磁涌流，其波形至少有一相波形偏于时间轴一侧，波形之间出现间断角，但三相电压波形不发生变化。

处置方法： 变压器空载合闸发生变压器差动保护动作跳闸时，应根据故障波形变化特征及数据区分是励磁涌流跳闸，还是励磁涌流叠加变压器匝间故障跳闸，同时还应检查保护启动、动作出口情况，以及是否伴有非电气量保护动作等，如变压器差动保护动作跳闸因励磁涌流所致，可试发变压器。

由于绕组直阻试验是现场变压器剩磁产生的主要原因，为避免此类问题，变压器绕组直阻试验电流不宜大于 5A，如绕组直阻试验电流大于 10A，宜开展铁芯退磁试验，另外规定，对于 500kV 及以上的变压器，应在绕组直阻试验后进行铁芯退磁试验，提高变压器空载合闸可靠率。

致因 5.6.4 变压器差动保护因某侧 TA 严重饱和产生不平衡电流

解析： 变压器承受穿越性短路故障电流，短路故障为变压器差动保护区外故障，当故障电流超过差动保护某侧 TA 的饱和曲线限值时，将使 TA 交流暂态传变严重恶化并导致其二次电流波形发生畸变，最终导致差动保护形成较大差电流而动作。

特征信息： ①变压器差动保护区外发生短路故障，变压器承受穿越性短路故障电流，监控系统同时发出变压器差动保护动作跳闸信号；②根据故障录波数据分析，变压器差动保护某侧 TA 波形存在严重畸变现象，一次短路电流值与二次电流值非线性关系。

处置方法： 对差动保护波形存在严重畸变的 TA 开展伏安特性、是否满足 10% 误差曲线等诊断试验，核实现场实际短路电流是否与 TA 铭牌额定准确限值系数相符，如不合格，应更换饱和特性符合现场短路电流的电流互感器。

致因 5.6.5 变压器差动保护因 TA 更换产生不平衡电流

解析： 变压器差动保护 TA 更换后，若型号不同、变比误差不同、实际变比与计算变比不同等，将产生较大不平衡电流，在变压器带负荷后导致跳闸，这也是要求变压器带负荷前停用变压器差动保护，需测量三侧保护向量和差电流的原因。

特征信息： 变压器差动保护 TA 更换及其二次回路检修后，在变压器带负荷前未停用变压器纵差动保护。

处置方法： 新投及大修后的变压器或变压器差动保护电流回路一、二次设备变动后，变压器投入运行时，在合闸充电前，投入变压器差动保护，当充电良好、正式带负荷前，应将差动保护停用，待经相量检查无误后，方可将差动保护投入。

致因 5.6.6　变压器差动保护误动跳闸

解析： 变压器差动保护装置或相关二次回路误动的常见情形有：①变压器差动保护整定值未躲避不平衡电流，在调节变压器分接头时发生差动保护误动跳闸；②保护装置及其二次回路检修过程中出现误碰或误操作等现象，未落实相关二次安全措施；③因二次回路存在寄生回路或发生直流接地故障，导致保护误动跳闸。

特征信息： ①监控系统仅发出变压器差动保护动作跳闸信号，未发出变压器其他相关伴随信号；②变压器差动保护 TA 范围一次设备未发现明显短路故障放电痕迹；③根据故障录波数据分析，没有故障电流特征波形。

处置方法： 根据变压器差动保护误动影响因素逐一排查，确定致因后进行处置，并采取管控措施避免类似问题发生。

二、变压器过电流保护动作跳闸信号

1. 变压器过电流保护动作跳闸信号概述

对外部相间短路引起的变压器过电流，应装设相间短路后备保护，保护带延时跳开相应的断路器。相间短路后备保护宜选用过电流保护、复合电压（负序电压和相间低电压）启动的过电流保护或复合电流保护（负序电压和低电压启动的过电流保护）。

对单侧电源双绕组变压器和三绕组变压器，相间短路后备保护宜装于各侧。非电源侧保护带两段或三段时限，用第一时限跳开本侧母联或分段断路器，缩小故障影响范围；用第二段时限断开变压器本侧断路器；用第三时限跳开变压器各侧断路器。电源侧保护带一段时限，断开变压器各侧断路器。对两侧或三侧有电源的双绕组变压器和三绕组变压器，各侧相间短路后备保护可带两段或三段时限。为满足选择性的要求或为降低后备保护的动作时间，相间短路后备保护可带方向，方向宜指向各侧母线，但断开变压器各侧断路器的后备保护不带方向。

监控系统发出变压器过电流保护动作跳闸信号意味着变压器某侧存在相间短路故障，它的故障点多位于变压器低压负载侧（因相对于高电压系统，其相间绝缘距离较短），其常见故障点为：①若变压器负载侧线路发生相间短路故障，当线路侧断路器保护或开关拒动时，变压器过电流保护作为后备保护将变压器负载侧断路器断开；②当变压器至母线侧断路器 TA 之间发生相间短路故障时，此时只能依靠变压器过电流保护将变压器负载侧断路器断开。

2. 变压器过电流保护动作跳闸信号的信息收集

（1）梳理变压器跳闸时刻监控系统发出的相关伴随信号，咨询了解变电站内、站外（输配电线路）或对端变电站是否存在相间短路故障，系统过电压现象等，并根据外部故障信息了解监控系统是否发出相关线路保护装置或断路器信号。

（2）在设备区检查变压器至母线侧断路器 TA 之间是否存在相间短路故障，通过站内工业电视摄像头查看在故障时刻是否存在冒烟放电等现象，通过输电线路摄像头及在线检测设备了解变电站存在相间短路故障的线路，并根据此现象开展相关断路器的特巡检查。

（3）在保护室检查变压器保护装置以及相关馈线保护装置的异常灯或跳闸灯状态、异常报文等。

3. 变压器过电流保护动作跳闸信号的诊断工作

（1）提取故障录波数据，分析变压器承受短路故障电流的大小和时间，暂态过电压的大小和时间，分析相关线路主保护是否达到动作整定值并研判其对变压器的影响。

（2）当判断某线路断路器和保护装置存在拒动现象时应增加保护装置校验、断路器动作特性试验等诊断工作。

4. 变压器过电流保护动作跳闸信号的致因研判和处置

变压器过电流保护动作跳闸信号常见致因如图 5-7 所示。

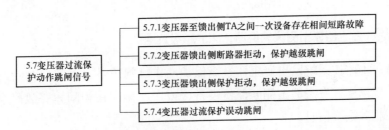

图 5-7　变压器过电流保护动作跳闸信号常见致因

变压器过电流保护动作且研判变压器承受短路故障电流时，应开展本体取油样化验分析，当变压器各侧断路器均发生跳闸时，变压器应停电转检修，开展变压器绕组绝缘、绕组直阻和绕组变形等诊断试验，但考虑变压器及时恢复供电时可不经相关诊断试验试发变压器，时间允许时，宜在本体取油样，化验合格后再试发变压器。当变压器仅某侧断路器发生跳闸时，因变压器在运行状态，故不需开展电气类诊断试验，可在本体取油样化验，对其承受短路电流进行评估。

致因 5.7.1 变压器至馈出侧 TA 之间一次设备存在相间短路故障

解析： 对于变压器各侧与母线间连接设备而言，尤其对于相间距离较小的 35kV 及以下电压等级系统，未设计母线保护，该范围内的相间短路故障既不在变压器差动保护范围内，也不在馈出侧保护范围内，往往通过变压器过流保护实现。

特征信息：①监控系统发出变压器过流保护动作跳闸信号，伴随母联断路器跳闸信号，没有其他变压器类保护动作跳闸信号；②现场检查变压器低压母线，存在短路故障放电痕迹。

处置方法：将故障点隔离停电转检修并处置，消除故障点后再试发变压器，试发变压器前应开展变压器相关诊断试验工作。

致因 5.7.2 变压器馈出侧断路器拒动，保护越级跳闸

解析：断路器拒动的影响因素主要有：①保护出口压板未投或跳闸出口二次控制回路存在异常；②断路器跳闸线圈损坏或动作电压较低，分闸顶杆未能与分闸挡板接触或分闸挡板和连杆之间出现松动；③操动机构因设计和制造等原因存在一定缺陷隐患，导致动作可靠性较低，未实现可靠分闸；④35kV及以下小车式真空断路器真空泡损坏无法正常熄弧。

特征信息：①监控系统发出某馈出侧断路器保护动作跳闸信号，同时相继发出变压器过电流保护动作跳闸信号；②现场检查馈出侧断路器设备侧或线路侧存在相间短路故障点，其断路器未发生跳闸，仍指示合闸位置。

处置方法：线路保护有动作信号而断路器未跳，应拉开该断路器；如断路器拉不开时，应拉开该断路器的两侧隔离开关（应设法将小车断路器机械联锁解除，将小车拉至备用或检修位置），还应拉开双电源线路断路器及补偿装置断路器，其他各路断路器不需拉开，判明主变压器保护范围内设备无故障，试发主变压器断路器。然后查找馈出侧断路器拒动原因并处置，处置完成试发该馈出侧断路器。

致因 5.7.3 变压器馈出侧保护拒动，保护越级跳闸

特征信息：①监控系统发出变压器过流保护动作跳闸信号，无馈出侧断路器保护动作跳闸信号；②现场检查发现馈出侧断路器设备侧或线路侧存在相间短路故障点，但其断路器保护装置无相关报文信息。

处置方法：馈线保护装置无动作信息时，应先检查主变压器保护范围内的设备，确无故障时，拉开各路断路器（包括补偿装置断路器），试发主变压器断路器，再逐路试发各路断路器，试发中如主变压器断路器再次跳闸，拉开故障路发出主变压器断路器，试发至最后一路时也应继续试发。然后查找馈出侧保护拒动原因并处置，处置完成试发该馈出侧断路器。

三、变压器零序电流保护动作跳闸信号

1. 变压器零序电流保护动作跳闸信号概述

对于110kV及以上中性点直接接地的变压器，装设零序过电流保护作为接地短路故障的后备保护，其零序过电流保护可由两段组成，每段保护可设两个时限，并以较短时限动作于缩小故障影响范围或动作于本侧断路器，以较长时限动作于断开变压器各侧断路器。普通变压器的零序过电流保护，宜接到变压器中性点引出线回路的电流互感器；零序方向过电流保护宜接到高、中压侧三相电流互感器的零序回路；自耦变压器的零序过电流保护应接到高、中压侧三相电流互感器的零序回路。

对于10～66kV低电阻接地系统，零序过电流保护宜接于接地变压器中性点回路中的零序电流互感器。当专用接地变压器不经断路器直接接于变压器低压侧时，零序过电流保护宜有三个时限，第一时限断开低压侧母联或分段断路器，第二时限断开主变压器低压侧断路器，第三时限断开变压器各侧断路器。当专用接地变压器接于低压侧母线上，零序过电流保护宜有两个时限，第一时限断开母联或分段断路器，第二时限断开接地变压器断路器及主变压器低压侧断路器。

监控系统发出变压器零序过电流保护动作跳闸信号意味着变压器直接接地系统存在接地短路故障，此时变压器将承受接地短路电流及其产生的电流电动力作用，零序过电流保护动作可能导致变压器某侧断路器跳闸开路运行，也可能导致变压器各侧断路器跳闸停运。

监控系统发出接地变压器零序过电流保护动作跳闸信号意味着变压器角形接线接地变压器接地系统存在接地短路故障，接地电流并不流入变压器绕组，因此变压器不承受该接地电路电流及其产生的电流电动力作用，它可能导致变压器角形侧断路器跳闸开路运行，也可能导致变压器各侧断路器跳闸停运。

2. 变压器零序电流保护动作跳闸信号的信息收集

（1）梳理变压器跳闸时刻监控系统发出的相关伴随信号，咨询了解变电站内、站外（输配电线路）或对端变电站是否存在接地短路故障，系统过电压现象等，并根据外部故障信息了解监控系统是否发出相关线路保护装置或断路器信号。

（2）在设备区检查变压器至母线侧断路器TA之间是否存在接地短路故障，通过站内工业电视摄像头查看在故障时刻是否存在冒烟放电等现象，通过输电线路摄像头及在线检测设备了解变电站具体哪条馈线路存在相间短路故障，并根据此现象开展相关断路器的特巡检查。

（3）在保护室检查变压器及相关馈线保护装置的异常灯或跳闸灯状态、异常报文等。

3. 变压器零序电流保护动作跳闸信号的诊断工作

（1）提取故障录波数据，分析变压器承受短路故障电流的大小和时间，暂态过电压的大小和时间，分析相关线路主保护是否达到动作整定值，并研判其对变压器的影响；

（2）当判断某线路断路器和保护装置存在拒动现象时应增加保护装置校验、断路器动作特性试验等诊断工作。

4. 变压器零序电流保护动作跳闸信号的致因研判和处置

变压器零序电流保护动作跳闸信号常见致因如图5-8所示。

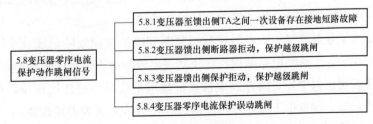

图5-8 变压器零序电流保护动作跳闸信号常见致因

变压器零序电流保护动作跳闸后，应首先恢复站内变压器中性点接地方式，然后再考虑跳闸变压器是否具备恢复运行的条件，研判变压器承受接地短路故障电流时，应开展本体取油样化验分析，当变压器各侧断路器均发生跳闸时，变压器应停电转检修开展变压器绕组绝缘、绕组直阻和绕组变形等诊断试验，但考虑变压器及时恢复供电时，可不经相关诊断试验试发变压器，条件允许时，宜本体取油样，化验合格后再试发变压器。当变压器仅某侧断路器发生跳闸时，因变压器在运行状态，故不需开展电气类诊断试验，可开展本体取油样化验，评估其承受的短路电流。

四、变压器中性点过电压保护动作跳闸信号

1. 变压器中性点过电压保护动作跳闸信号概述

变压器中性点过电压保护主要包括中性点间隙零序电流保护和中性点零序电压保护，主要用于限制分级绝缘变压器中性点过电压，不接地运行的变压器中性点会承受工频过电压、谐振过电压、操作过电压和雷电过电压，其中威胁中性点绝缘的过电压主要为雷电过电压和工频过电压。

中性点间隙零序电流保护和中性点零序电压保护分别取自中性点间隙电流互感器（串联在间隙后，一端接间隙，另一端直接接地）和接地所在故障母线电压互感器开口三角电压 $3U_0$。变压器中性点间隙被击穿时，中性点才有零序电流流通回路，间隙零序电流保护可实现对变压器中性点绝缘的保护，由于放电间隙不允许长时间通过放电电流，所以就需要通过间隙零序电流保护将变压器从电网中切除。而在中性点不接地或中性点经间隙接地而间隙未被击穿时，零序电流没有流通回路，只能通过零序电压保护实现对变压器中性点绝缘的保护。变压器间隙零序电流保护（一般整定值设计为流经间隙 TA 的一次电流值为 100A）和中性点零序电压保护（一般整定值为 180V）动作经 $0.3\sim0.5s$ 时限动作断开变压器各侧断路器。

变压器中性点间隙保护动作跳闸信号意味着电网系统存在过电压问题，变压器中性点电压将会抬高，对变压器中性点绝缘有一定影响，间隙保护将导致变压器各侧断路器跳闸停运。应分析是间隙电流保护动作还是间隙电压保护动作，对于间隙电流保护动作情况，可能会导致中性点间隙及其引下线有烧灼现象，需停电测量放电间隙尺寸并进行外观检查和接地引下线接触良好度检查等。

2. 变压器中性点过电压保护动作跳闸信号的信息收集

（1）监控系统报文是否存在其他伴随信号的发出，重点关注变电站内是否有其他保护相关跳闸信号，按时间顺序分析相关报警及故障类信号。

（2）通过站内工业电视摄像头查看在故障时刻变电站接地故障母线及所有变压器中性点是否存在放电现象；了解变电站站内设备及其进出线路是否同时伴随接地短路故障。

（3）现场检查变压器中性点间隙及中性点接地引下线是否有烧灼现象，中性点间隙距离是否满足设计要求，接地引下线是否与地网可靠连接（无脱焊虚接现象），变电站变压器区域地网接地电阻检测是否合格等。

3. 变压器中性点过电压保护动作跳闸信号的诊断工作

（1）提取故障录播数据，分析故障电流及电压量，判别故障类型、故障电流及故障电压，分析开关变位与保护动作时间匹配是否合理等。

（2）检查及测量变压器中性点间隙及中性点接地引下线，开展变压器绕组绝缘、绕组直阻、绕组变形等诊断试验，本体取油样色谱化验分析。

4. 变压器中性点过电压保护动作跳闸信号的致因研判和处置

变压器中性点过电压保护动作跳闸信号常见致因如图 5-9 所示。

图 5-9　变压器中性点过电压保护动作跳闸信号常见致因

变压器间隙保护动作后应同时开展两项工作：

（1）变压器间隙保护动作原因分析。尤其是误动原因的治理。

（2）变压器相关检查及诊断试验，提供变压器可投运的依据，即：①变压器中性点间隙及中性点接地引下线的检查及测量，并对烧损的中性点间隙进行大修或更换；②开展变压器绕组绝缘、绕组直阻、绕组变形等诊断试验，本体取油样色谱化验分析。

致因 5.9.1　变压器中性点间隙距离小于最小核算值

解析： 变压器中性点间隙距离应考虑地域气候影响，并根据间隙击穿电压试验值和变压器中性点绝缘水平进行距离核算。间隙最大距离的选取应满足：①不接地系统单相接地稳态电压下间隙应动作（最低电压取正常电压的 0.9 倍），应以正常或最低运行电压下，单相接地时中性点稳态过电压进行验算；②因接地故障形成局部不接地系统时，在单相接地暂态电压下间隙应动作。间隙最小距离的选取应满足以有效接地方式运行时的要求：①发生单相接地故障时间隙不应动作；②在单相接地暂态电压下间隙不应动作，具体可参考 DL/T 1848《220kV 和 110kV 变压器中性点过电压保护技术规范》。一般来讲，对于我国大部分地区，变压器 110kV 中性点间隙距离取值范围为 95～150mm，变压器 220kV 中性点间隙距离取值范围为 250～385mm。间隙保护方式的缺点主要在于空气间隙容易因分散性大且间隙距离较难控制而导致间隙保护的误动或拒动。

特征信息： ①变压器所连接的电力网未失去接地中性点；②在系统有效接地方式下线

路接地短路故障时，变压器间隙零序电流保护未躲过工频过电压，间隙发生击穿；③变压器停电后测量中性点间隙距离小于最低整定值。

处置方法：通过变电站工业电视历史回放和现场检查的方式判别间隙是否发生击穿放电、冒烟或烧灼现象，同时做好中性点间隙距离的测量，根据各省网各区域对变压器中性点间隙的设定值进行比较，对间隙距离不满足要求的应重新调整，必要时重新对该区域的间隙距离进行核算（宜通过故障录播数据查看间隙击穿时的电压值，做好间隙击穿的原因分析）。间隙击穿放电同时还应对中性点接地双引下线以及与地网的接触部位进行专项检查。考虑该变压器间隙距离存在问题，宜停电，条件具备时对该站其他变压器中性点间隙距离进行测量排查，避免变压器中性点间隙距离过小导致误击穿放电。

变压器中性点间隙的安装要求：①安装时应考虑与周围物体的距离，间隙与周围接地物体的距离应大于 1m，离地面距离不应小于 2m；②应采用水平布置的棒-棒结构或球形电极，棒宜采用直径为 $\phi 14$ 或 $\phi 16$ 的圆钢，头部半球形，表面光滑、无毛刺并镀锌，尾部应留有 15～20mm 的螺纹，用于调节间隙距离，安装时应可靠固定螺栓，避免间隙距离变动；③测量间隙的实际距离，确认距离满足要求并做好记录；④为防止变压器中性点接地引下线或中性点隔离开关在零序电流冲击下断开，造成事故扩大，应确保变压器中性点至接地引下线整个回路的通流能力满足要求，安装时应做好接头的接触和腐蚀情况的检查。

致因 5.9.2　接地网接地电阻过大导致接地故障时变压器中性点电压抬高

解析：在中性点直接接地系统中发生单相接地故障时，故障接地点零序电压最高，至变压器中性点逐渐降低，当变电站地网接地电阻较小时，其变压器中性点处零序电压近似为零，而当地网接地电阻较大时，将会抬高中性点处零序电压值，进而也会抬高接地故障所在母线零序电压。在中性点经间隙接地系统中（不接地系统）发生单相接地故障，保护间隙尚未击穿时，由于变压器中性点不接地，没有零序电流，故没有零序压降，故障接地点至变压器中性点零序电压近似相等。可见，零序电压保护动作与故障点距离变压器中性点距离远近基本无关，而与接地故障的性质（金属性接地、经阻抗接地等）有很大的关系。

在系统接地故障电流入地时，地电位的升高按 $U = I_G R$ 计算（U 为接地网地电位升高，V；I_G 为经接地网入地的最大接地故障不对称电流有效值，A；R 为接地网的工频接地电阻，Ω）。

特征信息：①变压器所连接的电力网未失去接地中性点；②变压器中性点区域地网接地电阻测试值较大，中性点引下线与地网接触不牢固或腐蚀严重；③变压器中性点间隙发生击穿，间隙零序电流保护动作或中性点零序电压保护因零序电压达整定值动作。

处置方法：对变压器中性点区域地网接地电阻和不同地网接入点之间进行导通试验，检查是否符合标准，当怀疑地网存在问题时，应进行地网开挖检查，重点关注中性点引下线接头与地网连接部位的接触和腐蚀情况，地网是否存在腐蚀断裂等现象，当接地电阻不满足要求时，应对该区域地网重新铺设，直至地网接地电阻满足要求。

解析： 当输电线路或变电站遭受雷击时，雷电波会传播到变压器中性点，一般情况下，变压器中性点上出现的最大雷电过电压主要取决于变压器入口处的避雷器残压（或放电电压）和变压器的特性，以三相同时进波最为严重，当雷电波传输到变压器某一侧中性点时，可导致另外一侧的中性点也出现过电压。

当雷击输电线路或变压器入口处未装设避雷器或装设避雷器数量较少时，雷电过电压对大地泄流能力下降，会导致避雷器的残压较高，变压器中性点或故障母线会出现过电压现象，雷雨天气又降低了间隙的击穿电压。当雷电波入侵时，变压器中性点间隙先击穿，形成电弧接地。过电压消失后，间隙中仍有正常工作电压作用下的工频电弧电流（称为工频续流）。对中性点接地系统而言，这种间隙的工频续流就是间隙处的接地短路电流。由于这种间隙的熄弧能力较差，间隙电弧往往不能自行熄灭，这就需要通过间隙 TA 延时动作将变压器跳闸。

特征信息： ①若当天雷雨天气，接地故障跳闸的输电线路位于雷电密集区域（查看输电线路雷电分布图），判断故障原因为雷击过电压；②发生跳闸的变压器为中性点经间隙接地运行方式。

处置方法： 由于雷击过电压时间短暂，通过故障录波数据分析，其中性点电压（或故障母线零序电压）并未达到击穿电压值，但不能排除雷击过电压击穿间隙的情形，这是因为雷击过电压时间为微妙级，故障录波仪器仅可记录保护动作后的数据，当保护动作后实际过电压现象已消失。

判断因雷击过电压导致变压器间隙保护动作跳闸时，应重点现场检查变电站及其进出线的防雷措施及数量是否满足要求，避雷器动作次数是否增加，若线路或变电站缺少避雷器、避雷器数量或选型参数不合理，条件允许时应及时整改，避免再次发生雷击过电压导致变压器间隙击穿。

致因 5.9.4 断路器非全相合闸或线路非全相运行时导致中性点过电压

解析： 在系统发生非全相运行时，由于三相处于不对称运行，这时系统会存在零序电压。当一相断开、两相运行时，变压器中性点上的电位可达到 $0.5U_{ph}$（U_{ph} 为相电压）；当两相断开、一相运行时，变压器中性点上的电位可达到 U_{ph}。假如采用双侧电源供电且只有一相运行，则情况更为严重；如果双侧电源不同步，则相位差达到 $180°$ 时，中性点上的电位可能达到 $2U_{ph}$，并以一定的周期重复出现。

非全相运行方式常见情形有：

（1）分相操作的断路器合闸或故障重合闸、某相或某两相断路器拒动或不同期合闸时，出现系统非全相运行方式，此时操作过电压会超过间隙击穿电压值。

（2）线路配置单相重合闸或综合重合闸时，线路故障跳闸造成非全相运行，其重合闸动作周期与间隙保护动作时间不匹配，可导致间隙保护提前动作。规程规定，220kV 及以上电压分相操作的断路器应附有三相不一致（非全相）保护回路。三相不一致保护动作时间应为 0.5～4.0s 可调，以躲开单相重合闸动作周期。

特征信息：①变压器断路器非全相合闸（未配置断路器非全相保护）或线路配置单相重合闸导致线路非全相运行；②故障录波数据分析显示中性点零序电压升高。

处置方法：查找导致系统非全相运行的原因并处理。

致因 5.9.5 变压器有效接地系统失地且发生线路接地短路故障

解析：有效接地系统失地指：中性点有效接地系统由于某种原因局部失去中性点有效接地的条件，而形成局部不接地系统，当变压器有效接地系统失地且发生线路接地短路故障时，其变压器中性点电压将发生偏移，极端情况下中性点电压偏移至接地相电压，即理论中性点最高电压 $3U_0$。（$3U_0$ 为中性点电压）升至 3 倍相电压。

变压器有效接地系统失地常见情形有：①变电站操作人员倒闸操作时，未按中性点隔离开关"先合后拉"方式操作，短时导致站内变压器有效接地系统失地；②变电站中性点接地变压器因差动保护或瓦斯保护等故障跳变压器各侧断路器，站内变压器无中性点接地方式；③线路接地故障零序保护或开关拒动越级，变压器零序保护动作，形成局部中性点不接地系统，当线路发生接地故障时，线路零序保护或本线路开关拒动时，站内中性点接地的变压器零序电流保护动作第一时限跳母联开关，若此时的线路接地故障由站内中性点不接地变压器供电，那么就形成了局部中性点不接地方式。

特征信息：①由于某种原因，中性点有效接地系统局部失去中性点有效接地的条件，而形成局部不接地系统，变压器中性点接地方式未恢复前又发生接地短路故障；②故障录波数据分析显示非故障相电压接近线电压，故障相电压接近零电压，零序电压接近于相电压。

处置方法：将接地故障线路断路器拉开以便隔离接地故障点，如站内有变压器运行，应将其中性点接地，确保站内有一台变压器中性点接地，防止零序电流保护失效。当需紧急恢复线路供电时，可将因间隙保护动作跳闸的变压器恢复送电，否则应开展变压器油色谱分析、绝缘直阻和变形等诊断试验。而对于原故障跳闸中性点接地变压器，在未查明原因并处理前禁止将其投入运行。

致因 5.9.6 电源线路末端接地故障零序电流保护动作时限长于间隙保护动作时限

解析：上级电源线路末端接地故障时（临近变电站母线），将导致线路所在母线段零序电压较高（故障母线及变压器中性点承受的零序电压最高，可能造成变压器中性点间隙击穿），当电源线路配置零序电流保护且由零序Ⅱ段电流保护动作时（零序电流较小未达到零序Ⅰ段整定值），若其动作时限大于间隙零序电压保护时限，那将导致间隙保护首先动作跳变压器，然后再跳线路断路器。而当线路配置全线差动速断保护（未发送拒动）则不会出现此类问题。

特征信息：①发生接地短路故障的出线路所在故障母线存在低电压现象时间长于间隙零序过电压动作跳闸时限；②故障母线 TV 开口三角电压数值达到间隙零序电压整定值；

③变压器跳闸与站内变压器中性点是否接地等无直接关系。

处置方法： 合理配置变压器中性点间隙保护与线路保护动作时限，减小线路保护各保护时段级差（一般级差要求 0.3~0.5s，可均取最小值 0.3s），进而缩短线路保护整体动作跳闸时限，避免因线路故障灵敏度不足导致变压器间隙保护误动跳闸。

致因 5.9.7　电源线路末端相继发生接地故障且持续时间大于变压器间隙保护动作时限

解析： 电源线路末端相继发生接地短路故障（主要发生在同杆并架线路），致使变电站故障母线长时间承受接地短路故障，间隙零序过电压延续时间较长，当达到保护动作整定值及时限时，跳变压器。

特征信息： ①故障录波数据分析，电源线路末端相继发生接地故障，接地故障从出现至消失时限较长，大于变压器间隙保护动作时限；②故障母线所在 TV 零序电压数值达到保护整定值，变压器中性点间隙可能存在击穿现象。

处置方法： 将接地故障线路断路器拉开，以便隔离接地故障点，若站内有变压器运行，应将其中性点接地，确保站内有一台变压器中性点接地，防止零序电流保护失效。当需紧急恢复线路供电时，可将因间隙保护动作跳闸的变压器恢复送电，否则应开展变压器油色谱分析、绝缘直阻和变形等诊断试验。

参 考 文 献

[1] 朱涛，张华. 变电站设备运行实用技术 [M]. 北京：中国电力出版社，2012.

[2] 张华，朱涛，才忠宾. 变电站设备运行实用技术问答 [M]. 北京：中国电力出版社，2013.

[3] 张华，杨成，朱涛，等. 电力变压器现场运行与维护 [M]. 北京：中国电力出版社，2015.

[4] 张华，杨哲，石秉恒，等. 电力变压器运维检修管控关键技术要点解析 [M]. 北京：中国电力出版社，2021.

[5] 国家电网公司人力资源部. 变压器检修 [M]. 北京：中国电力出版社，2010.

[6] 保定天威保变电气股份有限公司. 电力变压器手册 [M]. 北京：机械工业出版社，2003.

[7] 张德明. 变压器分接开关保养维修技术问答 [M]. 北京：中国电力出版社，2013.

[8] 赵家礼. 图解变压器修理操作技能 [M]. 北京：化学工业出版社，2007.

[9] 冯超. 电力变压器检修与维护 [M]. 北京：中国电力出版社，2013.

[10] 刘勇. 新型电力变压器结构原理及常见故障处理 [M]. 北京：中国电力出版社，2014.